江苏高校品牌专业工程资助项目成果
江苏高校优势学科工程资助项目成果

"十三五"江苏省高等学校重点教材

(编号:2018-1-040)

核电工程测量

(第二版)

主　编　焦明连
副主编　蒋廷臣　刘光明

WUHAN UNIVERSITY PRESS
武汉大学出版社

图书在版编目(CIP)数据

核电工程测量/焦明连主编 .—2 版.—武汉:武汉大学出版社,2019.10(2023.1 重印)
"十三五"江苏省高等学校重点教材
ISBN 978-7-307-20904-6

Ⅰ.核… Ⅱ.焦… Ⅲ. 核电厂—工程测量—高等学校—教材 Ⅳ.TM623

中国版本图书馆 CIP 数据核字(2019)第 088106 号

责任编辑:王金龙　　责任校对:李孟潇　　版式设计:马　佳

出版发行:**武汉大学出版社**　(430072　武昌　珞珈山)
(电子邮箱:cbs22@ whu.edu.cn 网址:www.wdp.com.cn)
印刷:武汉邮科印务有限公司
开本:787×1092　1/16　印张:16.25　字数:382 千字　插页:1
版次:2016 年 1 月第 1 版　2019 年 10 月第 2 版
2023 年 1 月第 2 版第 2 次印刷
ISBN 978-7-307-20904-6　定价:39. 00 元

版权所有,不得翻印;凡购买我社的图书,如有质量问题,请与当地图书销售部门联系调换。

第二版前言

《核电工程测量》自2016年1月出版以来，经相关院校和广大核电厂测绘工作者的使用，受到众多好评，并被评为“十三五”江苏省高等学校重点教材、江苏省高等学校测绘优秀教材一等奖。2017年2月以来，教育部积极推进新工科建设，先后形成了“复旦共识”、“天大行动”和“北京指南”，并发布了《关于开展新工科研究与实践的通知》《关于推进新工科研究与实践项目的通知》，全力探索形成领跑全球工程教育的中国模式、中国经验，助力高等教育强国建设。为了适应新工科建设需要，注重工程能力和创新能力培养，教育部将实施一流课程建设“双万计划”。本次修订力求做到以“双万计划”为主线，以提高学生的工程意识、工程素质、工程能力和创新能力为重点，构建布局合理、结构优化、主动适应新时代经济社会发展需求的具有海洋特色的核电厂工程测量教材，修订的内容主要包括以下几个方面：

（1）以工程实践为主线，充实最新的测绘技术和方法，保证教材的先进性和实用性，以满足核电厂测绘的需要。

（2）以标准体系为引领，补充完善核电测绘的技术规范和相关规定，可以指导和规范核电厂设备的安装工作，保证施工质量及后续核电厂运营安全。

（3）以教材内容为核心，删减一部分旧章节，压缩书中部分文字、图、表和公式，使教材知识体系、整体结构更加完善。

本书在专家指导下由江苏海洋大学、中核建设集团与田湾核电公司联合修订，修订后的教材仍然坚持校企合作、项目引领、与时俱进的特色，力求做到知识体系与生产实际相结合，工程能力和创新精神相融合，科学性与实用性于一体，面向培养工程应用型人才的高等院校，以满足学生掌握核电厂测绘技术的教学需要。

本书再版之际，感谢江苏高校优势学科“海洋科学与技术”和江苏高校品牌专业“海洋技术”项目基金的资助，感谢教材审定专家提出的宝贵意见，感谢中国人民解放军战略支援部队信息工程大学翟翊教授以及网络资源原作者为本书提供资料和建议。由于本书是核电工程测绘领域的唯一教材，实无经验可以借鉴，加上作者理论认识和实践经验不足，书中不当之处在所难免，深切希望广大读者批评指正。

编　者

2019年3月

前　言

人类100多万年进化发展的过程，就是一段不断向自然索取更多能源的历史。在现代社会中能源的人均消耗已经成为衡量一个国家生产水平和生活水平的重要标志之一。按现在的开采水平估计，世界上的煤、石油、天然气资源将在几十年内逐渐枯竭。同时，由于大量燃烧煤炭和石油所引起的环境污染和生态平衡的破坏，将给生物和人类带来灾难。因此，我们的时代需要新型的能源。科学家们经过多年研究，认为除了煤、石油、天然气等燃料以外，还有很多可以利用的能源，如风能、太阳能、地热能、潮汐能、生物质能、海水温差产生的能量，等等。但是，以上这些能源很难在短期内实现大规模的工业生产和应用。只有核能，才是一种可以大规模使用的安全的和经济的工业能源。从20世纪50年代以来，美国、法国、比利时、德国、英国、日本、加拿大等发达国家都建造了大量核电站，核电站产生的电量已占世界总发电量的16%，其中法国核电站的发电量已占该国总发电量的78%，在这些国家，核电的发电成本已经低于煤电。国际经验表明，核电是一种经济、安全、可靠、清洁的新能源。

核电站的建设和运行需要复杂的高新技术。在我国已建的核电站中，因为采用的是多个国家的技术和堆型，在技术引进和转让方面受到诸多因素的制约。包括在核电站测量这个技术分支，也因为各国标准和规范的不一致等多方面的原因，使得核电站测量还没有形成一个完整的技术体系，关于核电厂测量方面的教材在我国还是一个空白。编者长期从事测绘技术研究和高校教学工作，并全程参与了田湾核电站工程勘察测量、土建施工测量、工程测量、设备安装调试与运行测量、测量管理与监理等各个环节。在总结核电测绘技术和实践经验的基础上编撰了第一本《核电工程测量》教材，旨在提高核电站精密工程测量在方案设计、施测和管理方面的系统性和通用性，建立一个适用于我国核电站精密工程测量的技术体系，以便为后续核电工程的建设提高工作效率，加快工程建设进度，保证工程建设质量和安全性能，创造更大的经济效益。

本教材具有以下特色：一是校企合作，企业人员深度参与教材编写，教材内容具有很强的实用性和适用性。二是项目引领，强化理论联系实际的教学原则，教材力求知识教学与生产实际紧密结合，注重培养学生的综合素质和职业能力。三是与时俱进，反映了测绘技术最新成果，教材面向21世纪发展的需要，确立新的教学思想，关注工程教育的新发展，努力适应教学改革的新要求，将“3S”技术融入教材内容，具有一定的前瞻性。

全书共10章，内容包括核电及测绘技术基础知识，测绘现代技术，小区域控制测量与地形图测绘，核电厂施工控制测量，核电厂土建施工测量，核电厂安装施工测量，核电厂变形监测，核电工程测量管理等。为满足教学的需要，每章后附有思考题与习题。全书由焦明连、蒋廷臣、刘光明等人撰写，蒋廷臣副教授负责本书各章思考题与习题的编写及全书的校对工作，焦明连教授负责全书的统稿工作。

在本书出版之际，感谢江苏高校优势学科“海洋科学与技术”和江苏高校品牌专业“海洋技术”项目基金的资助，感谢中核建设集团专家单意志正教授级高工、田湾核电公司吴建扬正教授级高工、姚俊峰高工、广东核电公司高健高工等同志、解放军信息工程大学翟翊教授以及网络资料原作者为本书提供资料和建议。由于本书是核电工程测绘领域的首编教材，实无经验，加上作者水平有限，书中难免有不足之处，恳请专家、读者批评指正。

编　者

2015 年 9 月于连云港

目　　录

第1章　绪论……1
1.1　核心术语和符号释义……1
1.1.1　核心术语……1
1.1.2　符号……6
1.2　核电基本知识……7
1.2.1　核能的发展……7
1.2.2　核反应……8
1.2.3　核电站……8
1.2.4　核能应用……10
1.2.5　核能安全性……10
1.2.6　中国核电的发展……11
1.3　核电测绘的程序和内容……13
1.3.1　控制网测设……13
1.3.2　施工测量……13
1.3.3　变形观测……14
思考题……14

第2章　测绘技术基础知识……16
2.1　概述……16
2.2　控制测量……16
2.2.1　平面控制测量……17
2.2.2　高程控制测量……18
2.3　碎部测量……19
2.3.1　概述……19
2.3.2　地面数字测图……19
2.3.3　测定碎部点的基本方法……20
2.3.4　野外数据采集……21
2.4　误差理论……21
2.4.1　观测误差……21
2.4.2　评定精度的指标……22
2.4.3　误差传播定律……23

2.5　测设技术…… 25
2.5.1　测设的基本技术与方法…… 25
2.5.2　点的平面位置的测设…… 29
2.5.3　中线测量…… 31
2.5.4　土方计算与边坡放样…… 33
思考题 …… 34

第3章　现代测绘技术 …… 35
3.1　遥感技术…… 35
3.1.1　航空遥感…… 35
3.1.2　航天遥感…… 39
3.1.3　航天遥感影像空间分辨率与成图比例尺的关系…… 46
3.2　全球导航定位系统（GNSS） …… 47
3.2.1　GPS 导航定位系统…… 47
3.2.2　GLONASS 系统 …… 53
3.2.3　Galileo 系统…… 55
3.2.4　中国北斗全球卫星导航系统…… 57
3.3　地理信息系统…… 60
3.3.1　地理信息系统概述…… 60
3.3.2　地理信息系统的主要功能…… 61
3.3.3　空间数据组织与管理…… 62
3.3.4　地理信息系统技术的发展及应用…… 63
3.4　“3S”技术的集成及其应用 …… 67
3.4.1　“3S”集成技术的定义及其基本原理 …… 68
3.4.2　“3S”集成技术的发展与应用 …… 68
思考题 …… 71

第4章　小区域控制测量 …… 72
4.1　概述…… 72
4.1.1　平面控制测量的基本原则…… 72
4.1.2　高程控制测量的基本原则…… 73
4.2　平面控制测量…… 73
4.2.1　卫星定位测量…… 73
4.2.2　导线测量…… 81
4.2.3　三角形网测量…… 91
4.3　高程控制测量…… 94
4.3.1　水准测量…… 94
4.3.2　三角高程测量 …… 104

4.3.3　GPS 高程测量 …… 107
思考题 …… 113

第 5 章　核电厂地形图测绘 …… 114
5.1　数字测图概述 …… 114
5.1.1　数字测图的概念与分类 …… 114
5.1.2　数字测图的过程与特点 …… 115
5.1.3　数字测图技术的发展趋势 …… 117
5.2　碎部点的测定方法 …… 118
5.2.1　极坐标法 …… 118
5.2.2　其他方法 …… 119
5.3　地形点的测定 …… 124
5.3.1　地物点的测定 …… 124
5.3.2　地貌点的测定 …… 127
5.4　野外采样信息的数据结构与采集模式 …… 133
5.4.1　野外采样信息的数据结构 …… 133
5.4.2　常用野外数据采集模式 …… 139
5.5　水下地形测量 …… 142
5.6　海洋测绘 …… 144
思考题 …… 147

第 6 章　核电厂施工控制测量 …… 148
6.1　施工控制网投影变形的处理 …… 148
6.1.1　处理 GPS 控制网投影变形的理论依据 …… 148
6.1.2　处理厂区 GPS 控制网投影变形的技术方案 …… 149
6.1.3　关于各种解决方案的讨论 …… 151
6.2　施工控制测量方案 …… 151
6.2.1　初级网测量 …… 151
6.2.2　次级网测量 …… 152
6.2.3　厂房微网测量 …… 155
6.2.4　厂房微网传递测量 …… 157
6.3　数据处理及成果提交 …… 157
6.4　田湾核电站控制测量案例分析 …… 159
6.4.1　田湾核电站测量控制网 …… 159
6.4.2　田湾核电站控制测量精度分析 …… 164
6.4.3　核电精密工程控制系统的探讨 …… 166
6.4.4　田湾核电站测量控制点标志的编号 …… 167
思考题 …… 169

第7章　核电厂土建施工测量 …… 170
7.1　概述 …… 170
7.2　海水隧洞贯通测量 …… 175
7.2.1　海水隧洞贯通测量控制点的测设 …… 175
7.2.2　贯通精度的评定 …… 176
7.3　反应堆厂房施工测量 …… 178
7.3.1　双层安全壳施工测量 …… 178
7.3.2　反应堆钢衬穹顶制作和吊装测量 …… 179
7.3.3　穹顶吊装的测量控制 …… 182
7.4　排风塔施工测量 …… 183
7.4.1　概述 …… 183
7.4.2　塔基施工测量控制 …… 183
7.4.3　塔架施工测量控制 …… 183
7.5　特殊预埋件测量 …… 184
7.5.1　核岛内部结构预埋件测量定位特点 …… 184
7.5.2　核岛内部结构测量定位 …… 184
7.5.3　安装问题及防控措施 …… 186
思考题 …… 188

第8章　核电厂安装施工测量 …… 189
8.1　反应堆厂房内的安装测量精密控制微网的建立 …… 189
8.2　核岛安装主回路测量 …… 191
8.2.1　概述 …… 191
8.2.2　核岛安装主回路测量控制网的建立 …… 192
8.2.3　主回路设备安装测量方法 …… 195
8.3　压力容器的精密检测 …… 198
8.4　环吊安装测量 …… 200
8.4.1　环吊梁或环形轨道梁的安装测量 …… 200
8.4.2　主梁安装测量 …… 200
8.4.3　吊车试验测量 …… 200
思考题 …… 201

第9章　核电厂变形监测 …… 202
9.1　概述 …… 202
9.2　水平位移监测方法及原理 …… 203
9.3　垂直位移监测方法与原理 …… 209
9.4　变形监测数据处理与变形分析 …… 211
9.4.1　变形监测资料的预处理 …… 211

9.4.2　监测网的参考系和稳定性分析 …… 212
9.4.3　变形分析与建模的基本理论与方法 …… 217
9.5　田湾核电厂变形监测 …… 220
9.5.1　反应堆厂房监测 …… 220
9.5.2　高边坡变形监测 …… 222
9.5.3　汽轮机厂房垂直位移监测 …… 223
9.5.4　护岸和挡浪堤的变形监测 …… 223
9.6　核电厂地面沉降预测预警系统 …… 225
9.6.1　核电厂地面沉降预测预警系统的特色 …… 226
9.6.2　系统开发技术手段 …… 227
9.6.3　典型界面 …… 229
思考题 …… 231

第10章　核电工程测量管理 …… 232
10.1　概述 …… 232
10.2　测量管理 …… 232
10.2.1　核电建设测绘资格的动态管理 …… 232
10.2.2　测量中的安全管理 …… 233
10.2.3　测量中的质量控制 …… 234
10.2.4　测量中的进度控制 …… 235
10.3　核电工程测量监理 …… 235
10.3.1　测量监理概述 …… 235
10.3.2　测量监理的内容和方法 …… 236
10.3.3　田湾核电站工程测量监测实施 …… 236
10.4　核电工程现场测量管理 …… 238
10.4.1　组织机构设置与岗位 …… 239
10.4.2　人员配置和工作职责 …… 239
10.4.3　部门工作职责和管理规定 …… 241
思考题 …… 245

参考文献 …… 246

第 1 章　绪　　论

1.1　核心术语和符号释义

1.1.1　核心术语

(1) 核电厂 (nuclear power station)

利用原子核裂变反应放出的核能来发电的发电厂，通常由一回路系统和二回路系统两大部分组成。

(2) 核反应堆 (nuclear reactor)

能维持和控制核裂变反应的装置，实现核能—热能的转换。

(3) 核岛 (nuclear island)

指核反应堆厂房及其紧邻的核辅助厂房。

(4) 常规岛 (conventional island)

指汽轮发电机厂房及其紧邻的与核安全无关的辅助厂房。

(5) 厂区 (restricted area)

具有确定的边界，并在核电厂管理人员有效控制下的核电厂所在领域。

(6) 测区平面起算点 (coordinate original data of surveying area)

指将国家平面控制引测至测区，作为主厂区及其附属设施区域平面控制起算数据的控制点。在国家等级控制点距离测区较远或使用不便时建立。

(7) 测区高程起算点 (elevation original data of surveying area)

指将国家高程控制引测至测区，作为主厂区及其附属设施区域高程控制起算数据的控制点。

(8) 初级网 (primary control network)

在测区平面、高程起算点（或国家等级控制点）的基础上，为满足核电厂前期土建施工、附属工程的定位和放线、次级网的建立等，在整个核电厂区内所布设的一组有特定精度要求的控制网，包括平面控制网和高程控制网。

(9) 次级网 (secondary control network)

在初级网基础上布设的，为满足平整后主厂区内建构筑物的施工定位和放线、设备安装、微网测设、变形监测及局部控制加密等，由覆盖于核岛等主要厂房周围的、多个观测墩表示的一组平面和高程控制点所组成的独立网。

(10) 厂房微网 (micro-grid control network of factory building)

由定位在核岛、常规岛等主体厂房内混凝土基础平台上的多个测量标志组成的，为满足各厂房内部的建筑施工定位和放线、设备安装和检查、变形监测及局部控制加密等，由次级网确定的微型精密工程测量控制网。

（11）RBN-DGPS（radio beacon-differential global position system）

RBN-DGPS 即无线电指向标/差分全球定位系统，是一种利用航海无线电指向标播发台播发 DGPS 修正信息，向用户提供高精度服务的助航系统，属单站伪距差分。主要由基准台、播发台、完善性监控台和监控中心组成。

（12）天线相位中心（antenna phase center）

天线相位中心（平均天线相位中心，average of antenna phase center）是指微波天线的电气中心。其理论设计应与天线几何中心一致。天线相位中心与几何中心之差称为天线相位中心偏差。天线视在相位中心与天线相位中心之差称为天线相位中心的变化。

（13）测绘学（surveying and mapping）

研究地理信息的获取、处理、描述和应用的学科，其内容包括研究测定、描述地球的形状、大小、重力场、地表形态以及它们的各种变化，确定自然和人造物体、人工设施的空间位置及属性，制成各种地图和建立有关信息系统。现代测绘学的技术已部分应用于其他行星和月球上。

（14）大地测量学（geodesy）

研究地球形状、大小和重力场及其变化，通过建立区域和全球三维控制网、重力网及利用卫星测量、甚长基线干涉测量等方法测定地球各种动态的理论和技术的学科。

（15）摄影测量与遥感学（photogrammetry and remote sensing）

研究利用电磁波传感器获取目标物的几何和物理信息，用以测定目标物的形状、大小、空间位置，判释其性质及相互关系，并用图形、图像和数字形式表达的理论和技术的学科。

（16）地图制图学（cartography）

研究地图的信息传输、空间认知、投影原理、制图综合和地图的设计、编制、复制以及建立地图数据库等的理论和技术的学科。

（17）工程测量学（engineering surveying）

研究工程建设和自然资源开发中各个阶段进行的控制测量、地形测绘、施工放样、变形监测及建立相应信息系统的理论和技术的学科。

（18）海洋测绘学（marine surveying and charting）

研究海洋定位、测定海洋大地水准面和平均海面、海底和海面地形、海洋重力、磁力、海洋环境等自然和社会信息的地理分布，及编制各种海图的理论和技术的学科。

（19）地籍测绘（cadastral surveying and mapping）

调查和测定地籍要素、编制地籍图、建立和管理地籍信息系统的技术。

（20）测绘仪器（instrument of surveying and mapping）

为测绘工作设计制造的数据采集、处理、输出等仪器和装置。

（21）测绘标准（standards of surveying and mapping）

为满足测绘学科发展、合理组织生产以及统一产品规格和质量管理等需要，由主管机构颁发的关于测绘技术方法、产品质量、品种规格等的技术文件。

(22) 测量规范 (specifications of surveys)

对测量产品的质量、规格以及测量作业中的技术事项所作的统一规定，是测绘标准之一。

(23) 制图规范 (specifications of cartography)

对地图制图过程中的地图设计、编制、复制等技术事项所作的统一规定，是测绘标准之一。

(24) 地图图式 (cartographic symbols)

对地图上地物、地貌符号的样式、规格、颜色、使用以及地图注记和图廓整饰等所作的统一规定，是测绘标准之一。

(25) 地球椭球 (earth ellipsoid)

代表整个地球大小、形状的数学体，其近似为旋转椭球。

(26) 参考椭球 (reference ellipsoid)

一个国家或地区为处理测量成果而采用的一种与地球大小、形状最接近并具有一定参数的地球椭球。

(27) 大地基准 (geodetic datum)

大地坐标系的基本参照依据，包括参考椭球参数和定位参数以及大地坐标的起算数据。

(28) 大地原点 (geodetic origin)

国家水平控制网的起算点。

(29) 高程基准 (vertical datum)

由特定验潮站平均海水面确定的测量高程的起算面以及依据该面所决定的水准原点高程。

(30) 深度基准 (sounding datum)

海图及各种水深资料的深度起算面。

(31) 重力基准 (gravimetric datum)

布设在全球或区域范围内，经严密的测量和计算得到的一系列具有绝对重力值的地面固定点，据此可推算出其他点的重力值。

(32) 水准原点 (leveling origin)

国家高程控制网的起算点。

(33) 1985 国家高程基准 (National Vertical Datum 1985)

1987 年颁布命名的，以青岛验潮站 1952—1979 年验潮资料计算确定的平均海水面作为基准面的高程基准。

(34) 大地水准面 (geoid)

一个假想的与处于流体静平衡状态的海洋面 (无波浪、潮汐、海流和大气压变化引起的扰动) 重合并延伸向大陆且包围整个地球的重力等位面。

(35) 1956 年黄海高程系统 (Huanghai Vertical Datum 1956)

根据青岛验潮站 1950—1956 年的验潮资料计算确定的平均海水面作为基准面，据以计算地面点高程的系统。

(36) 大地坐标系（geodetic coordinate system）

以参考椭球面为基准面，用以表示地面点位置的参考系。

(37) 地心坐标系（geocentric coordinate system）

以地球质心为原点建立的空间直角坐标系，或以球心与地球质心重合的地球椭球面为基准面所建立的大地坐标系。

(38) 高斯平面坐标系（Gauss Plane Coordinate System）

根据高斯-克吕格投影所建立的平面直角坐标系，各投影带的原点是该带中央子午线与赤道的交点，X 轴正方向为该带中央子午线北方向，Y 轴正方向为赤道东方向。

(39) 1954 年北京坐标系（Beijing Geodetic Coordinate System 1954）

1954 年我国决定采用的国家大地坐标系，实质上是由苏联普尔科沃为原点的 1942 年坐标系的延伸。

(40) 地方坐标系（local coordinate system）

局部地区建立平面控制网时，根据需要投影到任意选定面上和（或）采用地方子午线为中央子午线的一种直角坐标系。

(41) 独立坐标系（independent coordinate system）

任意选定原点和坐标轴的直角坐标系。

(42) 坐标格网（coordinate grid）

按一定纵横坐标间距，在地图上划分的格网。

(43) 地理坐标网（geographic graticule）

按经纬度划分的坐标格网。

(44) 直角坐标网（rectangular grid）

按平面直角坐标划分的坐标格网。

(45) 地图投影（map projection）

按一定的数学法则，把参考椭球面上的点、线投影到平面上的方法。

(46) 投影带（projection zone）

在地图分带投影中，将参考椭球面沿子午线或沿纬线划分成一定经差或纬差的投影区域。

(47) 高斯-克吕格投影（Gauss-Krueger Projection）

一种等角横切椭圆柱投影。其投影带中央子午线投影成直线且长度不变，赤道投影也为直线，并与中央子午线正交。

(48) 通用横轴墨卡托投影（Universal Transverse Mercator Projection，UTM）

一种等角横割椭圆柱投影。投影时，距中央子午线东西各 180km 的两条平行线与实地等长。

(49) 大地子午面（geodetic meridian plane）

参考椭球面某点的法线与椭球短轴所构成的平面。

(50) 大地子午线（geodetic meridian）

大地子午面与参考椭球面的交线。

(51) 中央子午线 (central meridian)
地图投影中投影带中央的子午线。
(52) 分带子午线 (zone dividing meridian)
分带投影中划分投影带的子午线。
(53) 磁子午线 (magnetic meridian)
通过地球南北磁极所作的平面与地球表面的交线。
(54) 测量标志 (survey mark)
标定地面控制点位置的标石、觇标以及其他标记的通称。
(55) 测量觇标 (observation target)
观测照准目标及安置仪器用的测量标架。
(56) 地名 (place names; geographic names)
具有固定地理位置的特性，用以识别各个地理物体的名称。
(57) 地貌 (relief)
地球表面起伏形态的统称。
(58) 地物 (ground feature)
地球表面上的各种固定性物体，可分自然地物和人工地物。
(59) 地形 (land form)
地貌和地物的总称。
(60) 地图比例尺 (map scale)
地图上某一线段的长度与地面上相应线段水平距离之比。
(61) 等高线 (contour; contour line)
地图上地面高程相等的各相邻点所连接的曲线。
(62) 等高距 (contour interval)
地图上相邻等高线的高差。
(63) 地图要素 (map elements)
构成地图的基本内容，分为数学要素、地理要素、整饰要素。
(64) 地图分幅 (sheet line system)
按一定规格将广大地区的地图划分成一定尺寸的若干单幅地图。
(65) 图幅编号 (sheet designation; sheet number)
每幅地图的代号。
(66) 图名 (map title)
赋予每幅地图的名称。
(67) 图廓 (map edge; map border)
分幅地图的实际和整饰范围线。
(68) 图例 (legend)
图上适当位置印出图内所使用的图式符号及其说明。

1.1.2 符号

A —— GPS接收机标称的固定误差；

a ——电磁波测距仪器标称的固定误差；

B —— GPS接收机标称的比例误差系数；

b ——电磁波测距仪器标称的比例误差系数；

C ——照准差；

D ——电磁波测距边长度；

D_p——水平距离；

d —— GPS网相邻点间的距离、控制网平均边长、较差；

f ——航摄仪主距；

f_C——挠度；

f_h——三角高程测量附合或环形闭合差；

f_β——导线环的角度闭合差或附合导线的方位角闭合差；

H ——水深、建构筑物的高度；

H_d——地形图基本等高距；

H_m——测距边两端点平均高程；

H_p——测区平均高程；

h ——高差；

i ——水准仪视准轴与水准管轴的夹角、指标差、三角形编号、度盘最小间隔分化值、主体倾斜率；

K ——大气折光系数、像片放大成图倍数、坐标系统长度比；

L ——路线长度、垂直角盘左读数、视准线长度；

M ——测图比例尺分母、像片比例尺分母；

M_h——加密点的高程中误差；

M_p——点位中误差；

M_s——加密点的平面中误差、水平位移中误差；

M_w——高差全中误差；

M_Δ——高差偶然中误差；

m ——测量中误差；

m_D——测距中误差；

m_g——固定角的角度中误差；

m_α——起始方位角中误差；

m_β——测角中误差；

N ——异步环、附合线路、导线或闭合环的个数；

n ——测站数、测段数、边数、点数、三角形个数、像片基线数；

P ——测量的权；

R ——地球平均曲率半径，盘右读数；

r ——地球曲率及折光差的改正数；

S ——边长、斜距；

W ——闭（符）合差；

W_f、W_g、W_j、W_b—— 分别为方位角条件、固定角条件、角-极条件、边（基线）条件自由项的限差；

W_x、W_y、W_z—— 坐标分量闭合差；

α ——垂直角、地面倾角、长度比例系数；

β ——求距角；

δ_h——对向观测的高差较差；

$\delta_{1,2}$—— 测站点 1 向照准点 2 观测方向的方向改化值；

Δd ——长度较差；

$\Delta\alpha$ ——补偿式自动安平水准仪的补偿误差；

Δ ——较差、不符值；

μ ——单位权中误差；

σ ——基线长度中误差；

DJ ——经纬仪型号代码，包括全站仪、电子经纬仪和光学经纬仪，主要有 DJ05、DJ1、DJ2、DJ6 等型号；

DS ——水准仪型号代码，包括电子水准仪、光学水准仪（含自动安平水准仪），主要有 DS05、DS1、DS3、DS10 等型号；

GPS ——全球定位系统（global positioning system）；

PDOP —— GPS 的空间位置精度因子（position dilution of precision）。

1.2 核电基本知识

核能，即原子能，是指核反应时释放的能量。人们利用核能的目的有两个，一个是将核能作为一种中子能，利用核裂变产生的大量中子以生产军用或民用的同位素，进行各项研究；另一个是将核能作为一种热源，利用核反应所释放的热量来供热、发电。进入 21 世纪，面对常规能源的日益减少，寻找、开发新能源已成为当务之急。在寻找新能源的大浪中，核能以其清洁、高效等优势脱颖而出，并已广泛地进入大家视野。

1.2.1 核能的发展

随着科学技术的发展，核能的利用技术越来越成熟，核能的普及已经提上日程。实际上，核能作为一种新能源，其发展历程并不是一帆风顺的，核能的发展大体经历过发现、大规模研究、投入使用、遭到质疑、正确认识等阶段。在现阶段，核能研究依旧在快速发展，其发展前途不可限量。

核能的发展离不开相关技术的发展与支持，包括加速器技术、同位素制备技术、核辐射探测技术、核成像技术、辐射防护技术的发展。众所周知，核能在发展利用过程中有两大方向，一个是和平利用核能，另一个就是核武器。在和平利用核能的过程中，人类利用其聪明才智发明核电站（包括轻水核电站、重水核电站和快堆核电站）以及核动力破冰船等。曾经就有谈核色变的说法，这与后者是密不可分的，原子弹、氢弹、中子弹等武器在二战中的威力有目共睹，而新型的核潜艇和核动力航空母舰是现代国防中的重量级装备，并对其他国家有着巨大的威慑力。

1.2.2 核反应

传统的化学能是通过原子的结合与分离从而产生能量，而新型的核能会在原子核聚合或裂变时释放出惊人的能量，由此可见它通过原子核的结合与分离从而实现能量的获得。核能的来源是将核子（中子和质子）保持在原子核中的作用力即核力。因此，可以得出获取核能的两种手段，即核裂变和核聚变。

核裂变，又称核分裂，是一个原子核分裂成几个原子核的变化。只有一些质量非常大的原子核像铀、钍和钚等才能发生核裂变。这些原子的原子核在吸收一个中子以后会分裂成两个或更多个质量较小的原子核，同时放出两个到三个中子和很大的能量，又能使别的原子核接着发生核裂变……使过程持续下去，这种过程称作链式反应。原子核在发生核裂变时，释放出巨大的能量称为原子核能，俗称原子能。1kg 铀-235 的全部核的裂变将产生 20 000MW · h 的能量（足以让 20MW 的发电站运转1 000h），与燃烧2 500t 煤释放的能量一样多。原子弹正是利用原子核裂变放出的能量产生杀伤破坏作用的。只有较大的原子才能进行核裂变，那些较小的原子就必须通过核聚变才能实现核反应。核聚变是指由质量小的原子，主要是指氘或氚，在一定条件下（如超高温和高压），发生原子核互相聚合作用，生成新的质量更重的原子核，并伴随着巨大的能量释放的一种核反应形式。核聚变与核裂变是相反的过程，但其所释放的能量是核裂变的上万倍，威力甚于原子弹的氢弹就是以核聚变为基本原理制造出来的。当然，除了人为制造的核反应，在自然界中也存在着核聚变、核裂变的反应。我们生命的最终来源——太阳，时时刻刻都在进行着核聚变。太阳辐射出的光热正是由核聚变反应释放出的核能转化而来的，地球上的人类每天都享受着核聚变所释放的能量。

1.2.3 核电站

核电站是现在核能应用最广泛的方面之一。那么，什么叫核电站呢？所谓核电站就是利用核反应堆所产生的热能来发电或发电兼供热的站点。核电的特点是能量密度高，成本低。而通常的核电站都由两部分组成：核岛和常规岛。核岛上承载着核的系统和设备——核蒸汽供应系统和辅助系统；常规岛上则有常规的系统和设备——发电系统、冷却系统、电气系统等。核电站运行时，要能调节核反应堆，进行放射性保护，还必须装有紧急冷却系统，对放射性废料要能及时处理，最后还要保证连续运行。除此之外，建立核电站要遵循一定的安全原则，如安全停堆、杂热排出、放射性控制等。

核电站在历史长河中已有足迹可循，首先看国外核电站的发展。国外核电站的发展历程大致可分为下列几个阶段：1954—1960 年为试验性及原型核电站阶段。1954 年苏联第一个试验性核电站投入运行后，美国第一个原型核电站于 1957 年在希平港投入运行，电功率为 90MW。在此期间，只有美、英、法和苏联建成 10 台核电机组，单机容量为 5～

210MW。1961—1968年为核电站实用阶段。有11个国家建成核电站，这些国家为美、英、法、苏联、德国、日、意、比利时、瑞士、瑞典和加拿大。单机最大容量为608MW。1969—1985年为核电站发展阶段，全球核电站总容量占发电机组总容量的比例由1970年的1.5%增加到1985年的15%。最大单机容量为1 450MW。1979年美国三里岛核电站的熔堆事故以及1986年苏联切尔诺贝利核电站事故后，核电安全部门不断提高安全性要求和审批规范，使核电建设期增长和建设成本增加，再加上20世纪80年代后期世界经济进入平缓发展期，因此1985年后全球核电站发展减慢。1995年后，全球面临化石能源大量使用后行将枯竭和全球变暖、环境恶化的双重压力，各国又出台了发展核电的政策并引发相关讨论。至今，全球有440多台核电机组，分别分布在数十个国家内运行。其中有17个国家的核电占其电力总容量的25%以上，有10个国家核电占其电力总容量的30%以上。其中，法国核电机组容量占其电力总容量的78%。当前核电容量约占全球电力总容量的14%，预计到2030年将比2008年增长27%。

自中华人民共和国成立以来，中国便致力于核反应以及相关技术的研究。中国核电站的建设始于20世纪80年代中期，大致可分为下列几个阶段：1985—1995年为起步阶段。首台核电机组装在秦山核电站，1985年开工，1994年商业运行，电功率为300MW，为中国自行设计建造和运行的原型核电机组，采用压水堆型反应堆。中国成为继美、英、法、苏联、加拿大和瑞典后全球第7个能自行设计和建造核电机组的国家。1982年从法国引进大亚湾核电机组（2×980MW），1987年开工，1994年投运。1996—2006年为推广应用阶段。建成秦山二期、秦山三期、岭澳一期和田湾这4座核电站的8台核电机组，总装机容量大于1 000MW，还出口了一台容量为300MW的核电机组到巴基斯坦。在此期间，核电容量仅占中国总发电容量的1%左右。2006年底中国政府确定了核电要走引进、消化、吸收、再创新的发展道路。2007—2020年为稳步推进阶段。鉴于国际核电事故和中国能源发展计划，中国确定要在确保安全的基础上高效发展核电。要优先安排沿海核电建设，稳步推进内陆核电项目，同时要切实抓好在役核电机组的安全运行和在建项目的安全建设。在第十二个五年计划期间要有序开工田湾二期、红沿河二期、三门二期、海阳二期等项目，适时建设湖南桃花江一期、湖北大畈一期和江西彭泽一期工程。

核电的特点是基建投资高，但燃料费用小，因此，总的发电成本比火力发电低30%~50%。比其他可再生能源，如风电和太阳能，发电成本更要低得多。据法国原子能与可替代能源委员会主席贝尔纳·毕高测算，目前风能电价是核电的2倍到3.5倍，太阳能电价为核电的4倍到8倍，并且两者还存在要占据大量土地和不能保证全年稳定供电的缺点。因此，核电因其安全性、经济性和环保性均优于火电且能持续稳定发电等优点，成为全球和中国解决化石能源短缺和环境恶化双重压力的有效途径。目前有60多个国家在考虑发展核电，预计到2030年将有10~25个国家首建核电站。未来15年核电站数量将增加一倍，中国正在积极发展核电，到2050年中国核电总容量将达4亿千瓦，占全国发电总容量的份额将从目前的1%左右增加到14.5%。福岛核事故对当前核电发展有一定影响，会造成一些疑虑，但在短期质疑之后，一定会因其优越性而得到迅速发展。全球核电事业的发展是势不可挡的。2050年后，当可控热核聚变发电机组商业化后，核电将成为可持续发展能源时期的重要力量。

1.2.4 核能应用

核能最大的应用当然是核电站，正如前文所述，世界核电站机组数的分布是不均衡的，世界各国核电机组数见表 1-1。

表 1-1 世界各国核电机组一览表

国家	数量（台）	国家	数量（台）
美国	107	德国	20
法国	59	韩国	20
日本	56	印度	18
俄罗斯	31	乌克兰	13
英国	33	瑞典	11
加拿大	22	中国	11

除了核电站，核能还可用于海水淡化、集中供热、石油炼制、石油化学工业以及硬煤与褐煤的转化等方面，而一直广为大家诟病的核辐射也大有用处。在工业上，可以用于辐射交联；在农业上，可用于辐射育种、防治病虫害和食品杀菌保鲜等；在环境保护上，有污水处理等应用；在医疗卫生上，可用于医疗诊断、人体营养等；在科学实验上，则有新材料研究、基因工程、微电子和考古等应用。

1.2.5 核能安全性

提到核能就不能不提核能使用的危险性。众所周知，在核反应过程中会产生核辐射。在这些辐射中包括三种射线：α 射线、β 射线和 γ 射线。其中 α 射线穿透力弱，只有吸入体内才会有危害；β 射线在大剂量照射下会导致皮肤癌；γ 射线穿透力强，一次大剂量全身照射会引起急性辐射损伤或急性放射病。虽然核辐射的威胁很大，但核电站不会像原子弹那样爆炸，不会轻易导致大剂量的射线外放，即使偶尔有核辐射泄漏，也只是在可控范围内的很小的剂量。除此之外，核电站本身也采取着严密的安全措施防止核辐射，这其中就包括四道屏障，三重保护。四道屏障是指为了防止辐射有燃料芯块、密封燃料包壳、坚固压力容器和密闭的回路系统、安全壳等屏障，而三重保护是指核反应堆正常情况下可以正常停堆，停堆失败会进行自动紧急停堆，这时控制棒会落入堆内，如果此时还无法停堆，就会有高密度硼酸水喷入堆内强制停堆，从而保障核电站附近的安全。此外，还设有各种专设安全设施，力求做到万无一失。

从 20 世纪 50 年代第一批核电厂建设到现在大约 60 年的时间里，共运行了大约 2 万堆 · 年，其间发生了 3 次重大核事故，两次为 7 级事故。两次 7 级事故的起因一个是设计不当加人为错误（苏联切尔诺贝利事故），一个是重大天灾（日本福岛核电站事故）。所以，历史纪录是每 1 万堆 · 年发生一次危害较大的 7 级事故。让我们以 100 年为尺度估计中国大规模发展核能的安全风险。100 年内，中国需要 200~400 座百万千瓦电功率的反应堆。就以 300 × 100 = 3 万堆·年作为估算依据。中国在建和将建的反应堆比目前正在运行的堆型要先进，制造商声称能达到百万到千万堆·年一次事故的安全性，这不足信。但考虑到以前的安全记录，堆型的改进以及中国总的来说地质稳定、大规模海啸的可能性很低等原因，假定这一百年内出现一次 7 级事故是合理的。那么就可以有一个大致的估计，100 年内将出现一次核事故导致千亿美元量级的经济损失，数百人因为癌症过早去世，数千平方千米国土百年内不能使用。

那我们如何看待核能巨大的潜在危险呢？毕竟，一次失控核事故，将释放可以杀死几亿人的放射性。首先，不可能有几亿人挤到破坏了的反应堆边接受核辐射，随着距离的增加，危害能力衰减得很快。其次，放射性随时间指数衰减。再次，我们本来就在时时刻刻接受辐射，有些高海拔地区的人接受的辐射量本来就比低海拔地区的人高几倍。辐射剂量比天然增加几倍乃至几十倍对人体没有明显危害。最后，除了甲状腺癌，辐射并不明显增加别的癌症和出生缺陷数目，而甲状腺癌有很高的治愈率。另外，100 年内，我们完全可以期望医学继续快速发展，提高癌症治愈率，从而将核事故的损失降低到最小。想象一下，几十万年前，原始人刚学会用火，而火对当时大多数人来说，是一个可怕的东西。当时几乎所有的动物都怕火，现在也是这样。火对野生动物来说，非常可怕。它会烧伤人，烧伤的人非常痛苦。但火也有好处，可以带来温暖和光明，使人类可以在恶劣的自然条件下生存；可以驱赶野兽；还可以煮熟食物，让食物容易消化，这样食物来源更广泛；煮熟食物还可以杀死很多细菌病毒，从而减少生病；火烤熟的食物也非常可口。但是如果有人想把火带回到大家住的洞穴里来，还有很多风险。比如可能睡着了滚到火边被烧伤；小孩容易被火烧到；火势失控；通风不好引起缺氧，“造成大规模人员伤亡”；无论冬夏，都要去外面捡很多柴火，“引起资源和环境问题”，等等。干旱季节火的危险更大，“可以大面积摧毁人类赖以生存的家园”，造成巨大的灾难。因为如果森林被烧了，食物就没有了，生态要几年几十年才能恢复，而对于采集时代的人们来说，几乎没有“战略粮食储备”，这是灭顶之灾。大家可以看出，利用核能的好处和问题与我们祖先几十万年前用火是类似的。古人是否也曾有激烈的辩论，我们不得而知。但我们可以确信的是，古人最终掌握了火。火成了文明的象征，成为划分人与动物的标志之一。火有没有给人类带来痛苦？一定有，而且很多。人类历史上的大规模火灾，或者战争用火，造成了大量人员伤亡。但是如果不用火，世界上就不可能出现那么多人，不可能分布在那么广的区域。所以对于人类这个物种或者人类文明来说，用火带来了大规模的发展。用火的过程也许是曲折的。可能有些部落用火就发展起来；有些部落用火造成了灾难；有些部落开始没有用火，后来学会了用火；也可能有些部落一直都不用火，在与自然和其他部落的竞争中处于劣势，慢慢灭亡。为了限制火给人类社会带来的危害，我们采取了一系列办法，包括制定消防法规，加强消防宣传，开展消防演习等。能源是社会发展的绝对刚性需要，在今后的几万几十万年内，核能足以满足这一要求。一两百年之内，更安全清洁的聚变核能也应该能够发展起来，这样以后上千万年都有了能源保障，人类可以专心地发展下一层次的文明。

1.2.6　中国核电的发展

2007 年 10 月，国务院正式批准了国家发展改革委上报的《国家核电发展专题规划

(2005—2020 年)》(以下简称《规划》)，这标志着我国核电发展进入了新的阶段。

我国是世界上少数拥有比较完整核工业体系的国家之一。为推进核能的和平利用，20 世纪 70 年代，国务院做出了发展核电的决定，经过 40 多年的努力，我国核电从无到有，得到了很大的发展。自 1983 年确定压水堆核电技术路线以来，目前在压水堆核电站设计、设备制造、工程建设和运行管理等方面已经初步形成了一定的能力，为实现规模化发展奠定了基础。

核能已成为人类使用的重要能源之一，核电是电力工业的重要组成部分。核电不造成对大气的污染排放，在国际社会越来越重视温室气体排放、气候变暖的形势下，积极推进核电建设，是我国能源建设的一项重要政策。这对于满足经济和社会发展不断增长的能源需求，保障能源供应与安全，保护环境，实现电力工业结构优化和可持续发展，提升我国综合经济实力、工业技术水平，都具有重要意义。

为贯彻落实“积极推进核电建设”的发展方针，实现核电技术的跨越式发展，缩小与世界核电先进水平的差距，国家发改委组织编制了《规划》。《规划》是指导我国核电建设的重要文件，对于实施核电自主化发展战略、合理安排核电建设项目、做好核电厂址的开发和储备、建立和完善核电安全运行和技术服务体系、配套落实核燃料循环和核能技术开发项目的保障条件等方面具有重要意义。

《规划》共包括五个部分。第一部分总结了国内外核电发展历程和现状。第二部分分析研究了我国发展核电的重要意义。第三部分提出了我国发展核电的指导思想、方针和目标。第四部分详细阐述了我国核电发展技术路线、自主化发展战略、厂址开发和保护、核电建设项目布局和进度安排、核燃料循环方案以及核电投资估算等。最后一部分详细描述了规划实施的保障措施和政策安排。《规划》提出，我国的核电发展指导思想和方针是：统一技术路线，注重安全性和经济性，坚持以我为主，中外合作，通过引进国外先进技术，进行消化、吸收和再创新，实现核电站工程设计、设备制造和工程建设与运营管理的自主化，形成批量建设中国自主品牌大型先进压水堆核电站的综合能力。发展目标是：到 2020 年，核电运行装机容量争取达到4 000万 kW，并有1 800万 kW 在建项目结转到 2020 年以后续建。核电占全部电力装机容量的比重从现在的不到 2%提高到 4%，核电年发电量达到 2 600 亿—2 800 亿千瓦时。《规划》要求，到 2020 年，在引进、消化和吸收新一代百万千瓦级压水堆核电站工程设计和设备制造技术的基础上，进行再创新，实现自主化，全面掌握先进压水堆核电技术，培育国产化能力，形成较大规模批量化建设中国品牌核电站的能力。对于核电厂址的选择和保护，要根据核电厂址的要求，依照核电发展规划，严格复核审定，按照核电发展的要求陆续开展工作。各地区各部门应合理安排核电项目和进度，确保我国核电工业健康有序地发展。

为了确保规划内容的顺利实施，《规划》提出了如下保障措施和政策安排：核电企业要按照社会主义市场经济的总体要求，建立健全现代产权制度，规范企业法人治理结构，推进体制改革和机制创新；将核电设备制造和关键技术研发纳入国家重大装备国产化规划，形成设备的成套能力；依法强化政府核电安全监督工作，加强安全执法和监管；加强核应急系统建设，制定事故预防和处理措施，建立并保持对辐射危害的有效防御体系；建立和完善核电专业化运行与技术服务体系，全面提高核电站的安全、稳定运行水平；大力加强各类人才的培养工作，提高待遇，做好人才储备；对国家确定的核电自主化依托项目和国内承担核电设备制造任务的企业实行税收优惠及投资优惠政策。

目前，《规划》的部分内容已经启动实施，各地区各部门正在按计划开展工作。可以预见，随着《规划》的实施，我国核电工业将进入新的发展阶段，核电的自主创新能力将得到提高，核电装备的自主化制造将提升我国装备制造业水平，为我国经济社会的可持续发展作出更大贡献。

核能有巨大的优势，也有很大的风险。相对于它的巨大贡献，对整个社会来说，风险还是处于可控制的范围。还可以采取很多措施降低核能的风险，科学和技术进步也可以降低核事故的危害。即使在100年内发生一到两次大规模核事故（这一事故概率已经远远超过现阶段核反应堆的设计值），相对于燃煤带来的社会代价，危害还是要小很多。在聚变核能大规模投入使用之前，如果需要取代煤炭，还有相当长一段时间必须使用裂变核能。即使聚变核能开始运用，也还将有一段很长的过渡时间。在今后的一两百年，或者更长的一段时间内，人类社会将是一个以裂变核能为主的社会。建立一个安全的核能社会，需要全世界人民共同努力。

1.3 核电测绘的程序和内容

为保证核电厂施工测量工作的顺利实施，确保测量工作正确反映设计图纸意图，测量精度和准确性符合相关规范要求，工程技术部对测量技术方案、测量成果资料质量负管理责任和直接责任，并严格按以下程序进行。

1.3.1 控制网测设

①根据各子项工程的建筑、安装需要，依据业主提供的场地控制网点，建立各子项工程的平面控制网。

②控制网的精度要求较高，可事前根据施工图、技术规格书等，选择最简单的网型进行精度估算，优化方案设计。

③控制网施测时，应严格按照相关规范和技术设计书要求进行，并提前通知有关管理人员到现场见证。

④控制网测设竣工后，工程技术部向工程公司有关管理人员报送完整的技术资料。经检查认可后的控制网点，被认为是指导该子项工程建筑、安装的基准点。

1.3.2 施工测量

依据工程进度以及现场情况，技术部根据测量需求，查阅图纸、技术规范与规格书等，提取测量内外业所需相关信息，编制成《施工测量任务单》，并下发到施工测量组，测量组收到《施工测量任务单》后，根据任务单要求，查看现场是否具备施测条件，如若不满足，由施工队负责配合完善。为了保证建筑及构筑物的相对性和放线后续工作的顺利进行，测量组在现场做的控制点、临时控制桩，施工队及相关部门必须负责配合保护。

（1）施工测量任务单

施工测量任务单应包括以下内容：任务单编号、施测日期；施测的工程项目名称、子项名称、图纸编号以及子项号；施测的内容、附图及测设精度要求，附图应标明需定位的轴线和轴线之间的相关尺寸，主轴线（或控制线）以及重要特征点的设计坐标等；说明施测资料是否需上报单位；任务单上应有编制人和工程技术部部长签字，联系人的签字及联系电话、接收人签字等。

（2）测量准备

测量人员需根据任务单的内容查看设计图纸，核实技术部提供测量数据的准确性，并与工程技术部技术人员进行技术交底。确认测量任务单准确无误后，测量人员准备好施测所需仪器、表格等，并查看现场条件是否满足施测需求。

（3）施工测量

施工测量时，要求工程技术部技术人员、配合人员、放线人员必须到场。测量人员首先选取场区内恰当的控制点，然后对任务单中所涉及的建筑物或子项进行定位或标高测设，测量人员需定出足够数量的轴线（控制线）或是特征点的坐标。

（4）施工放线

施工队放线人员根据测量组提供的并且已经被认可的轴线（控制线）或特征点的坐标按照最新设计图放出建筑物的细部轴线。工程技术部技术负责人、工长、质检员等需检查建筑物或构筑物的所有尺寸，检查预埋件的数量、规格、尺寸，确认放线正确无误后，方可申请开工。质量检查人员检查建筑物或构筑物的所有尺寸，预埋件的数量、规格、尺寸，模板以及打完砼后的平整度和钢筋的规格、数量、尺寸，确认无误后在报告单上签字，报送工程公司有关管理人员认可。

1.3.3　变形观测

①对建筑物或构筑物进行工程设计时，应对变形测量工作统筹安排，测量组严格按设计要求对建筑物或构筑物进行变形观测。

②对于大型或重要工程中的建筑物、构筑物进行变形观测时，工程技术部应按相关的规范和设计要求，用“变形测量任务单”的形式安排测量组施测。任务单应写明建筑物或构筑物的名称、图纸编号、变形观测点位置及编码、观测周期、变形观测精度要求等具体事项。

③变形测量的精度按设计要求执行，如设计没有要求，则按《工程测量规范》（GB50026—2007）标准执行。

◎ 思考题

1. 核电控制网布设的基本原则是什么？
2. 简述施工测量的程序和内容。
3. 简述中国核电的发展现状。

4. 什么是核电站？其特点是什么？
5. 核电测绘的特点是什么？
6. 简述核电测绘的程序和内容。

第 2 章　测绘技术基础知识

2.1　概述

测量学是研究测定地面点的平面坐标和高程，将地球表面的地形和其他信息测绘成图，以及确定地球形状和大小等的一门科学技术。

测量学按照研究范围和对象的不同主要可分为：大地测量学、普通测量学、摄影测量学、工程测量学、地籍测量学、制图学等。大地测量学是研究和测定地球形状、大小和地球重力场，以及测定地面点几何位置的学科；普通测量学是研究地球表面较小区域的形状和大小，不考虑地球的曲率，用水平面代替地球局部表面所进行的地形图或平面图测绘的学科；摄影测量学是研究利用摄影或遥感的手段获取被测物体的信息（影像的或数字形式的），并进行分析和处理，以确定被测物体的形状、大小和位置，并判断其性质的学科，摄影测量学可分为航天摄影测量、航空摄影测量、地面摄影测量和水下摄影测量；工程测量学是研究工程建设在勘察设计、施工放样、竣工验收和管理阶段所进行的测量工作的理论、技术和方法的学科；地籍测量学是以研究测定土地及其上面附着物权属界限的位置、形状、面积并反映其使用状况为主要目的所进行的测量工作的理论、技术和方法的学科；制图学是利用测量所得的资料，研究如何投影编绘成地图，以及地图制作的理论、工艺技术和应用等方面的测绘科学。

本书主要简单介绍普通测量和地籍测量相关内容。无论是普通测量还是地籍测量，在实际测量工作中都必须遵循“从整体到局部，先控制后细部”的原则，因此测量又可以分为控制测量和细部测量。

2.2　控制测量

控制测量的作用是限制测量误差的传播和积累，保证必要的测量精度，使分区的测图能拼接成整体，整体设计的工程建筑物能分区施工放样。控制测量包括平面控制测量和高程控制测量。

平面控制网常规的布设方法有三角网、三边网和导线网。三角网是测定三角形的所有内角以及少量边，通过计算确定控制点的平面位置。三边网则是测定三角形的所有边长，各内角是通过计算求得。导线网是把控制点连成折线多边形，测定各边长和相邻边夹角，计算它们的相对平面位置。

高程控制测量就是在测区布设高程控制点，即水准点，用精确方法测定它们的高程，构成高程控制网。高程控制测量的主要方法有：水准测量和三角高程测量。

在全国范围内建立的控制网，称为国家控制网。它是全国各种比例尺测图的基本控制，并为确定地球的形状和大小提供研究资料。国家控制网是用精密测量仪器和方法依照施测精度按一、二、三、四等四个等级建立的，它的低级点受高级点逐级控制。在城市或厂矿等地区，一般应在上述国家控制点的基础上，根据测区的大小、城市规划和施工测量的要求，布设不同等级的城市平面控制网，以供地形测图和施工放样使用。直接供地形测图使用的控制点，称为图根控制点，简称图根点。

2.2.1　平面控制测量

（1）导线测量

将测区内相邻控制点连成直线而构成的折线，称为导线，如图 2-1 所示。这些控制点，称为导线点。导线测量就是依次测定各导线边的长度和各转折角值；根据起算数据，推算各边的坐标方位角，从而求出各导线点的坐标。根据测区不同的情况与要求，导线可以布设为三种形式：附合导线、闭合导线和支导线。

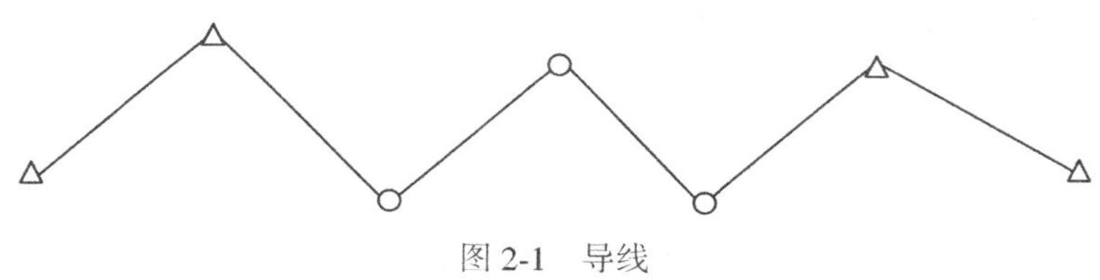

图 2-1　导线

导线边长可用光电测距仪（全站仪）测定，测量时要同时观测竖直角，供倾斜改正之用。若用钢尺丈量，钢尺必须经过检定。对于一、二、三级导线，应用钢尺量距的精密方法进行丈量。对于图根导线，用一般方法往返丈量或同一方向丈量两次；当尺长改正数大于 1/10 000时，应加尺长改正；量距时平均尺温与检定时温度相差 10℃时，应进行温度改正；尺面倾斜大于 1.5%时，应进行倾斜改正；取其往返丈量的平均值作为成果，并要求其相对误差不大于1/3 000。

用测回法施测导线左角（位于导线前进方向左侧的角）或右角（位于导线前进方向右侧的角）。一般在附合导线中，测量导线左角，在闭合导线中均测内角。若闭合导线按反时针方向编号，则其左角就是内角。图根导线，一般用 DJ6 级光学经纬仪测一个测回。若盘左、盘右测得角值的较差不超过 40″，则取其平均值。

导线测量是建立小地区平面控制网常用的一种方法，特别是地物分布较复杂的建筑区、视线障碍较多的隐蔽区和带状地区，多采用导线测量的方法。

（2）三角测量

选择若干控制点而形成互相连接的三角形，测定其中一边的水平距离和每个三角形的三个顶角，然后根据起始数据可算出各控制点的坐标。三角网的各顶点称为三角点。各三角形联成锁状的称为三角锁（如图 2-2 所示），联成网状的则称为三角网。

（3）三边测量

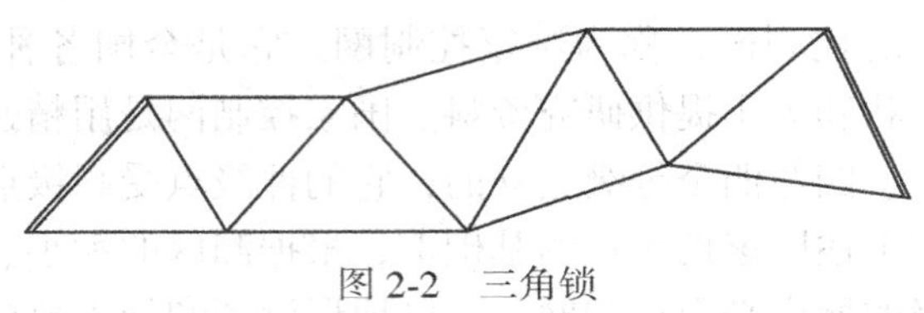

图 2-2 三角锁

三边网则是测定三角形的所有边长，各内角是通过计算求得，从而通过起始数据可计算出各控制点的坐标。

（4）GPS 控制测量

由于全球定位系统定位技术的不断改进和完善，其测绘精度、测绘速度和经济效益都大大地优于目前的常规控制测量技术，全球定位系统定位技术可作为控制测量的主要手段。事实证明，应用全球定位系统快速静态定位方法，施测一个点的时间，从几十秒到几分钟，最多十几分钟，精度可达到 1～2cm，完全可以满足普通或地籍控制测量的需求，可以成倍地提高观测效率和经济效益。建立全球定位系统定位技术布测控制网时，应与已有的控制点进行联测，联测的控制点最少不能少于 2 个。

2.2.2 高程控制测量

1. 水准测量

水准测量的主要目的是测出一系列点的高程，通常称这些点为水准点。我国的水准点的高程是以青岛水准原点起算的，全国范围内的国家等级水准点的高程都属于这个统一的高程系统。

为了适应各方面的需求，国家测绘地理信息局对全国的水准测量作了统一的规定，按不同要求规定了四个等级。这四个等级，以精度分：一等水准测量最高，四等水准测量最低；以用途分：一、二等水准测量主要用于科学研究，也作为三、四等水准测量的起算数据，三、四等水准测量主要用于国防建设、经济建设和地形测图的高程起算。由于主要用途和精度要求的不同，因此对各等级水准测量的路线布设、点的密度、使用仪器以及具体操作在规范中都有相应的规定。

为了进一步满足工程建设和地形测图的需要，以国家水准测量的三、四等水准点为起始点，尚需布设工程水准测量和图根水准测量，通常统称为普通水准测量，也叫等外水准测量。普通水准测量的精度较国家水准测量低一些，水准路线的布设及水准点的密度可以根据具体工程和地形测图的要求做灵活调整。

无论属于何种类型的水准测量，它们的作业原理都一样，只是使用的仪器和精度有差别。

水准路线的布设分为单一水准路线和水准网。单一水准路线又分为三种：附合水准路线、支水准路线和闭合水准路线。

2. 三角高程测量

用水准测量方法测定点与点之间的高差，从而由已知点求得未知点的高程，应用这种方法求得地面点的高程精度较高，普遍适用于建立国家高程控制点及测定高级地形控制点的高程。对于地面起伏较大地区，用这种方法测定地面点的高程进程比较缓慢，有时甚至非常困难，因此在上述地区或对高程精度要求不高的时候，常采用三角高程测量的方法来传递高程。

三角高程测量是根据两点的水平距离和竖直角计算两点的高差，从而通过已知点推算未知点的高程。当两点距离大于300m时，应考虑地球曲率和大气折光对高差的影响。三角高程测量，一般应进行往返观测（双向观测），它可消除地球曲率和大气折光的影响。

控制测量的精度要求可以参照相关的测量规范。进行控制测量时，施测前应先对施测仪器进行校验，满足相关要求才能进行相关的控制测量工作。

2.3 碎部测量

2.3.1 概述

碎部测量就是以控制点为基础，测定地物、地貌的平面位置和高程，并将其绘制成地形图的测量工作。在碎部测量中，地物的测绘实际上就是地物平面形状的测绘，地物平面形状可用其轮廓点（交点和拐点）和中心点来表示，这些点被称为地物的特征点（又称碎部点）。由此，地物的测绘可归结为地物碎部点的测绘。地貌尽管形态复杂，但可以将其归纳为许多不同方向、不同坡度的平面交合而成的几何体，其平面交线就是方向变化线和坡度变化线，只要确定这些方向变化线和坡度变换线的方向和坡度变换点（称之为地貌特征点和地性点）的平面位置和高程，地貌的基本形态也就反映出来了。因此，无论是地物还是地貌，其形态都是由一些特征点即碎部点的点位所决定。碎部测量的实质就是测绘地物和地貌碎部点的平面位置和高程。碎部测量工作包括两个过程：一是测定碎部点的平面位置和高程；二是利用地图符号在图上绘制各种地物和地貌。

碎部测量的方法有平板仪测图、经纬仪测图等传统测量方法，以及航空摄影测量法及数字测图法。

传统测图法的实质即图解测图，通过测量将碎部点展绘在图纸上，以手工方式描绘地物和地貌，具有测图周期长、精度低等缺点，主要适用于小区域、大比例尺的地形测图。

航空摄影测量法是利用航空摄影像片，以野外实测的控制点为基础，借助航测内业仪器制作地形图。目前，航空摄影测量法是大面积地形测图的主要方法。

数字测图是对利用各种手段采集到的地面数据进行计算机处理，而自动生成以数字形式存储在计算机存储介质上的地形图的方法。根据采集数据的手段不同，可以分为地面数字测图、数字摄影测图和地形图数字化三种方法。

下面主要介绍地面数字测图法。

2.3.2 地面数字测图

地面数字测图是指对利用全站仪、全球定位系统接收机等仪器采集的数据及其编码，通过计算机图形处理而自动绘制地形图的方法。地面数字测图基本硬件包括：全站仪、全球定位系统接收机、计算机和绘图仪等。软件基本功能主要有：野外数据的输入和处理、图形文件生成、等高线自动生成、图形编辑与注记和地形图自动绘制。

地面数字测图的工作内容包括野外数据采集与编码，数据处理与图形文件生成，地形图与测量成果报表输出。野外数据采集采用全站仪或全球定位系统接收机进行观测，并自动记录观测数据或经计算后的碎部点坐标，每个碎部点记录通常有点号、观测值或坐标、符号码以及点之间的连线关系码。这些信息码用规定的数字代码表示。由于在地面数字测图中计算机是通过识别碎部点的信息码来自动绘制地形图符号的，因此，输入碎部点的信息码极为重要。数据处理包括数据预处理、地物点的图形处理和地貌点的等高线处理。数据预处理是对原始记录数据作检查，删除已废弃的记录以及与图形生成无关的记录，补充碎部点的坐标计算和修改含有错误的信息码并生成点文件。图形文件生成即根据点文件，将与地物有关的点记录生成地物图形文件，与等高线有关的点记录生成等高线文件。图形文件生成后可进行人机交互方式下的地形图编辑，主要包括删除错误的图形和无需表示的图形，修正不合理的符号表示，增添植被、土质等配置符号以及进行地形图注记，最终生成数字地形图的图形文件。地形图与测量成果报表输出即将数字地形图用磁盘存储和通过自动绘图仪绘制地形图。

2.3.3　测定碎部点的基本方法

在地面数字测图中，测定碎部点坐标的基本方法主要有极坐标法、方向交会法、量距法、方向距离交会法、直角坐标法等。常用方法为极坐标法，多用在从测站点上直接测定周围的地形点。其余的方法多用于地物的辅助测量。

1. 碎部点坐标的测量方法

（1）极坐标法

所谓极坐标法即在已知坐标的测站点（P）上安置全站仪，在测站定向后，观测测站点至碎部点的方向、天顶距和斜距，进而计算碎部点的平面直角坐标。

当棱镜不能安置在碎部点上时，应根据棱镜位置、碎部点和测站点之间构成的几何关系，通过对棱镜位置的观测，推算待定碎部点的坐标。

（2）方向交会法

实际测量中当有部分碎部点不能到达时，可以利用方向交会法计算碎部点的坐标。常用的方法是两个测站的前方交会。

（3）量距法

如果部分碎部点受到通视条件的限制不能用全站仪直接观测计算坐标，则可根据周围已知点通过丈量距离计算碎部点的坐标。常用方法有距离交会法。

除了上述常用的方法之外，还有方向距离交会法和直角坐标法，在此不一一详述。

2. 碎部点高程的测量方法

在地形测图中，通常采用普通三角高程（传统测图）或电磁波测距三角高程测量（地面数字测图）测定碎部点的高程。

采用全站仪进行地面数字测图时，计算碎部点高程的公式为：

$$H = H_0 + D \cdot \sin\alpha + i - v \tag{2-1}$$

式中：H_0 为测站点高程；i 为仪器高；v 为棱镜高；D 为斜距；α 为垂直角。

2.3.4 野外数据采集

数字测图野外数据采集按碎部点测量方法，分为全站仪测量方法和全球定位系统 RTK 测量方法。全站仪测量法是在控制点、加密的图根点或测站点上架设全站仪，全站仪经定向后，观测碎部点上放置的棱镜，得到方向、竖直角（或天顶距）和距离等观测值，记录在电子手簿或全站仪内存；或者由记录器程序计算碎部点的坐标及高程，记入电子手簿或全站仪内存。野外数据采集除碎部点的坐标数据外还需要有与绘图有关的其他信息，如碎部点的地形要素名称、碎部点连接线型等，由计算机生成图形文件，进行图形处理。为便于计算机识别，碎部点的地形要素名称、碎部点连接线型信息也都用数字代码或英文字母来表示，这些代码称为图形信息码。根据给与的图形信息码的方式不同，野外数据采集的工作程序分为两种：一是在观测碎部点时，绘制工作草图，在工作草图上记录地形要素的名称、碎部点连接关系等。然后在室内将碎部点显示在计算机屏幕上，根据工作草图，采用人机交互方式连接碎部点，输入图形信息码和生成图形。二是采用笔记本电脑和 PDA 掌上电脑作为野外数据采集记录器，可以在观测碎部点之后，对照实际地形输入图形信息码和生成图形。

数字测图野外数据采集除硬件设备外，需要有数字测图软件支持。不同的数字测图软件在数据采集方法、数据记录格式、图形文件格式和图形编辑功能等方面会有一定的差别。

上述程序一中提到的绘制工作草图是保证数字测图质量的一项措施。工作草图是图形信息编码碎部点间接坐标计算和人机交互编辑修改的依据。

在进行数字测图时，如果测区有相近比例尺的地图，则可利用旧图或影像图并适当放大复制，裁成合适的大小作为工作草图。在这种情况下，作业员可先进行测区调查，对照实地将变化的地物反映在草图上，同时标出控制点的位置，这种工作草图也起到工作计划图的作用。在没有合适的地图可作为工作草图的情况下，应在数据采集的同时绘制工作草图。工作草图应绘制地物的相关位置、地貌的地性线、点号、丈量距离记录、地理名称和说明注记等。草图可按地物相互关系一块块地绘制，也可按测站绘制，地物密集区可绘制局部放大图。草图上点号标注应清楚正确，并和电子手簿记录点号一一对应。

2.4 误差理论

2.4.1 观测误差

在实际的测量工作中发现：当对某个确定的量进行多次观测时，所得到的各个结果之间往往存在一些差异，例如，重复观测两点的高差，或者是多次观测一个角或丈量若干次一段距离，其结果都互有差异。另一种情况是，当对若干个量进行观测时，如果已经知道在这几个量之间应该满足某一理论值，实际观测结果往往不等于其理论上的应有值。例如，一个平面三角形的内角和等于 180°，但三个实测内角的结果之和并不等于 180°，而是有一定差异。这些差异称为不符值。这种差异是测量工作中经常而又普遍发生的现象，这是由于观测值中包含各种误差的缘故。

由实际情况可知，任何测量工作都有观测误差，其产生的原因概括来说主要有三个方面：首先，测量是由观测者完成的，人的感觉器官的鉴别能力有一定的限度，人们在仪器的安置、照准、读数等方面都会产生误差。此外，观测者的工作态度、操作技能也会对测量结果的质量（精度）产生影响；其次，任何的测量都是利用特制的仪器、工具进行的，由于每一种仪器只具有一定限度的精密度，因此测量结果的精确度受到了一定的限制。且各个仪器本身也有一定的误差，使得测量结果产生误差；最后，测量是在一定的外界环境条件下进行的，客观环境包括温度、湿度、风力、大气折射等因素。客观环境的差异和变化也使测量的结果产生误差。

因此，人、仪器和客观环境这三方面是引起观测误差的主要因素，总称“观测条件”。无论观测条件如何，观测结果都含有误差。根据观测误差的性质，观测误差可分为系统误差、偶然误差和粗差。

（1）系统误差

由仪器制造或校正不完善、观测员生理习性、测量时外界条件、仪器检定时不一致等原因引起的误差，称为系统误差。在同一条件下获得的观测列中，其数据、符号或保持不变，或按一定的规律变化，在观测成果中具有累计性，对成果质量影响显著，应在观测中采取相应措施予以消除。

（2）偶然误差

偶然误差的产生取决于观测进行中的一系列不可能严格控制的因素（如湿度、温度、空气振动等）的随机扰动。在同一条件下获得的观测列中，其数值、符号不定，表面上看没有规律性，实际上是服从一定的统计规律的。随机误差又可分两种：一种是误差的数学期望不为零，称为“随机性系统误差”；另一种是误差的数学期望为零，称为偶然误差。这两种随机误差经常同时发生，须根据最小二乘法原理加以处理。

（3）粗差

粗差是一些不确定因素引起的误差，国内外学者在粗差的认识上还未有统一的看法，目前的观点主要有下述几类：一类是将粗差看作与偶然误差具有相同的方差，但期望值不同；另一类是将粗差看作与偶然误差具有相同的期望值，但其方差十分巨大；还有一类是认为偶然误差与粗差具有相同的统计性质，但有正态与病态的不同。以上的理论均是建立在把偶然误差和粗差都看作属于连续型随机变量的范畴的基础之上。还有一些学者认为粗差属于离散型随机变量。

当观测值中剔除了粗差，排除了系统误差的影响，或者与偶然误差相比系统误差处于次要地位后，占主导地位的偶然误差就成了我们研究的主要对象。从单个偶然误差来看，其出现的符号和大小没有一定的规律性，但对大量的偶然误差进行统计分析，就能发现其规律性，误差个数越多，规律性越明显。

2.4.2 评定精度的指标

衡量观测值精度的常用标准有以下几种：

(1) 中误差

在等精度观测列中，各真误差平方的平均数的平方根，称为中误差，也称均方误差，即

$$m = \pm\sqrt{\frac{[\Delta\Delta]}{n}} \tag{2-2}$$

必须指出，在相同的观测条件下所进行的一组观测，由于它们对应着同一种误差分布，因此，对于这一组中的每一个观测值，虽然各真误差彼此并不相等，有的甚至相差很大，但它们的精度均相同，即都为同精度观测值。

(2) 容许误差

由偶然误差的特性可知，在一定的观测条件下，偶然误差的绝对值不会超过一定的限值。这个限值就是容许误差或称极限误差。通常以3倍中误差作为偶然误差的极限值。在测量工作中一般取2倍中误差作为观测值的容许误差。

当某观测值的误差超过了容许的2倍中误差时，将认为该观测值含有粗差，而应舍去不用或重测。

(3) 相对误差

对于某些观测结果，有时单靠中误差还不能完全反映观测精度的高低。例如，分别丈量了100m和200m两段距离，中误差均为±0.02m。虽然两者的中误差相同，但就单位长度而言，两者精度并不相同，后者显然优于前者。为了客观反映实际精度，常采用相对误差。

观测值中误差 m 的绝对值与相应观测值 D 的比值称为相对中误差。它是一个无名数，常用分子为1的分数表示，即

$$K = \frac{|m|}{D} = \frac{1}{\dfrac{D}{|m|}} \tag{2-3}$$

上例中前者的相对中误差为1/5 000，后者为1/10 000，表明后者精度高于前者。

对于真误差或容许误差，有时也用相对误差来表示。例如，距离测量中的往返测较差与距离值之比就是所谓的相对真误差，即

$$\frac{|D_{往} - D_{返}|}{D_{平均}} \tag{2-4}$$

式中：$D_{往}$ 为往测距离，$D_{返}$ 为返测距离。

与相对误差对应，真误差、中误差、容许误差都是绝对误差。

2.4.3　误差传播定律

当对某量进行了一系列的观测后，观测值的精度可用中误差来衡量。但在实际工作中，往往会遇到某些量的大小并不是直接测定的，而是由观测值通过一定的函数关系间接计算出来的。例如，在水准测量中，在一测站上测得后、前视读数分别为 a、b，则高差 $h = a - b$，这时高差 h 就是直接观测值 a、b 的函数。当 a、b 存在误差时，h 也受其影响而产生误差，这就是所谓的误差传播。阐述观测值中误差与观测值函数中误差之间关系的定

律称为误差传播定律。本节就以下三种常见的函数来讨论误差传播的情况。

(1) 倍数函数

设有函数

$$z = kx \tag{2-5}$$

式中：k 为常数，x 为直接观测值，其中误差为 m_x，现在求观测值函数 z 的中误差 m_z。

设 x 和 z 的真误差分别为 Δ_x 和 Δ_z，由上式知它们之间的关系为：

$$\Delta_z = k\Delta_x \tag{2-6}$$

若对 x 共观测了 n 次，则

$$\Delta_{z_i} = k\Delta_{x_i} \quad (i = 1,\ 2,\ \cdots,\ n) \tag{2-7}$$

将上式两端平方后相加，并除以 n，得

$$\frac{|\Delta_z^2|}{n} = k^2 \frac{|\Delta_x^2|}{n} \tag{2-8}$$

按中误差定义可知，

$$m_z^2 = \frac{|\Delta_z^2|}{n} \tag{2-9}$$

$$m_x^2 = \frac{|\Delta_x^2|}{n} \tag{2-10}$$

所以，上式可写成

$$m_z^2 = k^2 m_x^2 \tag{2-11}$$

或

$$m_z = km_x \tag{2-12}$$

即观测值倍数函数的中误差，等于观测值中误差乘倍数(常数)。

(2) 和差函数

设有函数

$$z = x \pm y \tag{2-13}$$

式中：x、y 为独立观测值，它们的中误差分别为 m_x 和 m_y，设真误差分别为 Δ_x 和 Δ_y，由上式可得

$$\Delta_z = \Delta_x \pm \Delta_y \tag{2-14}$$

若对 x、y 均观测了 n 次，则

$$\Delta_{z_i} = \Delta_{x_i} \pm \Delta_{y_i} \quad (i = 1,\ 2,\ \cdots,\ n) \tag{2-15}$$

将式(2-15) 两端平方后相加，并除以 n，得

$$\frac{[\Delta_z^2]}{n} = \frac{[\Delta_x^2]}{n} + \frac{[\Delta_y^2]}{n} \pm 2\frac{[\Delta_x\Delta_y]}{n} \tag{2-16}$$

式(2-16)$[\Delta_x\Delta_y]$ 中各项均为偶然误差。根据偶然误差的特性，当 n 越大时，式中最后一项将趋近于零，于是上式可写成

$$\frac{[\Delta_z^2]}{n} = \frac{[\Delta_x^2]}{n} + \frac{[\Delta_y^2]}{n} \tag{2-17}$$

根据中误差定义，可得

$$m_z^2 = m_x^2 + m_y^2 \tag{2-18}$$

即观测值和差函数的中误差平方，等于两观测值中误差的平方之和。

(3) 非线性函数

设有一般函数

$$z = f(x_1, x_2, \cdots, x_n) \tag{2-19}$$

式中，x_1，x_2，…，x_n 为独立观测值，已知其中误差为 $m_i(i = 1, 2, \cdots, n)$。

当 x_i 具有真误差 Δ_i 时，函数 z 则产生相应的真误差 Δ_z，因为真误差 Δ 是一微小量，故将上式取全微分，将其化为线性函数，并以真误差符号"Δ"代替微分符号"d"，得

$$\Delta_z = \frac{\partial f}{\partial x_1}\Delta_{x_1} + \frac{\partial f}{\partial x_2}\Delta_{x_2} + \cdots + \frac{\partial f}{\partial x_n}\Delta_{x_n} \tag{2-20}$$

式中，$\frac{\partial f}{\partial x_i}$ 是函数对 x_i 取的偏导数并用观测值代入算出的数值，它们是常数，因此，上式变成了线性函数，按式得

$$m_z^2 = \left(\frac{\partial f}{\partial x_1}\right)^2 m_1^2 + \left(\frac{\partial f}{\partial x_x}\right)^2 m_2^2 + \cdots + \left(\frac{\partial f}{\partial x_n}\right)^2 m_n^2 \tag{2-21}$$

上式是误差传播定律的一般形式。

2.5 测设技术

所有工程在施工阶段所进行的测量工作称为施工测量，也称施工放样或测设。它是工程设计和工程施工之间的桥梁，是贯穿于整个施工过程的一道重要工序。测设的过程与测图过程刚好相反，其实质是将设计好的建(构)筑物的位置、形状、大小及高程在地面上标定出来，为施工的进行提供定位依据。

测设时，需首先求出设计建(构)筑物或特征点相对于控制网或原有建筑物的关系，即求出其间的角度、距离和点的高程，这些资料称为测设(放样)数据。因此，测设的基本工作就是测设已知水平距离、已知水平角和已知高程。

2.5.1 测设的基本技术与方法

如上所述，测设是工程设计和工程施工之间的桥梁，其实质是将设计在地面上标定出来，为施工的进行提供定位依据。测设的基本技术和方法主要是已知水平距离、已知水平角和已知高程的测设。

1. 已知水平距离的测设

根据给定的已知点、直线方向和两点间的水平距离，求出另一端点实地位置的测量工作就是已知水平距离的测设。测设已知距离的方法主要有 3 种。

(1) 一般方法

从已知点 A 开始，沿已给定的方向 AB，按已知的长度值，用钢尺直接丈量定出 B 点(应目估使钢尺水平)。为了校核，应往返丈量两次。取其平均值作为最终结果。

(2) 精确方法

当测设精度要求较高时，要结合现场情况，对所测设的距离进行尺长、温度、倾斜等项改正。若设计的水平距离为 D，则在实地上应放出的距离 D' 为

$$
\begin{aligned}
D' &= D - \Delta l_d - \Delta l_t - \Delta l_h \\
\Delta l &= l' - l_0 \\
\Delta l_d &= D\frac{\Delta l}{l_0}
\end{aligned}
\tag{2-22}
$$

其中，

$$
\begin{aligned}
\Delta l_t &= 2(t - t_0)D \\
\Delta l_h &= -\frac{h^2}{2D}
\end{aligned}
\tag{2-23}
$$

式中：l' 为钢尺的实际长度；l_0 为钢尺的名义长度；t 为测设时的温度；t_0 为钢尺检测时的温度；h 为线段两端点间的高差。具体作业时，若 D' 小于一个尺段，则直接丈量出 D'；若 D' 大于一个尺段，则用精密丈量的方法将整尺段丈量完毕。设其水平长度为 $D_{整}$，则欲测设的长度 D 尚余为 $D_{余}=D-D_{整}$。然后按式(2-22)计算出 D 尚余的丈量值 $D_{余}$，在实地丈量 $D_{余}$，从而完成 D' 的测设工作。

(3) 用光电测距仪测设水平距离

如图 2-3 所示，光电测距仪置于 A 点，在测设距离的方向上移动棱镜，选取近似于测设长 D 的 C' 点固定棱镜，测出斜距 L 及测距光路的竖角 α，则距离 $D_{AC}=L\cos\alpha$，它与测设长 D 之差为 $\Delta D=D-D_{AC}$，根据 ΔD 的正负号移动棱镜，使用 ΔD 小于测设要求的限差，并尽可能接近于零，则该点即为欲测设的 C 点。ΔD 也可以用钢尺直接丈量改正，得到欲测设的 C 点。

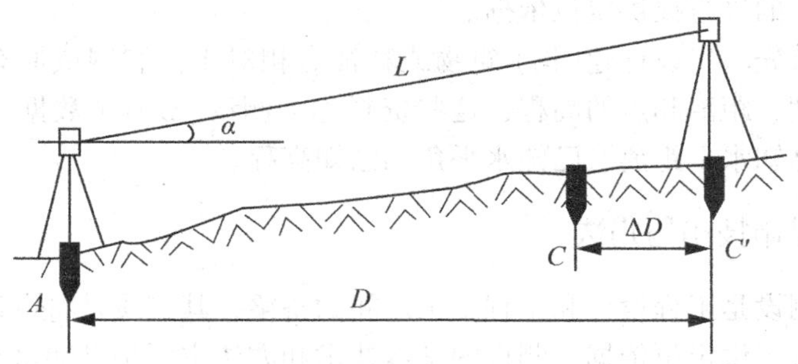

图 2-3　光电测距仪测设水平距离

2. 已知水平角的测设

水平角的测设，是根据某一已知方向和已知水平角的数值，把该角的另一方向在地面上标定出来。根据精度要求的不同，水平角测设的方法主要有两种。

(1) 一般方法

当测设水平角的精度要求不高时，可采用盘左盘右分中法。如图 2-4 所示，已知地面上 OA 方向，从 OA 向右测设水平角 β，定出 OB 方向，步骤如下：

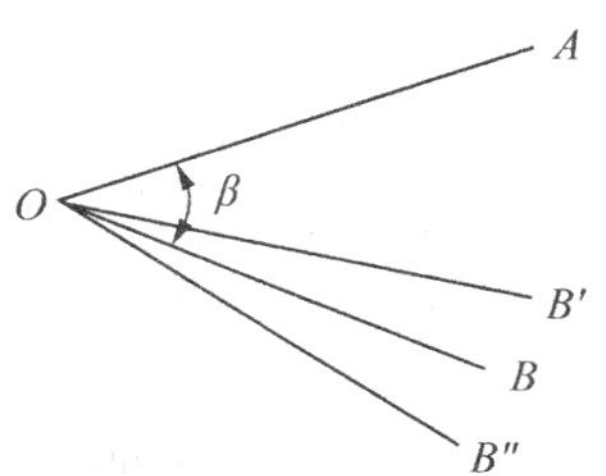

图 2-4　分中法测设水平角

①在 O 点安置经纬仪，以盘左位置瞄准 A 点，并使度盘读数为某一整数值(如 $0°00'00''$)。

②松开水平制动螺旋，旋转照准部，使度盘读数增加 β 角值，在此方向上定出 B' 点。

③倒镜成盘右位置，以同样方法测设 β 角，定出 B'' 点，取 B'、B'' 的中点 B，则 $\angle AOB$ 即为欲测设的角度。

(2) 精确方法

当测设水平角的精度要求较高时，可采用做垂线改正的方法，如图 2-5 所示，步骤如下：

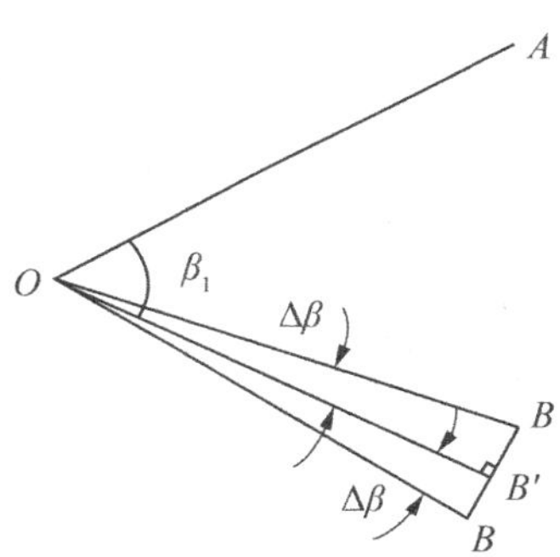

图 2-5　垂线改正法测设水平角

①先按一般方法测设出 B' 点。

②用测回法对 $\angle AOB'$ 观测若干个测回(测回数根据要求的精度而定)，求其平均值，并计算出 $\Delta\beta = \beta - \beta_1$。

③计算垂直改正值：

$$BB' = OB'\tan\Delta\beta \approx OB'\frac{\Delta\beta}{\rho},\ \rho = 206\ 265'' \tag{2-24}$$

④自 B' 点沿 OB' 的垂直方向量出距离，定出 B 点，则 $\angle AOB$ 即为欲测设的角度。量取改正距离时，如 $\Delta\beta$ 为正，则沿 OB' 的垂直方向向外量取；如 $\Delta\beta$ 为负，则沿 OB' 垂直方

向向内量取。

3. 已知高程的测设

根据已知水准点，在地面上标定出某设计高程的工作，称为高程测设。高程测设是施工测量中的一项基本工作，一般是在地面上打下木桩，使桩顶(或在桩侧面划一红线代替桩顶) 高程等于点的设计高程。此项工作可根据施工场地附近的水准点用水准测量的方法进行。现用实例说明方法。

① 如图 2-6 所示，水准点 BM_3 的高程为 150. 680m。要求测设 A 点，使其等于设计高程 151. 500m。其测设步骤如下：

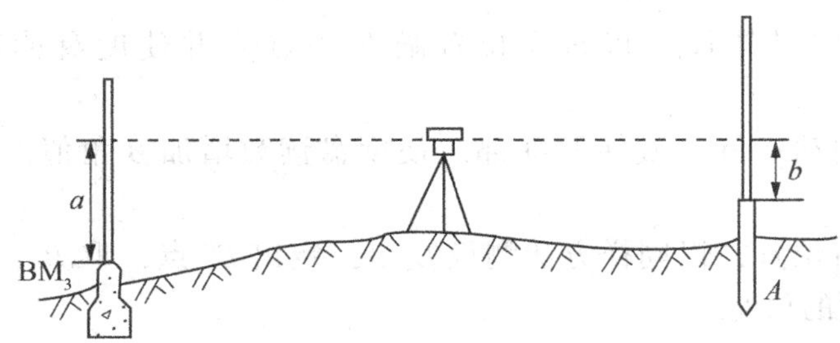

图 2-6　简单高程测设

在水准点 BM_3 和木桩 A 之间安置水准仪，在 BM_3 点所立水准尺上，测得后视读数 a 为 1. 386m，则视线高程 H_1 为

$$H_1 = H_3 + a = 150.680 + 1.386 = 152.066\text{m}$$

计算 A 点水准尺尺底恰好位于设计高程时的前视读数 b：

$$b = H_1 - H_{设} = 152.066 - 151.500 = 0.566\text{m}$$

在 A 点桩顶立尺，逐渐向下打桩，直至立在桩顶上水准尺的读数为 0. 566m，此时桩顶的高程即为设计高程，也可将水准尺紧贴 A 点木桩的侧面上下移动，直至尺上读数恰为 0. 566m 时，紧靠尺底，在木桩上画一水平线或钉一小钉，其高程即为 A 点的设计高程(也称 ±0 位置)。

② 当测设点与水准点的高差太大，必须用高程传递法将高程由高处传递至低处，或由低处传递至高处。

在深基槽内测设高程时，如水准尺的长度不够，则应在槽底先设置临时水准点，然后将地面点的高程传递至临时水准点，再测设出所需高程。

如图 2-7 所示，欲根据地面水准点 A 测定槽内水准点 B 的高程，可在槽边架设吊杆，杆顶吊一根零点向下的钢尺，尺的下端挂上重 10kg 的重锤，在地面和槽底各安置一台水准仪。设地面的水准仪在 A 点的标尺上读数为 a_1，在钢尺上的读数为 b_1；槽底水准仪在钢尺上读数为 a_2，在 B 点所立标尺上的读数为 b_2。已知水准点 A 的高程为 H_A，则 B 点的高程为

$$H_B = H_A + a_1 - b_1 + a_2 - b_2 \tag{2-25}$$

然后改变钢尺悬挂位置，再次进行读数，以便检核。

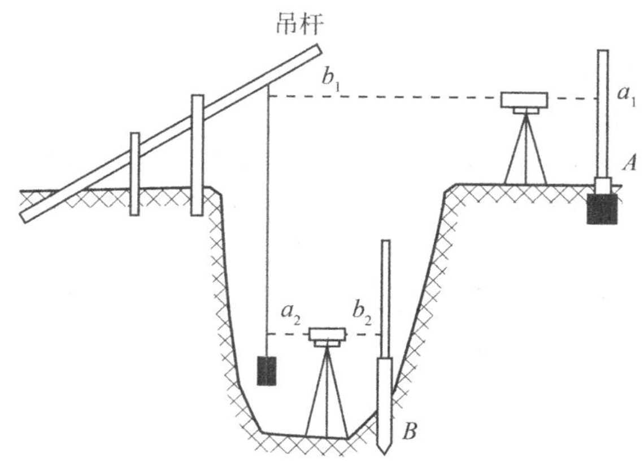

图 2-7 深基槽内高程测设

在较高的楼层面上测设高程时，可利用楼梯间向楼层上传递高程，如图 2-8 所示。将检定过的钢尺悬吊在楼梯处，零点一端朝下，挂 5kg 重锤，并放入油桶中，然后用水准仪逐层引测，则楼层 B 点的高程为

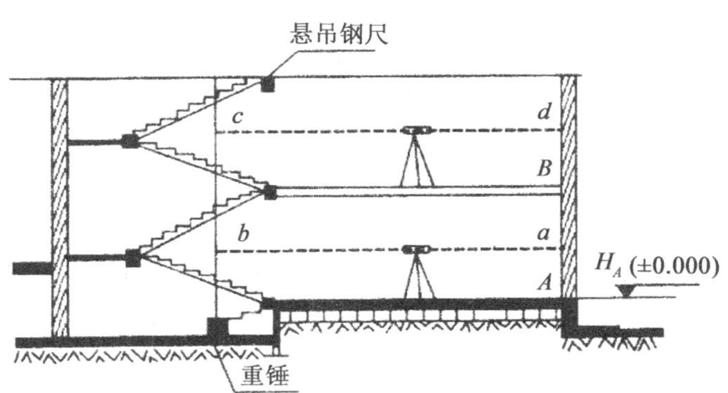

图 2-8 高层楼面上的高程测设

$$H_B = H_A + a - b + c - d \tag{2-26}$$

式中：a，b，c，d 为标尺读数。

为了检核，可采用改变悬吊钢尺位置后，再用上述方法进行读数，两次测出的高程较差不应超过 3mm。

2.5.2 点的平面位置的测设

点的平面位置测设常用极坐标法、角度交会法、距离交会法、内外分点法、直角坐标法。至于选用哪种方法，应根据控制网的形式、现场情况、测设对象的特点、测设精度要求等因素，进行综合分析后确定。

(1) 直角坐标法

此种方法主要用于建筑物或与建筑物有关的测设，如建筑施工中的定位测量、工程验线和竣工验收中的用地红线、界址、建筑红线的测设和检验等。下面以建筑施工中的定位测量为例说明此种方法的原理。

如图2-9所示，OX，OY为两条互相垂直的主轴线，建筑物的两个轴线AB，AD分别与OX，OY平行。设计图中已给出建筑物4个角点的坐标，如A点的坐标为(X_A, Y_A)。先在建筑方格网的O点上安置经纬仪，瞄准Y方向测设距离Y_A得E点，然后搬仪器至E点，仍瞄准Y方向，向左测设90°角，沿此方向测设距离X_A，即得A点位置并可沿此方向测设出B点，同法测设出D点和C点。最后应检查建筑物的边长是否等于设计长度，四角是否为90°，误差在限差内即可。

此方法计算简单，施测方便、精度较高，但要求场地平坦，有建筑方格网可用。

(2) 极坐标法

极坐标法是根据一个角度和一段距离测设点的平面位置，适用于测设距离较短，且便于量距的情况。此种方法主要用于规划选址、征地、出让等工作中的红线或界址测设。

图2-10中，AB是用地红线的两个端点，其坐标已由设计图中给出。P_1、P_2、P_3、P_4、P_5为已知控制点，则测设数据D_1、β_1、D_2、β_2可由坐标反算公式得出：

$$\left.\begin{aligned} \alpha_{p_2A} &= \arctan\frac{Y_A - Y_{p_2}}{X_A - X_{p_2}} \\ \alpha_{p_4B} &= \arctan\frac{Y_B - Y_{p_4}}{X_B - X_{p_4}} \end{aligned}\right\} \tag{2-27}$$

$$\beta_1 = \alpha_{p_2p_3} - \alpha_{p_2A}$$

$$\beta_2 = \alpha_{p_4p_3} - \alpha_{p_4A}$$

实地测设时，在P_2点上安置经纬仪，先测设β_1角，在P_2A方向线上测设距离D_1，即A点。将仪器搬至P_4点，同法测出B点，最后丈量AB的距离，以资检核。

此法比较灵活，对用测距仪测设尤为适合。

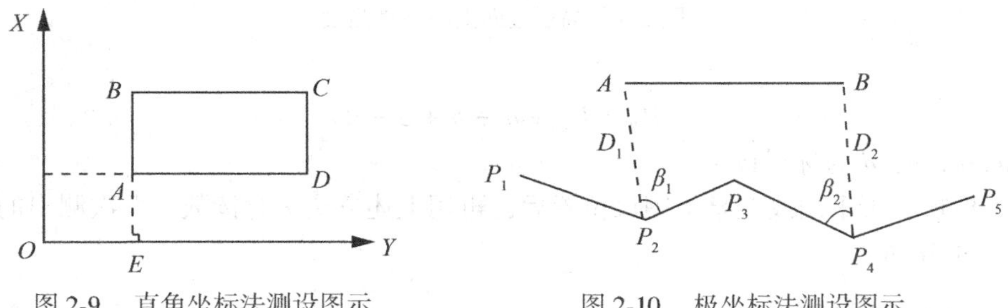

图2-9　直角坐标法测设图示　　　图2-10　极坐标法测设图示

(3) 角度交会法

根据两个或两个以上的已知角度的方向交会出点的平面位置，称为角度交会法。当待测点较远或不可达到时，如桥墩定位、水坝定位等，常用此法。

如图2-11所示，P_1，P_2，P_3为控制点，A为待测设点，其设计坐标为已知值。算出交会角β_1，β_2和β_3，分别在两控制点P_1，P_2上测设角度β_1，β_2，两方向的交点即为A点位置。为了检核，还应测设一个方向。如在P_3点测设角度β_3，如不交于A点，则形成一个示误三角形，若示误三角形的最大边长不超过限差时，则取示误三角形的内切圆圆心作为A点的最后位置，如图2-12所示。

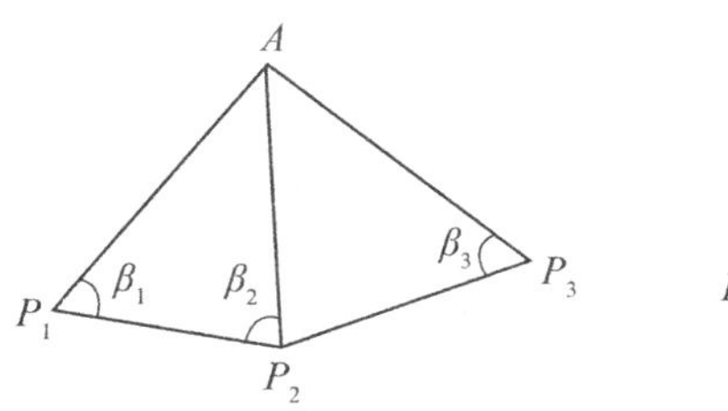

图2-11 角度交会法测设

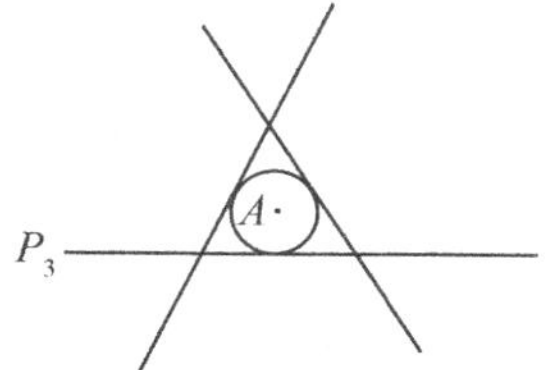

图2-12 示误三角形

(4) 距离交会法

根据两段已知距离交会出点的平面位置，称为距离交会。在建筑场地平坦，控制点离测设点不超过一整尺段的情况下宜用此法。此法在施工中细部测设时经常采用。

如图2-13所示，根据控制点P_1，P_2，P_3的坐标和待测设点A，B的设计坐标，用坐标反算公式求得距离D_1，D_2，D_3，D_4，分别从P_1，P_2，P_3点用钢尺测设距离D_1，D_2，D_3，D_4。D_1和D_2的交点即为A点位置，D_3，D_4的交点即为B点位置。最后丈量AB长度，与设计长度比较作为检核。

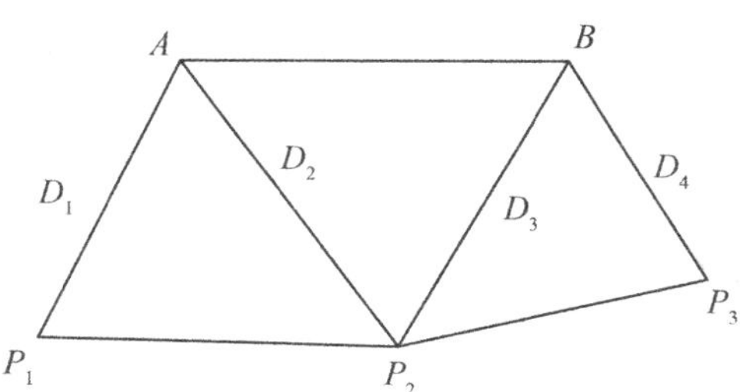

图2-13 距离交会法测设

2.5.3 中线测量

把经过踏勘选线所确定的交通或管线线路放样到实地上的工作，称为中线测量。进行中线测量时，首先定出线路的各交点JD，交点定出后在交点上观测转折角，然后进行曲线测设，并沿线路定出中线桩(里程桩和加桩)。

(1) 测设交点和转折点

测设交点时，往往由于相邻两交点间距离较长，受地形影响而不直接通视，因此还需在两交点间的中线上测设几个转点ZD，以其确定线路的方向，测设交点或转点的常用方法如下：

① 支距法：此法适用于地形不太复杂，且中线附近已施测了导线的地区。如图 2-14 所示，N_1，N_2，…，N_6 为导线点，在地形图上从导线点上作垂线与图上设计的线路相交于 ZD_2，ZD_3，以它们作为中线的转点，转点的位置一般要选择在地势较高，且互相通视的地方，用图解法或解析法求出导线点到设计线路的支线长度，作为放线的依据。

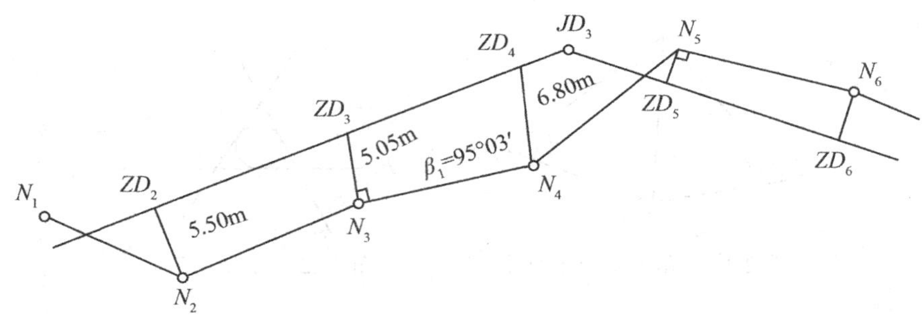

图 2-14　支距法

现场放线时，平坦地区可用方向架放出支距；在地形复杂的地区，一般用经纬仪放出支距，各转点放出后，应用经纬仪检查这些点是否在一条直线上，线路方向确定后，相邻两直线段相交即得交点（如 JD_3）。如果用支距法放样点位有困难，亦可用极坐标法放点，如图 2-15 中的 JD_4。

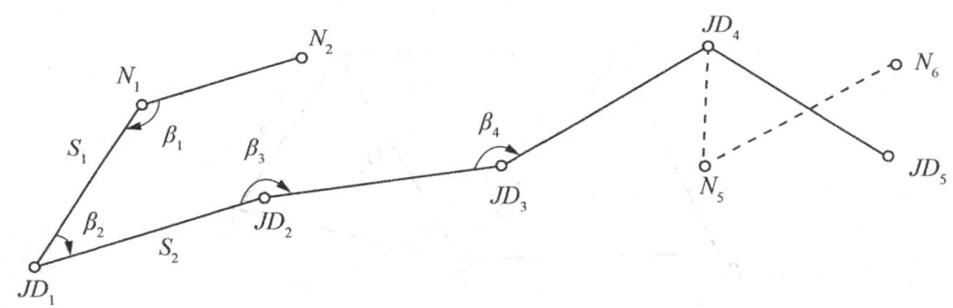

图 2-15　拨角法

② 拨角法：此法适用于控制点较稀少的地区。根据控制点的坐标和在图上量得的设计路线各交点的纵、横坐标（X，Y），计算出每一段直线的距离和方向，从而算得交点上的转折角。按照这些放线数据，就可以进行外业放线。如图 2-15 所示，首先把仪器置于 N_1 点上后视 N_2 点，拨角度 $\sqrt{\beta_1}$，量距离 S_1，定出交点 JD_1，同法依次定出其他各交点。

在实地连续放出若干个交点后，应闭合至已知控制点进行检查。交点定出后，即应测出各交点的转折角，然后计算偏角。

（2）里程桩和加桩的设置

为了标志线路中线的位置、测定线路的长度和满足线路纵横断面的测绘，还需要沿线放样中线桩。为便于计算中线桩的里程，量距时应从线路起点开始，在中线上按规定丈量以10m整倍数的长度，于地面上设置标志桩，起点的编号为0 + 000，如某桩的编号为5 + 200，表示该桩离起点为5 200m。在相邻两个里程桩之间或中线两侧地形变化较大处，应设置加桩，在线路与其他线路相交处，或有重要地物时，亦应增设加桩，加桩的编号可根据相邻里程桩的桩号及其到相应加桩的距离算出。

桩号要用红漆写在木桩的侧面，字面朝向路线的起始方向，距离用钢尺往返丈量。相邻断面间应留有一定空隙，以便绘出路基断面，如图2-15所示，测绘时，由中线桩开始，逐一将变坡点点在图上，再用直线把相邻点连接起来，即绘出地面的断面线。

2.5.4 土方计算与边坡放样

(1) 土方计算

在土方计算之前，应先将设计断面绘在横断面图上，计算出地面线与设计断面所包围的填方面积或挖方面积A(图2-16)，然后进行土方计算。

常用的计算土方的方法是平均断面法，即根据两相邻的设计断面填挖面积的平均值乘以两断面的距离，就得到两相邻横断面之间的挖、填土方的数量。

$$V = \frac{1}{2}(A_1 + A_2)D \tag{2-28}$$

式中：A_1、A_2为相邻两横断面的挖方或填方面积；D为相邻两横断面之间的距离，如果同一断面既有填方又有挖方，则应分别计算。

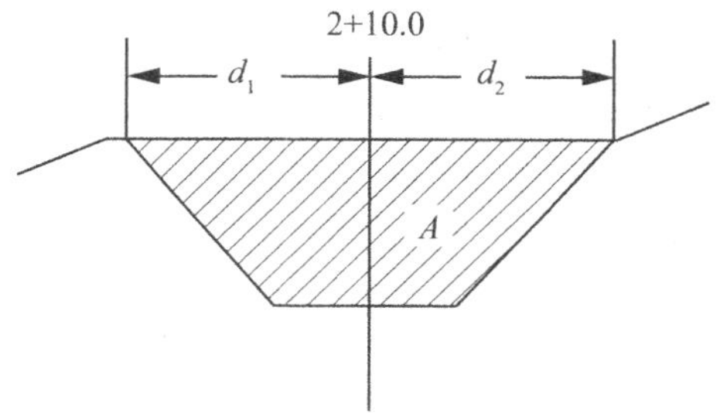

图2-16 计算填挖面积

(2) 边坡放样

为使铁路、公路和渠道等工程在开挖土方时有所依据。在施工前，必须沿着中线把每一个里程桩和加桩处的设计横断面放样于地面上。放样时，通常把设计断面的坡度与原地面的交点，在地面上用木桩标定出来，称为边桩。

在各中线桩的横断面图上绘有地面线和设计断面，因此可从图上量出各边桩到中心桩的水平距离d，然后再到实地上沿横断面方向定出这些边桩。中心桩至边桩的距离，也可用计算的方法求得。当地面平坦时，如图2-17所示，则

$$d_1 = d_2 = \frac{b}{2} + mH \tag{2-29}$$

当地面倾斜时，中心桩至两边桩的距离不等，则

$$d_1 = \frac{b}{2} + mH \tag{2-30}$$

$$d_2 = \frac{b}{2} + m(H - h_2) \tag{2-31}$$

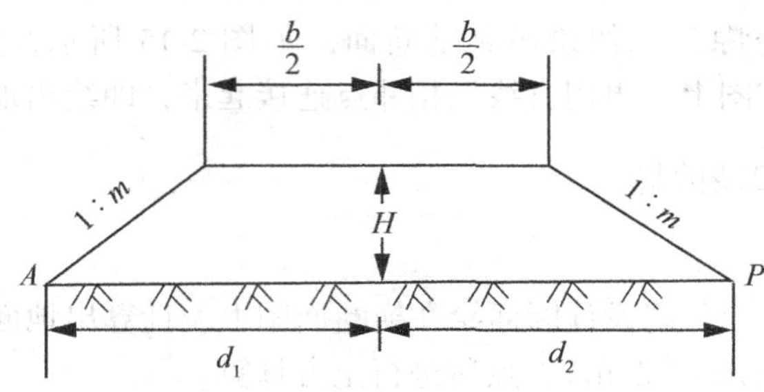

图 2-17　平坦地面的边坡放样

◎ 思考题

1. 什么是测量学？测量学可分为哪几类？
2. 控制测量的特点是什么？
3. 观测误差如何分类？各自有什么特点？
4. 简述三角网、导线网、边角网的适用范围及优、缺点。
5. 为了减少大气折射率误差的影响，测距时应采取哪些措施？
6. 点的平面位置测设有哪些方法？
7. 已知 A 点坐标 $X_A = 140\text{m}$，$Y_A = 70\text{m}$；B 点坐标 $X_B = 90\text{m}$，$Y_B = 120\text{m}$。试计算 A、B 两点之间的水平距离 D_{AB} 及其坐标方位角 α_{AB}。

第3章　现代测绘技术

3.1　遥感技术

遥感是指利用地物对于外界电磁波的反射及自身辐射的电磁波，使用装载在飞行器上的传感器将其记录下来，形成影像，向人们提供地面空间信息的技术。由以上遥感定义可以看出，遥感是一种非接触式地获取地面信息并提供影像（图像）的技术。

3.1.1　航空遥感

1. 航空遥感概述

航空遥感是指将遥感传感器，即航空摄影机，设置在飞机或航模飞机上，获取地面影像信息数据的遥感技术。航空遥感传感器一般采用可见光-近红外传感器，少数情况下使用热红外。人们通常所说的航空遥感是指可见光-近红外的航空遥感。20世纪60年代后期，开始出现彩色胶卷，此后，航空遥感也就出现了彩色影像、假彩色影像的产品。20世纪80年代后期，数码相机、数码摄影机问世，航空遥感也将数字摄影技术用于遥感中，由此促进了数字图像处理技术的发展。

航空遥感以其机动性强、成像质量高、人为可控性强、相对成本低而获得人们的青睐。航空遥感平台——飞机，机动性很强，人工可以控制飞行路线、飞行高度、飞行姿态、作业时间以及成像其他参数，调整飞行高度进而可改变成像比例尺。由于航空遥感摄像飞行高度一般在1万米以内，成像立体角大，因而相对于卫星遥感影像，在同等传感器辐射能量敏感度情况下，航空遥感影像的信噪比要高得多，呈现高清晰度的影像。

按照航摄仪，航空摄影分为两种方式，即传统光学航空摄影和数字航空摄影。传统光学航空摄影是将胶片航摄仪安装在飞机、飞艇、直升飞机、气球等航空飞行器上，按照预定的飞行技术要求从空中竖直对地面进行的摄影，从而获得光学影像；数字航空摄影是将数字航摄仪安装在飞机等航空飞行器上，按要求从空中竖直对地面进行的摄影，从而获得数字影像。

航空摄影按照航摄仪获取影像的方式可分为两种。一种是传统的航空摄影，利用胶片的感光特性，来承载地物信息，然后进行冲洗，扫描数字化的方式获取数字影像。例如，RMK-TOP、RC30、LMK等；另一种为数码航空摄影，利用线阵或面阵CCD（Charge Coupled Device，电荷耦合器件），将光学信号直接转化为电信号，获取的数字影像直接存储，如DMC（Digital Mapping Camera System，数字航摄相机系统）、UCD（User Code Dll，用户自定义函数）等。

航空摄影既需要保证一定的精度，而且又要能够进行立体观察和量测，为此要求两像片之间有一定的重叠。如图 3-1、图 3-2 所示，沿航线方向相邻像片的重叠称为航向重叠，航向（横向）重叠度要大于 53%；相邻航线之间的重叠称为旁向重叠，旁向（纵向）重叠度要不小于 15%。否则，在像片的有效面积内将不能保证连接精度和立体测图。

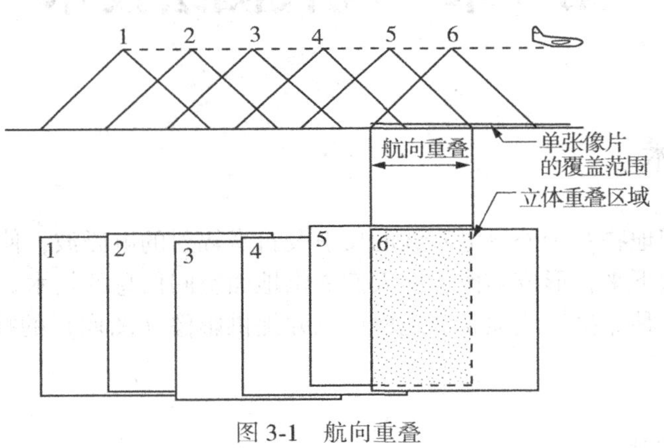

图 3-1　航向重叠

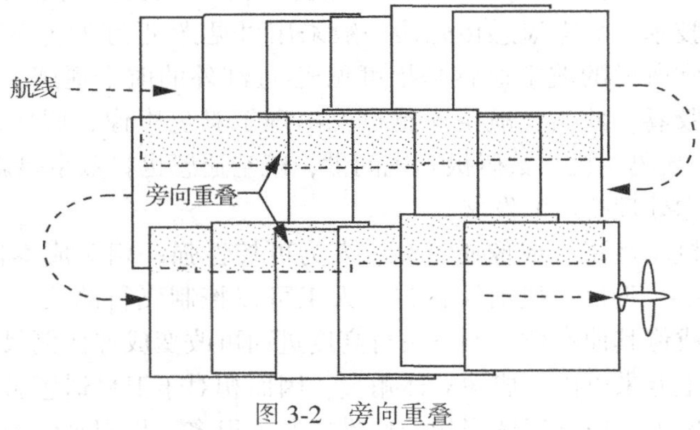

图 3-2　旁向重叠

2. 航摄比例尺与成图比例尺

在航摄像片上某一线段构像的长度与地面上相应线段水平距离之比，就是航摄像片上该线段的构像比例尺。由于像片倾斜和地形起伏的影响，航摄像片上不同的点位上产生不同的像点位移，因此严格来讲各部分的比例尺是不相同的。只有当摄像时像片与水平面平行，而且地面是水平的平面时，像片上各部分的比例尺才一致，这仅仅是个理想的特殊情况。

（1）像片水平、水平平坦地区的像片比例尺

设地面 E 是水平的平面，而且摄影时像片保持严格水平。从投影中心 S 到平面 E 的距离为航高 H；到像平面 P 的距离为摄影机主距 f，如图 3-3 所示。

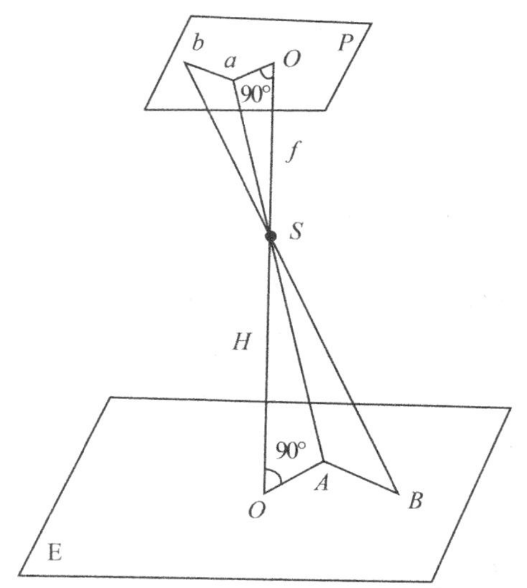

图 3-3　像片水平和水平平坦地区的像片比例尺

$$\frac{1}{m}=\frac{f}{H} \tag{3-1}$$

式(3-1) 表示，摄像片上构像比例尺等于航空摄影机的主距与航高之比，所以当像片水平和地面为水平面的情况下，像片比例尺是一个常数。

(2) 像片水平、地面起伏的像片比例尺

在地面有起伏时，水平像片上不同部分的构像比例尺，依线段所在平面的相对航高而转移。如果知道起始平面的航高 H，以及线段所在平面相对于起始平面的高差 h，如图3-4所示，则航摄像片上该线段构像比例尺应为：

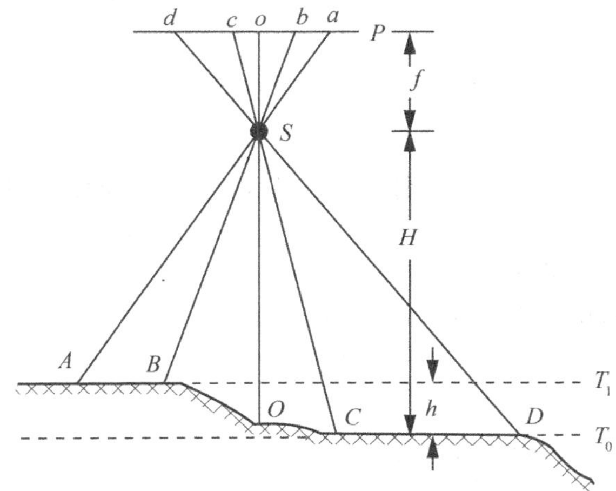

图 3-4　像片水平而地面有起伏的像片比例尺

$$\frac{1}{m}=\frac{f}{H-h} \tag{3-2}$$

式中 h 可能是正值，也可能是负值。因为起始平面是任意选取的，通常取像片上所摄地区的平均高程平面作为起始面。

(3) 像片倾斜、水平平坦地区的构像比例尺

目前在航空摄影时，还不能保持摄影机中的像片严格水平，这种情况使得像片上的构像比例尺不是一个常数。

假设在地平面上有一格网图形 $ABCDEF$，如图 3-5 所示，各边分别与透视轴 tt 和基本方向线 VV 相平行。在像片上这个格网的构像为 $abcdef$。与透视轴平行的各边在像片上的构像为相互平行的像水平线，而且每条边上的等分线段，例如 EAC 边中的 EA、AC，在像片上的构像 ea、ac 还是彼此相等；但在不同的像水平线上，对地面上相等线段的构像，长度则不相等。

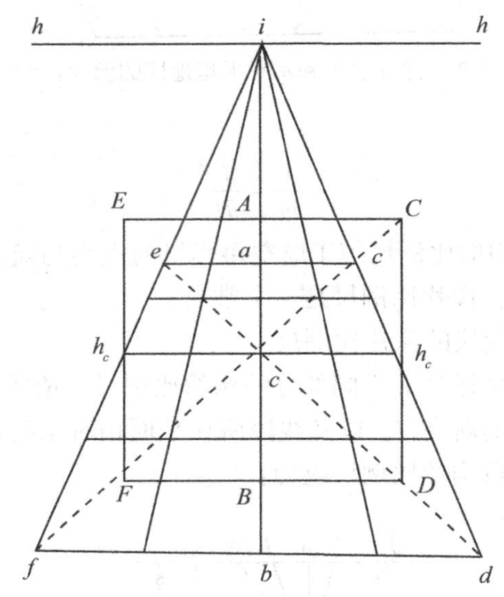

图 3-5　像片倾斜而地面为水平面的构像比例尺

可见，在同一条像水平线上的构像比例尺为常数；而不同像水平线上的构像比例尺则各不相同。

对任意一条像水平线的构像比例尺 $1/m$，可取地平面 E 上任意一对透视对应点的横坐标 x 和 X 作为有限长度的线段，两者相比而得，即

$$\frac{1}{m}=\frac{x}{X} \tag{3-3}$$

因此，通过航摄像片各特征点的像水平线上的构像比例尺分别为：

① 通过像主点 o 的像水平线，即主横线 $hoho$ 上的比例尺：

$$\frac{1}{m_o}=\frac{f}{H}\cos\alpha \tag{3-4}$$

② 通过像底点 n 的像水平线，即 $hnhn$ 上的比例尺：

$$\frac{1}{m_{hn}}=\frac{f}{H\cos\alpha} \tag{3-5}$$

③ 通过等角点 c 的像水平线，即等比线 $hchc$ 上的比例尺：

$$\frac{1}{m_{hc}}=\frac{f}{H} \tag{3-6}$$

由此可见，在等比线上的构像比例尺，等于在同一摄影站摄取的水平像片的构像比例尺，这就是等比线名称的由来。

除各水平线上的构像比例尺为常数外，其他任何方向线上的构像比例尺都是不断变化的。

（4）摄影比例尺与成图比例尺关系

摄影比例尺与成图比例尺关系详见表 3-1。

表 3-1　**摄影比例尺**

成图比例尺	摄影比例尺
1∶500	1∶2 000~1∶3 000
1∶1 000	1∶4 000~1∶6 000
1∶2 000	1∶8 000~1∶12 000
1∶5 000	1∶10 000~1∶20 000
1∶10 000	1∶20 000~1∶50 000

3.1.2 航天遥感

1. 航天遥感技术及其发展历程

航天遥感是指由卫星等航天平台探测装置从空间不同高度探测地表物体反射或辐射的电磁波信息。1957 年，苏联第一颗人造地球卫星发射成功，标志着卫星遥感的开始。为遥感提供载荷平台是卫星发射的主要目的之一。1972 年 7 月美国发射了第一颗地球资源技术卫星，简称为 ERTS，两年后改称 MSS，以陆地卫星（Landsat）卫星上装载的 MSS 传感器而得名。此后，1975 年、1978 年美国相继发射了 Landsat-2，Landsat-3，遥感传感器仍为 MSS，其技术性能基本上与 Landsat-1 的 MSS 相同。1982 年、1985 年又相继发射了 Landsat-4 与 Landsat-5，载荷的传感器除 MSS 以外，又增加了 TM，其几何分辨率由 MSS 的 80m 提高到 TM 的 30m，而后其全色波段几何分辨率达到 15m（Landsat-7），其辐射分辨率（即对电磁波能量的敏感程度）也有所提高。1986 年法国发射了 SPOT 遥感卫星，其全色波段几何分辨率达到 10m，2000 年又发射了 SPOT5，全色波段几何分辨率达到 2.5m，福卫二号遥感卫星的全色影像空间分辨率可达到 2m，ALOS 遥感卫星的全色影像空间分辨率为2.5m，IKONOS遥感卫星的全色影像空间分辨率为1m。

以上都是基于可见光与红外的被动遥感，而主动遥感，即雷达遥感，沿着另一个方向也在同时迅速发展。所谓雷达，实际上是一种人造的电磁波波束，这种电磁波波长属于微波范围，雷达波束遇到物体，被反射或散射回到雷达发射天线，借助这种回波的强弱及性状获取物体的多种信息。雷达技术最早出现在第一次世界大战中期，20世纪初叶，用于地面对空中飞机的侦查。这种雷达与这里的雷达遥感的本质区别在于雷达只是从地面到空中的监测，不能成像。第二次世界大战以后，人们将雷达设备由地面“搬到”空中，增加了成像的功能，这就是雷达遥感。20世纪50年代已经出现了能够成像的机载侧视雷达（SLAR），60年代高几何分辨率的机载合成孔径雷达（SAR）发明成功，并用于高空军事侦察。1978年美国发射了“先驱者金星一号”和“海洋卫星一号”，几何分辨率达到25m。1981年美国装载在航天飞机上的雷达遥感传感器SIR-A获取了反映埃及西北部沙漠地区地下古河道的遥感影像，这一科学成就轰动了世界。此后多个国家的多种雷达遥感卫星不断升空，多种几何分辨率的雷达遥感数据源源不断。雷达遥感的全天候、全天时以及能够穿透土壤（干燥土壤）等多种技术优势成为遥感技术中不可替代的一种成像技术。

到了20世纪90年代，主动遥感与被动遥感并行发展，甚至在一颗卫星上搭载两种遥感传感器同时工作。现在地球外层空间，大约有1 500颗遥感卫星在工作或曾经工作过。卫星的几何分辨率最高可达0.3m（美国军用雷达遥感卫星），商业化的Quick Bird遥感卫星的全色波段几何分辨率可达0.61m。

我国遥感科学技术起步较晚，但是发展很快。1983年我国机载雷达遥感系统试验成功，获取了首批机载侧视雷达遥感影像。1989年我国使用回收式“尖兵一号”卫星，进行航天遥感试验获得成功。1998年我国首次成功发射“风云一号”气象遥感卫星，开拓了我国自行研制遥感卫星的先河，此后中国与巴西联合研制的中巴地球资源卫星、“风云”气象遥感卫星系列多颗卫星相继发射成功。2005年12月，我国发射了“北京一号”遥感卫星，全色波段几何分辨率达到4m，由此标志着我国综合遥感技术进入了世界先进国家的行列。

2. 遥感卫星的基本概念

（1）遥感卫星运行的基本概念与参数

①星下点。卫星与地心连线经过地球表面的点为星下点。当人们在星下点位置观看卫星时，卫星在人们头顶正上方。

②升交点与降交点。卫星轨道由北向南（下行），更确切地说，由东北向西南飞行穿过赤道平面的星下点为降交点，反之由南向北（上行），更确切地说，由东南向西北飞行穿过赤道平面的星下点为升交点。注意，太阳同步轨道决定着降交点可以保持永远是白天某一地方时的固定时刻，即下行掠过的地域都是白天；而升交点为夜晚某一地方时的固定时刻，即上行掠过的地域都是夜晚。

③轨道倾角。轨道倾角是指卫星轨道面与地球赤道面之间的两面角，即升交点一侧的轨道面与赤道面的夹角。它是用卫星轨道面与地球赤道面的法线交角来测算的，地球自西向东旋转，其轨道平面的法线为指向正北的地球自转轴；卫星从东北向西南方向飞行，其轨道平面的法线指向东南。这样，两个法线的交角一般都大于90°，卫星飞行的地面轨迹

穿过南极与北极圈，但不经过南北极点，这种轨道称作近极地轨道。

④太阳高度角与方位角。太阳高度角是指阳光到达某个地面的入射角的余角，太阳刚刚升起，太阳高度角最低，正午时分，太阳高度角最高。太阳方位角是指太阳入射线的水平投影线与正南向的夹角。正午时分，太阳方位角为0°。太阳高度角与方位角取决于测试或遥感摄像的具体时间（月、日、时、分）、具体地点（经纬度），与遥感影像判读有密切关系。

⑤太阳同步轨道与地球同步轨道。所谓太阳同步轨道是指卫星轨道平面绕地球自转轴旋转，旋转方向和地球公转方向相同，旋转角速度等于地球公转的平均角速度（360 转/年），即在任何时刻，太阳光入射线与卫星轨道平面的入射角不变。

太阳同步轨道的这一特点使太阳同步轨道上运行的卫星以相同方向经过同一纬度的地方时是基本相同的，这是因为“地方时”的计时都是以太阳相对于该地域的太阳高度角进行计时的，当高度角最大时，设定为中午 12 时。太阳同步轨道有利于卫星在地球各地以相近的光照条件对地面进行观测。但是由于季节和地理位置的变化，太阳高度角并不是在任何一天、同一地方时都是一致的。太阳同步轨道还有利用卫星在固定时间飞临地面接收站上空，并使卫星上的太阳电池得到稳定的太阳照度。一般地球资源卫星、气象卫星都采用这种轨道。

所谓地球同步轨道，又称作“静止”卫星轨道，是指卫星轨道平面与赤道相重合，且卫星绕地球的旋转角速度与地球自转角速度相同。卫星按照这种轨道运行，地球上任意点观察卫星，就感觉卫星在天空“不动”。按地球同步轨道运行的卫星多是通信卫星，部分气象遥感卫星、军用卫星也采用这种轨道。显然，采用这种轨道的遥感卫星，只能获取地球部分地区的地表信息。

⑥卫星周期。卫星周期是指相邻两次卫星过顶的时间间隔，由于可见光-多光谱遥感一般都是垂直摄像，因而卫星周期即可理解为遥感卫星成像周期。严格来讲，卫星的星下点回到初始位置是不可能的，或者需无穷长的时间。因而，相隔一个周期的同一地区的遥感原始影像是不能严格重叠的。对于高几何精度的遥感卫星，通常采用斜视成像技术，即无须遥感卫星飞临目标物上空即可摄像。这样就可以在相同的遥感卫星周期情况下，大幅度缩短遥感成像周期。这里遥感卫星成像周期就是通常所指的遥感时间分辨率。

（2）卫星遥感传感器

可见光-多光谱卫星遥感传感器有两类，一类是摆镜扫描成像传感器；另一类是 CCD 传感器。

1）摆镜扫描成像传感器

图 3-6 是陆地遥感卫星使用的 TM 传感器——摆镜扫描成像传感器，它由扫描镜、光学系统、探测器等几部分组成。扫描摆镜按一定速度旋转摆动，使反射镜在与卫星行进方向的垂直方向对地面进行往返扫描，瞬时视场相应于地面 $30\times30\times6\text{m}^2$，宽度相当于 6 条扫描带宽。光学系统使得地物光谱聚焦，分光系统由衍射光栅、棱镜、滤光片等组成，将光束按波长分解成 6 条，波段设置见以下说明：探测器是光电转换器件构成的成像系统。光电转换器件可以把光辐射转换成电流，并对电流数据加以记录。在 TM 系统中，探测器是一个 6×6 的成像阵列单元，对应着地面 6 条扫描带的一个纵列 6 个单元区域。当扫描摆镜

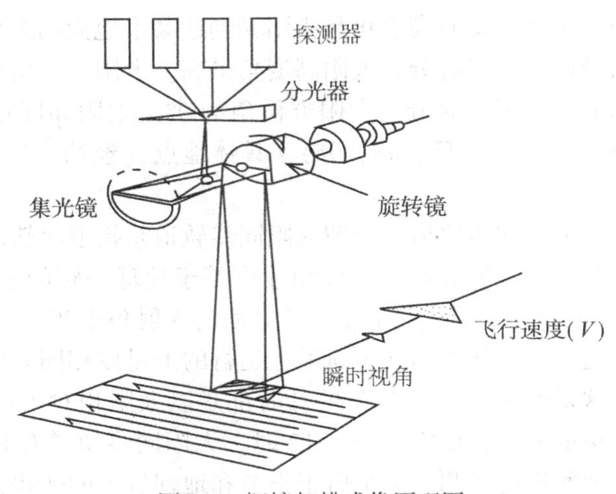

图 3-6　摆镜扫描成像原理图

在某瞬间位置，一个纵列 6 个单元区域进入探测器视场，探测器立即将光辐射数据储存起来，扫描镜继续自左向右摆动一个角度增量，对应东面相邻的另一个纵列 6 个单元区域进入探测器视场，如此下去直到抵达扫描带最东面的一个纵列 6 个单元区域位置，需注意这一过程中卫星一直在向前飞行。当扫描摆镜摆到最右位置，又开始自右向左摆动，相应于地面下一个 6 条扫描带上 6 个单元区域纵列自东向西铺设。随着扫描摆镜来回摆动，一个又一个 6 条扫描带自北向南铺设，从而完成对地表 185km 宽的带状扫描成像任务。另外，对于每一个地面单元射向探测器的光束又被分为 6 个波段，因而在探测器中形成 6×6 的成像阵列。

这种摆镜扫描成像传感器的成像方式又称为推扫式，多用于低几何分辨率的遥感卫星中。这种传感器形成的扫描条带在地面的轨迹呈“之”字形，其所以扫描轨迹呈现这种形状是由于每扫地面 6 个单元区域，卫星都要移动一个微小距离，这样致使实际地面扫描带并不与卫星飞行方向严格垂直，而是朝前有一个倾斜角度。摆镜左右摆动，对应地面的扫描带就相互衔接，呈“之”字形排列，在“之”字形的拐角处，两个扫描带部分地面单元发生重叠；而相邻的两个拐角之间，地面单元发生分离。这种现象在低几何分辨率的气象遥感卫星以及 MODIS 遥感卫星影像中尤为显著。对于这种现象在这种大尺度卫星遥感影像需要采取适当的插值算法加以精确处理。这种处理包括几何校正，将每一像元置于影像上的准确位置；对于像元对应地面单元发生分离的部位，还要进行插值处理。这些处理，遥感地面站负责做粗略处理，精细处理还需用户在遥感图像处理软件支持下完成。这一部分请读者参见本章后面的图像处理部分。

2）CCD 传感器

CCD 的英文全称为 Charge Couple Device，直译为电荷藕合器件。它是将数以几十万计的光电管以密集阵列的形式排列在一起，负责由分光器件传导过来的一个波段的电磁波信号。每一个光电管对应于与影像的一个像元，接收地面一个成像单元的电磁波信号。这个光电管的密集阵列在一个瞬间同时成像，形成一个地面成像条带的影像，像元信息以数字电位数据快速存储在计算机存储设备中。这里的地面成像条带不是横向一行，而是数行，这就是成像条带的含义。经过一个短暂的时间后，卫星飞临新的位置，对新的地面成像条带重复以上摄影的过程。这样，一个地面成像条带的影像接一个条带影像，最后构成了一幅遥感影像。CCD 传感器不同于摆镜扫描成像传感器，其不同点主要在于地面成像条带呈相互平行的形状排列，在一个成像条带中的各像元同时成像，这样使成像条带与卫星飞行的地面航迹相垂直。在 CCD 传感器遥感成像中，不存在影像两侧像元对应的地面单元相重叠的现象，这种成像方式通常称为框幅式成像。在一个成像框幅中，所有像元全部同时成像。日常使用的数码照相机就是 CCD 传感器框幅式成像。卫星遥感不同于数码相机成像在于卫星遥感的成像框幅要比数码相机成像框幅窄得多，一景影像由许多条带拼接而成。在卫星遥感中，高几何分辨率遥感都采用这种类型的传感器摄影成像。

3）卫星遥感投影分析

不管是 CCD 传感器，还是摆镜扫描成像传感器，两种传感器成像都是中心投影成像，即对于一个成像条带，其影像都是中心投影的影像，有一个投影中心。由于一景卫星遥感影像是由这样的成像条带拼接而成，因而卫星遥感是多中心投影成像，影像中央平行于影像两侧边线的竖直线即为投影中心的连线，也是影像星下点的连线。对于中心投影成像的影像，靠近四周边沿部分的点位投影误差较大，中心部分的点位误差较小。对于多中心成像的卫星遥感影像，每一个成像条带，是一个纵向很窄的窄条，投影误差较大的点位分布在影像的两侧。

由以上两种传感器成像过程可以看出，生成一景遥感影像是需要较长时间的，越是几何分辨率低的卫星遥感传感器，其成像时间越长。这是因为遥感影像几何分辨率低，即每一像元的地面单元面积大，地面单元的纵向跨度大，卫星飞行跨越一景影像实际地面纵向的距离就较长，因而所需的时间就较长。需要注意的是，在完成一景遥感影像成像的过程中，地球也在不断地自西向东旋转，卫星遥感影像的地面成像条带拼接起来的成像区域就不是矩形，而是呈现菱形，对应的遥感影像也应当将像元阵列呈菱形布设。这就是卫星遥感影像呈现的不是矩形而是菱形的原因。显然对于同一遥感卫星，在低纬度地区的影像，向菱形变化的趋势十分明显；而在高纬度地区的影像，还能基本上保持矩形的形状。这是因为在低纬度部位，地球旋转的线速度要明显高于高纬度部位。

（3）卫星影像分辨率

分辨率是遥感技术最基本的参数，也是人们应用遥感技术最为关注的指标。以下介绍空间分辨率、光谱分辨率以及辐射分辨率这三种分辨率，另外还有一种分辨率叫做时间分辨率。前三种分辨率相互制约，共同决定从影像上对于地物种类与性状的分辨与识别的能力，这三种分辨率的大小取决于遥感传感器的性能。而后一种分辨率，即时间分辨率，指对于同一个地区，能够重复获取同一卫星遥感影像所需的最小时间间隔，这种分辨率取决于卫星轨道参数的设置以及地面控制系统对于遥感传感器摄影方向的控制。因此，时间分辨率与前三种分辨率是性质完全不同的分辨率。

1）空间分辨率

空间分辨率又称几何分辨率。一般来讲，空间分辨率是指遥感影像表示地面目标空间几何信息的性能。需要注意的是，这里的“分辨”与人们习惯上理解的“分辨”有本质的区别。通常人们理解的“分辨”是指能够将各种地物从影像上识别出来，这里的“分辨”与“识别”等同。但是能否真正地将具体某种地物从影像上识别出来，并不完全取决于影像表示地面目标空间几何信息的性能，还要取决于其他性能，其中影像表示地面目标明暗、色彩信息的性能就是决定能否从影像识别出某种地物的一个重要因素。空间分辨率在遥感不同的场合中有不同的具体定义。遥感影像一般可分为两种：模拟影像与数字影像。前者一般是由模拟摄像机将地物影像聚焦投影在感光胶卷上获取；后者一般由阵列式传感器对地物扫描，将地面目标的各个微单元分别投射到阵列式传感器的一个个子单元上，分别加以记录其瞬时光通量从而形成影像像元，然后将阵列各单元数据集合起来最终生成影像。模拟影像与数字影像由于成像机理不同，空间分辨率的定义各不相同。

对于卫星遥感影像，空间分辨率是指遥感影像卫星星下点处的一个像元对应地面单元的尺度。在可见光-多光谱遥感中是等立体角扫描成像，即遥感影像上的每一像元对应地面单元与传感器构成的立体角是一个固定值。由于各地面单元处在与传感器的不同方位，因而不同地点的地面单元的实际面积是不等的，星下点处像元对应地面单元的面积最小，空间分辨率最高，而影像横向两侧地面单元的面积最大，空间分辨率最低。以NOAA/AVHRR影像为例，星下点像元对应地面单元尺度是1.1km×1.1km，而扫描带两端像元对应地面单元尺度是4.2km×2.4km。

空间分辨率是影响遥感影像信息数量和质量的主要因素，它直接传递地物的空间结构信息、位置信息，不同空间分辨率的影像有着不同的用处。例如：NOAA/AVHRR影像空间分辨率为1.1km，其数据可以用于分析大气环流、气候与气象、资源环境等信息；而Landsat / TM影像空间分辨率为30m，可以用来获取土地利用、地质结构等信息，IKONOS全色影像空间分辨率为1m，可以用来获取城市建筑及基础设施等信息。

2）光谱分辨率

光谱分辨率是指传感器在接受目标地物辐射光信号时，能分辨的最小波长间隔，或是对辐射源光线波长的分辨能力，它是机载和星载遥感传感器的一项重要性能指标。通常它以波段宽度来表征，对于可见光-多光谱遥感，单位为μm，而对于微波，单位为cm。不同波长的电磁波与物体的相互作用有很大的差异，也就是物体在不同波段的光谱反射特征差异很大。为了降低同谱异物的现象，准确识别各种地物，人们致力于提高光谱分辨率，根据识别特定地物的需要，选择适合的波段，以便于将目标地物识别出来。这种特定的光谱波段称作该地物的特征波段。地物种类繁多，为了区分各种地物，不致在影像识别中相互混淆，人们自然希望地物的特征光谱越窄越好。但是需要看到，在实际工作中提高光谱分辨率在技术上有相当的困难。从普朗克辐射定律可以看出，传感器从辐射源获取辐射能量的波长区间越窄，可能获取的辐射能量就越小。如果获取的辐射能量小到一定程度，传感器就不能获取与识别这一信息，因为这一极其微小的能量会被“淹没”于多种噪声能量之中。遥感提高光谱分辨率受到传感器抑制噪声的性能、对微小辐射能量的“感受”敏感程度的挑战。因此，光谱分辨率并不能无限制地提高。在传感器对微小辐射能量的“感受”敏感程度一定的条件下，如果要提高光谱分辨率，只有放宽几何分辨率，用更大一点的地面单元面积提供辐射能量集合量使传感器能够感受到表征一定信息的辐射能量的存在。另外，太阳光在中红外波段以外的波长区域，辐射能量相比可见光、近红外波长区域要小很多，迫使遥感传感器放宽波段宽度，在同样几何分辨率条件下获取在中、远红外区域地物对阳光反射光的足够能量，以保证足够高的信噪比。

对于同一档次的遥感传感器，在整个工作波长区域，传感器的光谱分辨率并不是一致的，以 Landsat 7/ TM 遥感传感器为例，第一波段（0.45~0.52μm），光谱分辨率（波段宽度）为 0.07μm；第二波段（0.52~0.60μm），光谱分辨率（波段宽度）为 0.08μm；第四波段（0.76~0.90μm），光谱分辨率（波段宽度）为 0.14μm，工作波长再长下去，光谱分辨率还要变低。这是因为阳光的能量在可见光光谱区域，辐射光通量密度较大，而红外光谱区域，辐射光通量密度较小，对于同档次的传感器，同样辐射能的“感受”敏感度，在红外光谱区域，只有放宽光谱分辨率。到了第 6 波段（10.4~12.5μm），不但光谱分辨率（波段宽度）放宽为 2.1μm，而且几何分辨率也放宽为 60 m 。

3）辐射分辨率

辐射分辨率是指传感器感知测试元件在接受光谱辐射信号时对于接受的最小到最大辐射能量之间能够分辨的最小辐射能量差，或是指对两个不同辐射源或反射源的电磁波能量的分辨能力，它是机载和星载遥感传感器的另一项重要性能指标。一般用灰度的分级数，即最暗至最亮灰度值（亮度值）间分级的数目——量化级数表示。能分辨的辐射能量差越小，辐射分辨率就越高。在一定动态范围内，辐射分辨率越高，表明图像上可分辨的灰度级数越多，图像的可检测能力就越强。例如 Landsat/MSS，起初以 6bits（级数范围 0~63）记录反射辐射值，经技术处理把其中 3 个波段扩展到 7bits（级数范围 0~127）；而 Landsat4、5/TM，7 个波段中的 6 个波段在 30m×30m 的空间分辨率内，其数据以 8bits（级数范围 0~255）记录，显然辐射分辨率提高，图像表达的信息量就越大。

遥感影像若要得到高辐射分辨率，要求有足够大的地面单元面积能够提供地物最小的反射阳光能量，随着辐射分辨率的提高，如果传感器对辐射能量“感受”的敏感度不提高，只有要求有更大的地面单元面积以感受一定的反射阳光能量的差异。

对于同一种遥感传感器而言，几何分辨率、光谱分辨率、辐射分辨率三者之间是相互制约、相互矛盾的，其原因在于传感器对于电磁波最小辐射能量“感受”敏感程度总是有限的。由于几何分辨率提高，传感器只能从更小的地面面积单元获取反射与辐射电磁波能量，能量的减少只能放宽光谱分辨率或辐射分辨率，以保证足够大的信噪比。以 SPOT5 遥感影像为例，全色波段（PAN）的几何分辨率为 1m，而光谱分辨率为 0.20μm（0.49~0.69μm），而多光谱波段，几何分辨率为 10m，而光谱分辨率却在 0.08μm 左右。遥感传感器与其他仪器设备一样，以牺牲某一方面的性能指标为代价，换取另一性能指标的改善。

4）时间分辨率

时间分辨率是关于遥感影像获取间隔时间的一项指标。遥感器按一定的时间周期重复采集数据，这种重复周期，又称回归周期。它是由飞行器的轨道高度、轨道倾角、运行周期、轨道间隔、偏移系数、传感器侧摆角度等参数决定。这种重复观测的最小时间间隔称为时间分辨率。

（4）卫星影像彩色合成显示

遥感技术提供的产品有一种是彩色影像。计算机系统生成彩色影像基本原理是将同一景不同波段的三幅黑白影像分别赋予R、G、B三种颜色，由于同一像元三幅影像的灰度各不相同，因而叠加在一起，就形成一种彩色色调，像元与像元之间RGB的组合不同，致使像元与像元的色调互不相同，呈现出彩色场景。

遥感影像彩色合成有三种类型：真彩色合成（True Color Combination）、假彩色合成（False Color Combination）以及伪彩色合成（Pseudo Color Combination）。所谓真彩色合成是用对应于R、G、B三种波长的遥感三幅影像分别赋予相应颜色光，以TM影像为例，用其第一波段（0.45~0.52μm）赋予B色，第二波段（0.52~0.60μm）赋予G色，第三波段（0.63~0.69μm）赋予R色，这种合成制作的彩色影像基本复原了人肉眼看到的真实自然色场景，因而这种合成又称为自然色彩色合成。

假彩色合成的影像对于除植被以外，显示的颜色与真实场景基本一致，而植被却显示为红色。植被越茂盛，生物量越大，显示的红色越浓。标准假彩色将遥感图像的近红外波段赋予R，红波段赋予G，绿波段赋予B，叠加显示。

所谓伪彩色合成，其赋色方案完全没有以上两种彩色合成的规律，赋色与波段的波长范围完全没有对应关系，只是用同一景任意三种不同波段的影像分别赋予RGB三种颜色即可。三种彩色合成在遥感图像处理中都有应用，根据不同场合、不同应用目的，选择使用不同的彩色合成方案。

（5）遥感图像数据格式

通常，遥感数字影像有以下三种数据格式：

①BSQ（Band Sequential Format）格式，按波段顺序记录图像数据，该格式最适于对单个波段中任何部分的二维空间存取。

②BIP（Band Interleaved by Pixel）格式，按像元顺序记录图像数据，即首先存储第一个像元的所有的波段数据，接着是第二个像元的所有波段数据……直到最后一个像元为止。这种格式为图像数据波谱维的存取提供最佳性能，也便于进行影像波谱分析。

③BIL（Band Interleaved by Line）格式，按BIL格式存储的图像先存储第一个波段的第一行、接着是第二个波段的第一行……最后波段的第一行；再记录各波段的第二行……每个波段随后的行按照类似的方式交叉存取。这种格式提供了空间和波谱处理之间一种折中方式。

3.1.3　航天遥感影像空间分辨率与成图比例尺的关系

目前，遥感技术提供多种空间分辨率的影像产品，有千米、百米、十米、米以及亚米等级别，形成系列。应用遥感制图是将遥感影像提取地表信息后交付使用的最后一道工作步骤。实事求是地制作相应比例尺的图件，保证制作图件应有的精度，是遥感技术工程化的一个重要技术环节。对于有一定空间分辨率的遥感影像，如果将成图比例尺确定得过大，造成图像模糊不清，甚至出现“马赛克”图案，影响成图质量；反之，将成图比例尺确定得太小，影像包含的信息反映不出来，造成不必要的信息损失和资源浪费。

经过理论计算和大量试验验证，遥感影像空间分辨率与成图比例尺的对应关系见表3-2。

表 3-2 遥感影像空间分辨率与成图比例尺的关系

成图比例尺	1∶5 000	1∶10 000	1∶50 000
图像空间分辨率	不低于 1m	不低于 2.5m	不低于 10.0m

3.2 全球导航定位系统（GNSS）

目前现有的导航与定位系统有美国的全球定位系统（GPS）、俄罗斯的 GLONASS、中国的“北斗”导航定位卫星以及欧盟伽利略系统。

3.2.1 GPS 导航定位系统

全球定位系统英文的全称为：Navigation Satellite Timing and Ranging/Global Positioning System，即导航卫星测时与测距，以及对全球定位的系统，简称全球定位系统。将以上英文字头拼合一起，即 NAVSTAR/GPS，简称 GPS。GPS 是美国在其第一代卫星导航系统（子午仪卫星导航系统）的基础上发展起来的第二代卫星导航系统。它通过空中的卫星为用户提供实时、连续、全天候、高精度的三维位置、速度和时间信息，从而用于导航、定位和授时。

1. GPS 系统组成

GPS 系统主要包括三大组成部分，即空间星座部分、地面监控部分和用户设备部分。

（1）空间星座部分

由 21 颗工作卫星和 3 颗在轨备用卫星组成 GPS 卫星星座，记作（21+3）GPS 星座。24 颗卫星均匀分布在 6 个轨道平面内，轨道平面相对于赤道平面的倾角为 55°，各个轨道平面之间交角 60°。每个轨道平面内的各卫星之间的交角 90°，任一轨道平面上的卫星比两边相邻轨道平面上的相应卫星超前 30°。在20 000km 高空的 GPS 卫星，当地球对恒星来说自转一周时，它们绕地球运行两周，即绕地球一周的时间为 12 恒星时。这样，对于地面观测者来说，每天将提前 4 分钟见到同一颗 GPS 卫星。每颗卫星每天约有 5 个小时在地平线以上，同时位于地平线以上的卫星数量随着时间和地点的不同而不同，最少可见到 4 颗，最多可见到 11 颗。在用 GPS 信号导航定位时，为了计算观测站的三维坐标，必须观测 4 颗 GPS 卫星，称为定位星座。这 4 颗卫星在观测过程中的几何位置分布对定位精度有一定的影响。对于某地某时，甚至不能测得精确的点位坐标，这种时间段叫做“间隙段”。但这种时间间隙段是很短暂的，并不影响全球绝大多数地方的全天候、高精度、连续实时的导航定位测量。GPS 工作卫星的编号和试验卫星基本相同。

（2）地面监控部分

GPS 工作卫星的地面监控系统目前主要由分布在全球的一个主控站、3 个信息注入站和 5 个监测站组成。对于导航定位来说，GPS 卫星是一动态已知点。星的位置是依据卫星发射的星历——描述卫星运动及其轨道的参数算得的。每颗 GPS 卫星所播发的星历，是由地面监控系统提供的。卫星上的各种设备是否正常工作，以及卫星是否一直沿着预定轨道运行，都要由地面设备进行监测和控制。地面监控系统另一重要作用是保持各颗卫星处于同一时间标准——GPS时间系统。这就需要地面站监测各颗卫星的时间，求出时钟差。然后由地面注入站发给卫星，卫星再由导航电文发给用户设备。GPS的空间部分和地面监控部分是用户广泛应用该系统进行导航和定位的基础，均为美国所控制。

（3）用户设备部分

GPS信号接收机的任务是：能够捕获到按一定卫星高度截止角所选择的待测卫星的信号，并跟踪这些卫星的运行，对所接收到的GPS信号进行变换、放大和处理，以便测量出GPS信号从卫星到接收机天线的传播时间，解译出GPS卫星所发送的导航电文，实时地计算出观测站的三维位置，甚至三维速度和时间，最终实现利用GPS进行导航和定位的目的。

静态定位中，GPS接收机在捕获和跟踪GPS卫星的过程中固定不变，接收机高精度地测量GPS信号的传播时间，利用GPS卫星在轨的已知位置，解算出接收机天线所在位置的三维坐标。而动态定位则是用GPS接收机测定一个运动物体的运行轨迹。GPS信号接收机所位于的运动物体叫做载体（如航行中的船舰，空中的飞机，行走的车辆等）。载体上的GPS接收机天线在跟踪GPS卫星的过程中相对地球运动，接收机用GPS信号实时地测得运动载体的状态参数（瞬间三维位置和三维速度）。

接收机硬件和机内软件以及GPS数据的后处理软件包，构成完整的GPS用户设备。GPS接收机的结构分为天线单元和接收单元两大部分。对于测地型接收机来说，两个单元一般分成两个独立的部件，观测时将天线单元安置在观测站上，接收单元置于观测站附近的适当地方，用电缆线将两者连接成一个整机。也有的将天线单元和接收单元制作成一个整体，观测时将其安置在测站点上。

GPS接收机一般用蓄电池作为电源。同时采用机内/机外两种直流电源。设置机内电池的目的在于更换外电池时不中断连续观测。在用机外电池的过程中，机内电池自动充电。关机后，机内电池为RAM存储器供电，以防止丢失数据。

近几年，国内引进了许多种类型的GPS测地型接收机。各种类型的GPS测地型接收机用于精密相对定位时，其双频接收机精度可达5mm+1PPM. D，单频接收机在一定距离内精度可达10mm+2PPM. D。用于差分定位其精度可达亚米级甚至厘米级。目前，各种类型的GPS接收机体积越来越小，重量越来越轻，便于野外观测。

2. GPS主要特点

GPS的问世标志着电子导航技术发展到了一个更加辉煌的时代。GPS系统与其他导航系统相比，主要特点有如下6个方面：

（1）定位精度高

应用实践已经证明，GPS相对定位精度在50km以内可达10^{-6}，100~500km可达10^{-7}，1 000km可达10^{-9}。此外，GPS可为各类用户连续地提供高精度的三维位置、三维速度和时间信息。

（2）观测时间短

随着GPS系统的不断完善，软件的不断更新，目前，20km以内相对静态定位，仅需15~20min；快速静态相对定位测量时，当每个流动站与基准站相距在15km以内时，流动站观测时间只需 1~2min，然后可随时定位，每站观测只需几秒钟，实时定位速度快。目前 GPS 接收机的一次定位和测速工作在 1s 甚至更小的时间内便可完成，这对高动态用户来讲尤其重要。

（3）执行操作简便

随着 GPS 接收机不断改进，自动化程度越来越高，有的已达“傻瓜化”的程度；接收机的体积越来越小，重量越来越轻，极大地减轻了测量工作者的工作紧张程度和劳动强度。使野外工作变得轻松愉快。

（4）全球、全天候作业

由于 GPS 卫星数目较多且分布合理，所以在地球上任何地点均可连续同步地观测到至少 4 颗卫星，从而保障了全球、全天候连续实时导航与定位的需要。目前 GPS 观测可在一天 24h 内的任何时间进行，不受阴天黑夜、起雾刮风、下雨下雪等天气的影响。

（5）功能多、应用广

GPS 系统不仅可用于测量、导航，还可用于测速、测时。测速的精度可达 0.1m/s，测时的精度可达几十毫微秒。其应用领域在不断扩大。

（6）抗干扰性能好、保密性强

由于 GPS 系统采用了伪码扩频技术，因而 GPS 卫星所发送的信号具有良好的抗干扰性和保密性。

3. GPS 目前应用状况

GPS 系统的建立给导航和定位技术带来了巨大的变化，它从根本上解决了人类在地球上的导航和定位问题，可以满足不同用户的需要。

GPS 信号可以用于海、空和陆地的导航，导弹的制导，大地测量和工程测量的精密定位，时间的传递和速度的测量等。对于测绘领域，GPS 卫星定位技术已经用于建立高精度的全国性的大地测量控制网，测定全球性的地球动态参数；用于建立陆地海洋大地测量基准，进行高精度的海岛陆地联测以及海洋测绘；用于监测地球板块运动状态和地壳形变；用于工程测量，成为建立城市与工程控制网的主要手段；用于测定航空航天摄影瞬间的相机位置，实现仅有少量地面控制或无地面控制的航测快速成图，从而导致地理信息系统、全球环境遥感监测的技术革命。

总之，GPS 技术已发展成多领域（陆地、海洋、航空航天）、多模式（GPS、DGPS、LADGPS、WADGPS 等）、多用途（在途导航、精密定位、精确定时、卫星定轨、灾害监测、资源调查、工程建设、市政规划、海洋开发、交通管治等）、多机型（测地型、定时型、手持型、集成型、车载式、船载式、机载式、星载式、弹载式等）的高新技术国际性产业。GPS 的应用领域，上至航空航天器，下至捕鱼、导游和农业生产，已经无所不在了，正如人们所说的“今后 GPS 的应用，将只受人类想象力的制约”。

4. GPS 创新思路

1991 年的海湾战争中，装在大衣口袋中的 GPS 接收机为无地图沙漠作战发挥了巨大作用。在“盟军行动”中，把惯导/GPS 集成系统装入导弹和制导导弹，使命中精度达到 9m，而且使机载炸弹具备了在夜间和恶劣天气条件下的精确打击能力。由此可见，GPS 早已成为高技术武器平台不可缺少的关键组成部分。在 21 世纪以及未来军事战争中，

GPS将发挥更加巨大的作用。这样的形势迫使GPS技术必须要有新的突破。经过不懈的努力钻研，如今已经取得一些成绩。

（1）采用创新轨道设计

欧洲多年来从未中断对导航定位卫星的研究、论证。在第一代中，有“全球导航卫星系统”（GNSS）以及“欧洲静止轨道导航重叠业务系统”（EGNOS）等，它们都是结合利用GPS和静止轨道通信卫星的方案。在第二代中，目前采用创新轨道设计的“伽利略”方案被认为是能够实现最少投入而达到理想应用目的的最佳方案。它既是独立系统，又具有开放性特点，可与GPS兼容。这种系统还将在民航选择最佳航线、飞机安全进场着陆等领域有新的应用突破。

（2）美国大力开发抗干扰和干扰技术

为防止地方干扰，美国在从2005年发射的第7颗GPS-2F卫星上开始使用新型信号结构。这样，除更加保密外，还可实现6dB的信号/干扰比的改善。为此，正在研制不受干扰和欺骗的GPS接收机应用模块（GRAM）和选择利用抗欺骗模块（SAASM），同时装有这两种模块的接收机被称为“国防部高级GPS接收机”（DARG）。

美国还在开发抗干扰的军事伪系统（Millitary Pseudolites），它可为地域发射GPS差分信号，以改进信号捕获并提高质量。为保护军用飞机使用GPS，美国还在开发微带自适应天线阵列。

为使敌方不能使用GPS，美国已开发出GPS干扰机，只有可口可乐瓶大小的干扰机可使敌方无法接收GPS信号。

（3）提高GPS导航信号性能的技术措施

目前使用的模拟铯钟，其性能预测困难，而且输出频率会随着卫星运行过程温度和磁场变化而变化，因此正在开发计算机控制的数字化铯钟，通过调整内部参数和补偿环境影响使铯钟性能达到最佳化。

5. GPS应用前景

进入21世纪，GPS在各方面的应用都将加强和发展。主要包括综合服务系统、电离层监测、对流层监测、卫星测高、卫星追踪等。

（1）GPS在综合服务系统中的应用

在全球地基GPS连续运行站（约200个）的基础上所组成的IGS（International GPS Service），是GPS连续运行站网和综合服务系统的范例。它无偿地向全球用户提供GPS各种信息，如GPS精密星历、快速星历、预报星历、IGS站坐标及其运动速率、IGS站所接收的GPS信号的相位和伪距数据、地球自转速率等。这些信息在大地测量和地球动力学方面支持了无数的科学项目，包括电离层、气象、参考框架、精密时间传递、高分辨率地推算地球自转速率及其变化、地壳运动等。

IGS现在提供的轨道有三类：一是最终（精密）轨道，在10~12天以后才能得到它，常用于精密定位；二是快报轨道，在1天以后就能得到，它常用于大气的水汽含量、电离层计算等；还有一类是预报轨道。关于对GPS星钟偏差方面的估计，目前只有两个IGS分析中心提供。IGS目前近200个永久连续运行的全球跟踪站中，使用的外部频率标准近70个，其中约30个使用氢钟，约20个使用铯原子钟，约20个使用铷原子钟，其余的使用 GPS 内部的晶体震荡器。

IGS 还提供极移和世界时信息。IGS 公布的最终的每日极坐标（x，y），其精度为±0.1mas，快报的相应精度为±0.2mas。GPS 作为一种空间大地测量技术，本身并不具备测定世界时（UT）的功能，但由于 GPS 卫星轨道参数一方面和 UT 相关，另一方面也和测定地球自转速率有关，而自转速率又是 UT 的时间导数，因此 IGS 仍能给出每天的日长（LOD）值。IGS 现在还能进一步求定章动项和高分辨率的极移（达每 2 小时 1 次，而不是现在的 1 天 1 次），后者主要源于 IGS 各观测站观测质量的提高，数据传输迅速和及时，以及数据处理方法的改进，并没有本质的改变，而前者却是技术上的一个跨跃。

IGS 提供的一个极为有用和重要的信息是 IGS 的那些连续运行站（跟踪站）的坐标、相应的框架、历元和站移动速度。前者精度好于 1cm，后者精度好于 1mm/y。IGS 站坐标所采用的坐标参考框架是和 IERS 互相协调的。1993 年末开始使用 ITRF91，1994 年使用 ITRF92，1995 年到 1996 年中期使用 ITRF93，1996 年中期到 1998 年 4 月一直使用 ITRF94，1998 年 3 月 1 日转而采用 ITRF96，1999 年 8 月 1 日开始 IGS 采用 ITRF97。

IGS 在测定短期章动方面具有新贡献。众所周知，地球自转轴在地球表面上的移动称为极移，而它在惯性空间中的运动称为岁差和章动。GPS 技术不能确定 UT，而只能确定日长。同样这一原则也适用于章动，即 GPS 数据不能测定章动的经度和倾角，但能确定这些量的时间变率（对时间的导数）。基于这一原理，用了 3 年的每天的 ψ 和 ε 值的资料，估算短期章动项的章动振幅，并与 VLBI 结果作了比较。结论认为，就测定章动短周期项而言，GPS 方法优于 VLBI，而对超过 1 个月以上的长周期而言，VLBI 较优。

由于 IGS 对 GPS 技术做出了如此大的成绩和贡献，因此 1999 年 9 月各国的 VLBI 站和 SLR 站决定也组织类似于 IGS 的相应的 IVS 和 IVRS。法国的 DORIS 和德国的 PRARE 也正在考虑成立类似模式的国际组织。力求使这类空间大地测量观测系统组织起来，以提高效率、精度和可靠性。

就地区性的 GPS 连续运行站网和综合服务系统而言，发达国家也已做了很多这方面工作，并取得了进展。在美国布设了 GPS “连续运行参考站”（CORS）系统。它由美国大地测量局（NGS）负责，该系统的当前目标是：a. 使美国各地的全部用户能更方便地利用它来达到厘米级水平的定位和导航；b. 促进用户利用 CORS 来发展 GIS；c. 监测地壳形变；d. 求定大气中水汽分布；e. 监测电离层中自由电子浓度和分布。

美国 NGS 为了强化 CORS 系统，从现在起，将以每个月增加 3 个站的速度来改善该系统的空间覆盖率。此外，CORS 的数据和信息包括接收的伪距和相位信息、站坐标、站移动速率矢量、GPS 星气、站四周的气象数据等，用户可以通过信息网络，如 Internet 很容易下载到。英国建立的“连续运行 GPS 参考站”（COGPS）系统的功能和目标类似于上述 CORS，但结合英国本土情况还多了一项监测英伦三岛周围的海平面相对和绝对变化的任务。英国的 COGPS 由测绘局、环保局、气象局、农业部、海洋实验室共同负责。目前已有近 30 个 GPS 连续运行站，今后的打算是扩建 COGPS 系统和建立一个中心，其主要任务是传输、提供、归档、处理和分析 GPS 各站数据。

日本已建成全国近 1200 个 GPS 连续运行站网的综合服务系统。目前它在以监测地壳形变、预报地震为主要功能的基础上，结合气象和大气部门开展了 GPS 大气学的服务。

（2）GPS应用于电离层监测

GPS在监测电离层方面的应用，也是GPS空间气象学的开端。太空中充满了等离子体、宇宙线粒子、各种波段的电磁辐射，由于太阳常在1秒钟内抛出百万吨量级的带电物，电离层由此而受到强烈干扰，这是空间气象学研究的一个对象。通过测定电离层对GPS信号的延迟来确定在单位体积内总自由电子含量（TEC），以建立全球的电离层数字模型。

GPS卫星发射L1和L2两个载波。由这两个载波可以削弱电离层对GPS定位的影响，或者说可以求定电离层折射。因为这一折射和载波频率有关。当人们建立地区或全球电离层数字模型时，总是作简化的假定，所有自由电子含量都表示在一个单层面上，该层面离地面高为H。这样的话，电子含量正可以用在接收机和卫星连线与此单层面交点（刺入点）处的电子含量Es表示，它可以视为E与刺入点处天顶距Z'的函数$E\cos Z'=Es$。可以将在球面上的电子浓度Es加以模型化，如写成经纬度的球谐函数等，这方面有很多专家提出了各种模型。IGS提出了一种电离层地图的交换格式（10nosphere Map Exchange Format，IONEX—Format），它的作用是使基于各种理论和技术所获得的电离层地图能在统一规格的基础上进行综合和比较。电离层模型有各不相同的理论基础，而取得的数据来源的技术也不同，数据覆盖面也不完整，所以目前只能将IGS和全球各种TEC的图和GPS卫星信号的差分码偏差（differential code biases—DCBS）用IONEX形式向全世界用户提供，下一步将通过比较，逐步联合起来。

（3）GPS应用于对流层监测

在GPS应用中，早期主要是轨道误差影响定位精度，而且早期的GPS基线相对来说比较短，高差不大，因此对对流层的研究没有给予很大的重视。直到近期随着GPS轨道精度的大大提高，对流层折射已成为限制GPS定位精度提高的一个重要障碍。假设一个高程基本为零的地区，接收机所接收的GPS信号从天顶方向传来的话，其延迟可以达到2.2~2.6m这一量级，而2小时内这一延迟变化可达10cm（所以IGS分析中心提供的对流层参数是用2小时间隔一次）。也由于这个实际情况，对流层折射要顾及其随机过程的变化来加以模型化。

在GPS应用于对流层研究中，IGS的快速轨道和预报轨道信息对于天气预报会起重大作用。此外，IGS通过德国GFZ的“IGS对流层比较和协调中心”提供的每2小时的对流层天顶延迟系列就像是控制点，对于区域性或局部性的对流层研究来说，可以起到对流层延迟绝对值的标定作用。

与地基GPS大气监测不同，星基或空基GPS掩星法测定气象的技术有覆盖面广、垂直分辨好、数据获取速度快的优点。这一技术的原理是将GPS接收机放在某一低轨卫星（LEO）或飞行器的平台上，该GPS接收机一方面起到对该卫星（或飞行器）精确定轨的作用，同时又应用GPS掩星技术起到大气探测器的作用。在1997年进行的GPS/MET研究项目，证实了这个设想是可行的。2000年7月，德国发射的CHAMP卫星利用GPS掩星法进行了全球对流层折射（包括大气可降水分）的测定。

现在可利用阿根廷的SAC-C和我国台湾的COS-MIC，这些LEO卫星都要用星载GPS来定轨和利用掩星法测大气。利用星载GPS的气象和电子浓度截面数值，结合地面GPS

站数据，做成层折图像提供使用。它将在天气预报、空间天气预报、气象监测方面作出巨大贡献。

（4）GPS 作为卫星测高仪的应用

多路径效应是 GPS 定位中的一种噪音，至今仍是高精度 GPS 定位中一个很不容易解决的“干扰”。过去几年利用大气对 GPS 信号延迟的噪声发展了 GPS 大气学，目前也正在利用 GPS 定位中的多路径效应发展 GPS 测高技术，即利用空载 GPS 作为测高仪进行测高。它是通过利用海面或冰面所反射的 GPS 信号，求定海面或冰面地形，测定波浪形态、洋流速度和方向。通常卫星测高或空载测高测的是一个点，连续测量结果在反向面上是一个截面，而 GPS 测高则是测量有一定宽度的带，因此可以测定反射表面的起伏（地形）。据报告，试验时在空载平面安装 2 台 GPS 接收机，1 台天线向上用于对载体的定位，1 台天线向下，用于接收 GPS 在反射面上的信号。美国在海上作了测定洋流和波浪的试验。丹麦在格陵兰作了测定冰面地形及其变化的试验。

（5）GPS 在卫星追踪技术中的应用

卫星对卫星的追踪（SST）技术的实质是高分辨率地测定两颗卫星间的距离变化，一般它分为两类，即高低卫星追踪和低低卫星追踪。前一类是高轨卫星（如对地静止卫星、GPS 卫星等）追踪低轨（LEO）卫星或空间飞行器，后一类是处于大体为同一低轨道上的两颗卫星之间的追踪，两颗卫星间可以相距数千米，这两类 SST 技术都将 LEO 卫星作为地球重力场的传感器，以卫星间单向或双向的微波测距系统测定卫星间的相对速度及其变率。这一速度的不规则变化所反映的信息中，就包含了地球重力场信息。卫星轨道越低，这一速度变化受重力场的影响越明显，所反映重力场的分辨率也越高。

3.2.2 GLONASS 系统

“格洛纳斯”（GLONASS），是俄罗斯研发的全球卫星导航系统的缩写。该系统由卫星星座、地面监测控制站和用户设备三部分组成。俄罗斯于 1993 年开始独自建立本国的全球卫星导航系统。GLONASS 技术，可为全球海陆空以及近地空间的各种军、民用户全天候、连续地提供高精度的三维位置、三维速度和时间信息。GLONASS 在定位、测速及定时精度上则优于施加选择可用性（SA）之后的 GPS，由于俄罗斯向国际民航和海事组织承诺将向全球用户提供民用导航服务，并于 1990 年 5 月和 1991 年 4 月两次公布 GLONASS 的 ICD，为 GLONASS 的广泛应用提供了方便。GLONASS 的公开化，打破了美国对卫星导航独家经营的局面，既可为民间用户提供独立的导航服务，又可与 GPS 结合，提供更好的精度几何因子（GDOP）；同时也降低了美国政府利用 GPS 施以主权威慑给用户带来的后顾之忧，因此，引起了国际社会的广泛关注。

1. GLONASS 系统组成

（1）GLONASS 星座

GLONASS 星座由 21 颗工作星和 3 颗备份星组成，所以 GLONASS 星座共由 24 颗卫星组成。24 颗卫星均匀地分布在 3 个近圆形的轨道平面上，这 3 个轨道平面两两相隔 120°，每个轨道面有 8 颗卫星，同平面内的卫星之间相隔 45°，轨道高度 1.91 万公里，运行周期 11 小时 15 分，轨道倾角 64.8°。

(2) 地面支持系统

地面支持系统由系统控制中心、中央同步器、遥测遥控站（含激光跟踪站）和外场导航控制设备组成。地面支持系统的功能由前苏联境内的许多场地来完成。随着苏联的解体，GLONASS系统由俄罗斯航天局管理，地面支持段已经减少到只有俄罗斯境内的场地了，系统控制中心和中央同步处理器位于莫斯科，遥测遥控站位于圣彼得堡、捷尔诺波尔、埃尼谢斯克和共青城。

(3) 用户设备

GLONASS用户设备（即接收机）能接收卫星发射的导航信号，并测量其伪距和伪距变化率，同时从卫星信号中提取并处理导航电文。接收机处理器对上述数据进行处理并计算出用户所在的位置、速度和时间信息。GLONASS系统提供军用和民用两种服务。

2. GLONASS的技术特点

与美国的GPS系统不同的是，GLONASS系统采用频分多址（FDMA）方式，根据载波频率来区分不同卫星（GPS是码分多址（CDMA），根据调制码来区分卫星）。每颗GLONASS卫星发播的两种载波的频率分别为 $L_1 = 16\,020.562\,5K$（MHz）和 $L_2 = 12\,460.437\,5K$（MHz），其中 $K=1\sim24$ 为每颗卫星的频率编号。所有GPS卫星的载波的频率是相同的，均为 $L_1=1\,575.42$MHz 和 $L_2=1\,227.6$MHz。

GLONASS卫星的载波上也调制了两种伪随机噪声码：S码和P码。俄罗斯对GLONASS系统采用了军民合用、不加密的开放政策。GLONASS系统单点定位精度水平方向为16m，垂直方向为25m。GLONASS卫星由质子号运载火箭一箭三星发射入轨，卫星采用三轴稳定体制，整体质量为1 400kg，设计轨道寿命5年。所有GLONASS卫星均使用精密铯钟作为其频率基准。

尽管其定位精度比GPS系统、伽利略系统定位精度略低，但其抗干扰能力却是最强的。由于卫星发射的载波频率不同，“格洛纳斯”可以有效地防止整个卫星导航系统同时被敌方干扰，因而具有更强的抗干扰能力。

为了提高系统完全工作阶段的效率和精度性能，增强系统工作的完善性，已经开始了GLONASS系统的现代化计划。主要内容包括改善GLONASS与其他无线电系统的兼容性，改进卫星子系统，改进地面控制系统，配置养分子系统。

3. GLONASS的应用

GLONASS系统的主要用途是导航定位，与GPS系统一样，也可以广泛应用于各种等级和种类的测量应用、GIS应用和时频应用等。

GLONASS与GPS一样可为全球海陆空以及近地空间的各种用户提供全天候、连续的、高精度的各种三维位置、三维速度和时间信息，这样不仅为海军舰船、空军飞机、陆军坦克、装甲车、炮车等提供精确导航；也在精密导弹制导、部队准确的机动和配合、武器系统的精确瞄准等方面得到广泛应用。另外，卫星导航在大地和海洋测绘、邮电通信、地质勘探、石油开发、地震预报、地面交通管理等各种国民经济领域有越来越多的应用。

4. GLONASS的发展前景

2013年5月15日至17日，第四届中国卫星导航学术年会在中国武汉召开，主题为“北斗应用——机遇与挑战”，涵盖学术交流、高端论坛、展览展示和科学普及等内容。

俄罗斯专家彼得介绍了俄罗斯全球卫星定位系统最新进展：所有使用这个信号的设备都应该实现实时、精确的定位、授时以及导航的应用，而且俄罗斯的所有政府机构都使用GLONASS信号，在2002年到2011年间，GLONASS得到了长足的进步，2012年开始建立空间组网，卫星信号在2012年实现了初步建成，现在的卫星精度得到了进一步增强，可用性已经从18%增加到现在的100%，在2002年只有6到7颗在轨运行卫星，现在已经有29颗卫星，其中24颗是在轨正式运行，还有4颗是备用星，一颗是在轨测试星。从2012年到2020年之间不仅发展现有的信号，也将会在未来引入CDMA信号，能够促进GNSS系统之间的互操作性和兼容性。

3.2.3 Galileo系统

伽利略卫星导航系统Galileo是继美国的GPS系统、俄罗斯的GLONASS系统以及中国北斗系统之后第4个全球卫星导航系统，由欧洲自主研制，提供全球、全天候的实时定位、导航和授时服务，目前正处于星座部署阶段，按照其最新计划将于2014年实现初始运行能力。2012年是Galileo系统发展较为关键的一年，在这一年，第两颗在轨验证卫星GIOVE-B关闭了有效载荷，标志着两颗Galileo在轨验证卫星正式退出了历史舞台。而4颗在轨组网验证卫星中的后两颗于2012年10月12日成功发射，并与之前在2011年发射的2颗卫星组网开始进行在轨组网验证，从而奏响了伽利略系统发展的新序曲，为接下来Galileo系统"两年14星"的宏伟发射计划奠定了基础。

1. GIOVE功成身退，Galileo-IOV完成部署

（1）第二颗在轨试验卫星GIOVE-B退役

伽利略系统第2颗在轨试验卫星GIOVE-B的有效载荷于2012年7月23日关闭，完成了为期4年的在轨试验任务，并于8月中旬进入墓地轨道。而第1颗在轨试验卫星GIOVE-A早已于2009年8月上升至墓地轨道，两颗卫星工作时间均超出了其27个月的设计寿命。

GIOVE-B发射于2008年4月27日，用于伽利略系统的在轨验证试验，星上搭载了铷钟和氢钟两种类型的原子钟，前者100万年的误差为3s，而后者仅为1s。GIOVE-B可以同时在伽利略3个信号频段中的2个信号频段播发导航信号，并能够按欧盟与美国于2007年7月签署的协议播发复合二元偏置载波（MBOC）信号，用于与GPS系统的互操作。此外，GIOVE-B还载有辐射监视有效载荷以及用于高精度测距的激光反射器。

欧空局GIOVE卫星项目负责人瓦尔特表示："GIOVE-B，就像它的前辈GIOVE-A一样，圆满完成了对伽利略系统的硬件测试，证明了系统的可行性。而伽利略系统的前2颗工作卫星已经于2011年10月21日成功发射，并且表现良好，而且接下来的2颗也于2012年发射，因此不再需要留下任何试验卫星，GIOVE-B功成身退。"

（2）后两颗伽利略在轨组网验证卫星成功发射

格林尼治标准时间2012年10月12日，后两颗伽利略在轨组网验证（Galileo-IOV）卫星从法属圭亚那航天发射中心发射升空，完成了伽利略在轨组网验证阶段星座的部署。

伽利略在轨组网验证系统由4颗Galileo-IOV卫星、地面控制段、地面任务段及相关用户设备和系统组成。伽利略在轨验证系统空间段由分布在2个轨道面上的4颗卫星组

成，每个轨道面2颗卫星。轨道高度为23 222km，轨道倾角为56°，两个轨道面间的夹角为120°。Galileo-IOV卫星采用经改进的海神（PROTEUS）小卫星平台，卫星质量700kg，功率1 600W。

Galileo-IOV卫星主要有效载荷包括：2部氢钟、1部铷钟、时钟监测与控制单元、导航信号发生单元、L频段天线等。伽利略在轨组网验证系统地面段由地面任务站（GMS）、地面控制站（GCS），以及跟踪与站、上行站、敏感器站和数据分发网络组成。未来，伽利略在轨组网验证系统的地面任务站和地面控制站将成为未来伽利略系统的两个主控中心，互为备份，以保证伽利略系统的安全运行。伽利略在轨组网验证是继伽利略试验卫星（GIOVE-A与GIOVE-B）完成有效载荷、伽利略系统导航信号验证及MEO轨道空间环境探测后，进行的伽利略系统全面验证。Galileo-IOV卫星采用与伽利略工作星完全相同的有效载荷，具有相同的功能，验证内容包括空间段、地面控制段及用户段，也是伽利略系统正式部署前进行的最后一次试验与验证。

2. 伽利略计划两年发射14颗星

2012年2月2日，欧盟委员会副主席安东尼奥·塔加尼（Antonio Tajani）在伦敦宣布，欧洲航天局将再订购8颗“伽利略”（Galileo）导航系统工作卫星，这批卫星将继续由德国OHB系统（OHB System）公司和英国萨里卫星技术有限公司（SSTL）共同制造，加上之前订购的14颗卫星，总计订购卫星数将达22颗。新合同中，英国萨里卫星技术有限公司将继续负责导航有效载荷的组装、集成和测试，而作为主承包商的德国OHB系统公司将负责卫星平台的建立以及所有卫星的组装。萨里卫星技术有限公司和OHB系统公司此前已经拿到了共同制造14颗伽利略系统工作卫星的订单，之前合作积累的技术和经验，都将保证此次8颗卫星能够按时按计划完成。萨里卫星技术有限公司将在其最近位于英国吉尔福德市开设的名为开普勒（Kepler）的专用技术车间内，进行伽利略计划的导航有效载荷的装配。根据合同，萨里卫星技术有限公司将全面负责导航有效载荷的制造和测试。萨里卫星技术有限公司将制造用于连接导航有效载荷与卫星平台的接口电气线束和电子设备，而有效载荷的其他部分将由萨里卫星技术有限公司从欧洲的其他供应商采购。在萨里卫星技术有限公司的导航有效载荷解决方案中，其原子钟、导航信号发生器、高功率行波管放大器以及天线都将由欧洲制造商提供，可提供全部伽利略计划需要的服务。伽利略计划的全面运行能力（FOC）阶段将完全由欧盟资助和管理。欧盟委员会和欧洲航天局签署了一项协议，欧洲航天局将代表欧委会负责卫星的设计和采购。

在2012年11月召开的第7届ICG（国际全球导航卫星系统委员会）上，欧洲提交了新的伽利略系统发展报告，将完成伽利略初始运行能力建设的时间从原来的2016年，提前到2014年。也就是说，OHB与萨里公司必须在不足2年（考虑发射与发射前准备所需时间）的时间内，完成首批14颗伽利略卫星的生产与测试任务。按照这一计划，预计伽利略系统将在2014年达到18颗卫星，实现初始运行能力。

3. 欧洲伽利略卫星导航系统将放宽PRS信号服务使用权限

欧洲GNSS监督管理局将放宽伽利略系统中最初用于军事用途的公众特许服务信号的使用权限，非欧盟的加盟国只要和欧盟签署协议并得到其批准就可以使用该信号，从而获得精度更高、抗干扰性能更好的定位、导航和授时服务。放宽后的PRS信号将提供给执法机构、海关机构、内部安全部队、紧急响应团队以及能源、交通、通信等重要基础设施的运营商。伽利略的PRS信号是与美国的M码类似的军用信号。由于M码模块可提供给美国的北约盟国和其他可能国家，因此关于是否研发PRS模块曾在一些北约各国政府之间引发了激烈的争论，并就其是否作为伽利略系统的核心服务遭到质疑。例如，英国军方就曾表示，使用M码就已足够了，并不打算使用PRS。不过，由于法国及其他欧洲国家的坚持，这一计划才得以落实。

根据欧盟对伽利略系统的规定条款，每个希望使用PRS的国家都必须首先创建一个“PRS管理局”，决定谁可以使用PRS信号，谁可以生产PRS接收机和模块。不过，并不是所有的27个欧盟国家都需要建立一个这样的机构，因为有些国家可能希望外购此项服务或者外购PRS硬件。但是，无论欧盟的27个成员国政府之间如何安排，根据规定，伽利略的PRS模块都将完全由欧盟国家的公司生产。在PRS信号计划初期，曾打算将该信号的频段部署在和美国M码相重叠的无线频谱上，不过这一计划遭到了美国的强烈反对。美国政府表示，这将危及美国的区域导航战计划，因为一旦将两种军用信号放在同一频段内，干扰其中一个也将会对另一个造成干扰。尽管如此，PRS仍具有较好的市场前景，根据欧洲GNSS监督管理局对于PRS用户的最新调查数据显示，未来5年具备PRS接收能力的接收机数量将达到250万至300万台。

3.2.4 中国北斗全球卫星导航系统

北斗卫星导航系统是中国自行研制的全球卫星定位与通信系统（BDS），是继全球定位系统（GPS）和GLONASS之后第三个成熟的卫星导航系统。系统由空间端、地面端和用户端组成，可在全球范围内全天候、全天时为各类用户提供高精度、高可靠定位、导航、授时服务，并具短报文通信能力。系统已经初步具备区域导航、定位和授时能力，定位精度优于20m，授时精度优于100ns。2012年12月27日，北斗系统空间信号接口控制文件正式版正式公布，北斗导航业务正式对亚太地区提供无源定位、导航、授时服务。中国卫星导航系统的建设是国家科技重大专项，实施“三步走”发展战略。第一步是试验阶段，即用少量卫星利用地球同步静止轨道来完成试验任务，为北斗卫星导航系统的建设积累技术经验、培养人才，研制一些地面应用基础设施设备等；第二步是到2012年，计划发射10多颗卫星，建成覆盖亚太区域的北斗卫星导航定位系统（即“北斗二号”区域系统）；第三步是到2020年，建成由5颗静止轨道和30颗非静止轨道卫星组网而成的全球卫星导航系统。按照“质量、安全、应用、效益”的总要求，坚持“自主、开放、兼容、渐进”的发展原则，瞄准建设世界一流卫星导航系统目标，大力协同、奋力攻关，目前完成了我国卫星导航系统第二步建设任务，走出了一条中国特色卫星导航发展道路。

1. 北斗卫星导航试验系统（“北斗一号”）

GPS系统覆盖面广，精度高，是一种性能优秀的全球卫星定位系统。但是，该系统是一个由美国国防部控制的系统，因此，出于国家安全方面的考虑，一些国家希望建立自己的卫星定位系统。但是，GPS类的卫星定位系统技术难度大，投资大，一般国家难以承担。因此，一些国家就采用了技术难度相对较低、投资相对较小的卫星无线电定位服务（RDSS）系统。我国研制的北斗卫星导航系统就属于这一类。

“北斗一号”是如何工作的呢？前面已经指出，对于一个坐标未知点，如果能测得该点与其他三点 A、B、C 的距离，并确知 A、B、C 三点的坐标，就可以根据已经建立的数学模型，解算出该点的确切坐标。“北斗一号”同样是采用了这个方法，但它只用了位于赤道上空的两颗同步卫星提供两个距离值，第三个距离值采用未知点与地心的距离，这个数值可以通过地球半径加上用户自身的海拔高程得到。这样，由于地心坐标已知，因此通过三个距离值和三点的坐标，就可以解算出用户机的具体坐标了。

那么，如何获得用户的海拔高程呢？“北斗一号”采用的是在数字地图上进行查找的办法。其原理是：将地球表面当作一个不规则球面，根据用户机到两颗卫星的距离，在数字地图上搜索符合条件的点，其结果就是用户的坐标。由于采取了这样的工作原理，因此“北斗一号”的工作过程与 GPS 系统有着很大的不同。简述如下：

第一步，由地面中心站向位于同步轨道的两颗卫星发射测距信号，卫星分别接到信号后进行放大，然后向服务区转播；

第二步，位于服务区的用户机在接收到卫星转发的测距信号后，立即发出应答信号，经过卫星中转，传送到中心站；

第三步，中心站在接收到经卫星中转的应答信号后，根据信号的时间延迟，计算出测距信号经过中心站—卫星—用户机—卫星—中心站的传递时间，并由此得出中心站—卫星—用户机的距离，由于中心站—卫星的距离已知，由此可得用户机与卫星的距离；

第四步，根据用上述方法得到的用户机与两颗卫星的距离数据，在中心站储存的数字地图上进行搜索，寻找符合距离条件的点，该点坐标即是所求的坐标；

第五步，中心站将计算出来的坐标数据经过卫星发送给用户机，用户机再经过卫星向中心站发送一个回执，结束一次定位作业。

由上述定位过程可见，“北斗一号”的定位作业需要中心站直接参加工作，中心站在每次定位过程中都处于核心的位置。这使它具有一些与 GPS 系统不同的特性：“北斗一号”就性能来说，和美国 GPS 相比差距甚大。第一，覆盖范围也不过是初步具备了我国周边地区的定位能力，与 GPS 的全球定位相差甚远。第二，定位精度低，定位精度最高 20m，而 GPS 可以到 10m 以内。第三，由于采用卫星无线电测定体制，用户终端机工作时要发送无线电信号，会被敌方无线电侦测设备发现，不适合军用。第四，无法在高速移动平台上使用，这就限制了它在航空和陆地运输上的应用。但最重要的是，“北斗一号”是我国独立自主建立的卫星导航系统，它的研制成功标志着我国打破了美、俄在此领域的垄断地位，解决了中国自主卫星导航系统的有无问题。它是一个成功的、实用的、投资很少的初步起步系统。此外，该系统并不排斥国内民用市场对 GPS 的广泛使用。以“北斗”导航试验系统为基础，我国开始逐步实施“北斗”卫星导航系统的建设，首先满足中国及其周边地区的导航定位需求，并进行系统的组网和测试，逐步扩展为全球卫星导航定位系统。

2. 北斗卫星导航定位系统（“北斗二号”）

“北斗二号”是中国独立开发的全球卫星导航系统。“北斗二号”并不是“北斗一号”的简单延伸，它将克服“北斗一号”系统存在的缺点，提供海、陆、空全方位的全球导航定位服务，类似于美国的 GPS 和欧洲的伽利略定位系统。2012 年 4 月 30 日，中国在西昌卫星发射中心成功发射“一箭双星”，用“长征三号乙”运载火箭将中国第十二、第十三颗北斗导航系统组网卫星顺利送入太空预定转移轨道。

（1）简介

“北斗二号”卫星导航系统空间段由5颗静止轨道卫星和30颗非静止轨道卫星组成，提供两种服务方式，即开放服务和授权服务。开放服务是在服务区免费提供定位、测速和授时服务，定位精度为厘米级，授时精度为50ns，测速精度为0.2m/s。授权服务是向授权用户提供更安全的定位、测速、授时和通信服务以及系统完好性信息。“北斗二号”卫星导航系统将克服“北斗一号”系统存在的缺点，同时具备通信功能，其建设目标是为我国及周边地区的我国军民用户提供陆、海、空导航定位服务，促进卫星定位、导航、授时服务功能的应用，为航天用户提供定位和轨道测定手段，满足武器制导的需要，满足导航定位信息交换的需要。

（2）开发原理

全球卫星定位系统是一种结合卫星和通信发展技术，利用导航卫星为使用者提供测时和测距服务。它包括绕地球运行的多颗卫星，能连续发射一定频率的无线电信号。只要持有便携式信号接收仪，无论身处陆地、海上还是空中，都能收到卫星发出的特定信号。接收仪中的电脑选取几颗卫星发出的信号进行分析，就能确定接收仪持有者的位置。除此之外，全球卫星定位系统还具有其他多种用途，如科学家可以用它来监测地壳的微小移动从而帮助预报地震；测绘人员利用它来确定地面边界；汽车司机在迷路时通过它能找到方向；军队依靠它来保证正确的前进路线等。

（3）主要功能

中国即将建立的“北斗二号”全球卫星定位系统无论是导航方式，还是覆盖范围都和美国的GPS非常类似，而且有着GPS系统无法比拟的独特优势。“北斗二号”系统主要有三大功能：快速定位，为服务区域内的用户提供全天候、实时定位服务，定位精度与GPS民用定位精度相当；短报文通信，一次可传送多达120个汉字的信息；精密授时，精度达20ns。

3. 北斗卫星导航系统建设原则

北斗卫星导航系统的建设与发展遵循开放性、自主性、兼容性、渐进性四项原则，中国愿意与其他国家合作，共同发展卫星导航事业。四项原则包括：开放性，北斗卫星导航系统的建设、发展和应用将对全世界开放，为全球用户提供高质量的免费服务，积极与世界各国开展广泛而深入的交流与合作，促进各卫星导航系统间的兼容与互操作，推动卫星导航技术与产业的发展。自主性，中国将自主建设和运行北斗卫星导航系统，北斗卫星导航系统可独立为全球用户提供服务。兼容性，在全球卫星导航系统国际委员会（ICG）和国际电信联盟（ITU）框架下，使北斗卫星导航系统与世界各卫星导航系统实现兼容与互操作，使所有用户都能享受到卫星导航发展的成果。渐进性，中国将积极稳妥地推进北斗卫星导航系统的建设与发展，不断完善服务质量，并实现各阶段的无缝衔接。

为使北斗卫星导航系统更好地为全球服务，加强北斗卫星导航系统与其他卫星导航系统之间的兼容与互操作，促进卫星定位、导航、授时服务的全面应用，中国愿意与其他国家合作，共同发展卫星导航事业。同时，中国在频率协调、兼容与互操作、卫星导航标准等方面积极开展国际交流与合作，以推动世界卫星导航领域技术和应用的发展。

目前，中国正在开展与美国GPS、俄罗斯GLONASS和欧洲Galileo等卫星导航系统的频率协调，并参与ITU工作组、研究组和世界无线电通信大会的各项活动。北斗卫星导航系统作为ICG的重要成员，参加了ICG历届大会和供应商论坛，与有关国家、区域机构和国际组织开展广泛交流，推动了卫星导航系统及其应用的发展。2007年，北斗卫星导航系统成为ICG确定的四大全球导航卫星系统核心供应商之一。2009年第四届ICG大会期间，中国全面介绍北斗卫星导航系统的建设、应用与发展情况，2012年11月第七届ICG大会在我国成功举办。作为拥有自主卫星导航系统的国家，中国希望通过ICG等国际多边和双边渠道，积极探讨在兼容与互操作、卫星导航标准制定、卫星导航性能增强、时间空间基准、应用开发、科学研究等方面开展国际合作的可能，以推动世界卫星导航事业蓬勃发展。

4. 北斗卫星导航系统面临的挑战

自2012年底北斗卫星导航系统正式提供区域服务以来，星座连续稳定运行，其性能得到了国内外业界人士的广泛赞誉。今后仍将不断补充卫星数量，以进一步提升星座性能。同时，北斗全国地基增强网也在抓紧建设，建成后将为国内用户提供分米级、甚至厘米级精密导航定位和大众终端辅助增强服务。此外，国家全力支持北斗全球卫星导航系统的建设，北斗全球卫星导航系统的空间段部分由近40颗卫星组成，性能将是目前的两倍，系统建设从2009年开始推进，目前关键技术已取得突破，项目进展顺利。

但北斗同样面临诸多挑战。首先，当前国际GNSS领域竞争激烈，除全球卫星导航系统委员会（ICG）确定的四大全球导航卫星系统核心供应商GPS、GLONASS、Galileo和北斗卫星导航系统外，印度、日本也先后开始建设独立的卫星导航系统。“狭路相逢勇者胜”，谁建得早，谁建得好，谁最终才能在国际市场上占有一席之地。其次，在各GNSS系统共处共用，兼容互操作成为趋势的前提下，北斗如何在融入国际的同时保持“北斗特色”，这也是一个挑战。最后，北斗工程是我国目前为止最复杂的航天工程，建设时间长，工程规模大，其建设本身就是一个前所未有的挑战。

在产业发展方面，近年来，国内GNSS市场增速在30%~50%，发展势头迅猛，为北斗产业的发展提供了良好的大环境。另外，政府大力支持北斗产业发展，从2008年开始进行产业布局，并积极推动北斗进入国际海事、民航标准体系，政府对产业的助推作用效果明显。北斗终端核心元器件的研发虽然起步较晚，但也取得了重大成果，目前国产北斗芯片性能已达到国际第三代GNSS芯片的水平。

针对产业现状和行业趋势，未来将重点提升国内企业的核心竞争力，鼓励企业建立有效的商业盈利模式，改变国内北斗相关企业小、散、弱的现状，增强它们应对国际竞争的能力，在技术研发方面缩小与国外的差距，进一步降低国产核心元器件的成本。

3.3 地理信息系统

3.3.1 地理信息系统概述

地理信息系统（Geographic Information System）简称GIS，是以地理空间数据库为基础，采用地理模型分析方法，适时提供多种空间的和动态的地理信息，为地理研究和地理决策服务的计算机技术系统，具有以下三个方面的特征：

①具有采集、管理、分析和输出多种地理空间信息的能力，具有空间性和动态性；

②以地理研究和地理决策为目的，以地理模型方法为手段，具有区域空间分析、多要素综合分析和动态预测能力，产生高层次的地理信息；

③由计算机系统支持进行空间地理数据管理，并由计算机程序模拟常规的或专门的地理分析方法，作用于空间数据，产生有用信息，完成人类难以完成的任务。

GIS 由四个部分构成，即计算机硬件系统、计算机软件系统、地理数据（或空间数据）和系统管理操作人员。其核心部分是计算机系统（软件和硬件），空间数据反映 GIS 的地理内容，而管理人员和用户则决定系统的工作方式和信息表示方式。

当前，GIS 主要有两个发展方向：一个是分布式 GIS，另一个是智能化的 GIS。分布式 GIS 利用网络技术实现空间信息的分布式管理、分析处理与共享，同时 GIS 由软件向服务发展；智能化的 GIS，是在 GIS 中融入专家系统、人工智能等专业知识，实现空间信息的智能化的分析与处理。

3.3.2 地理信息系统的主要功能

1. 数据采集与编辑

主要用于获取数据，保证地理信息系统数据库中的数据在内容与空间上的完整性、数值逻辑一致性与正确性等。一般而论，地理信息系统数据库的建设占整个系统建设投资的70%或更多，并且这种比例在近期内不会有明显的改变。因此，信息共享与自动化数据输入成为地理信息系统研究的重要内容。目前，自动化扫描输入与遥感数据集成最为人们所关注。扫描技术的应用与改进，实现扫描数据的自动化编辑与处理仍是地理信息系统数据获取研究的主要技术关键，此外，数字化的全野外测量数据（全站仪测量和 GPS 测量数据）也是 GIS 数据的主要来源。

2. 数据预处理

数据的预处理，是为数据存储入库作准备。初步的数据处理主要包括数据格式化、转换、概括。数据的格式化是指不同数据结构的数据间变换，是一种耗时、易错、需要大量计算量的工作，应尽可能避免；数据转换包括数据格式转化、数据比例尺的变化等。在数据格式的转换方式上，矢量到栅格的转换要比其逆运算快速、简单。数据比例尺的变换涉及数据比例尺缩放、平移、旋转等方面，其中最为重要的是投影变换；制图综合（Generalization）包括数据平滑、特征集结等。目前地理信息系统所提供的数据概括功能极弱，与地图综合的要求还有很大差距，需要进一步发展。

3. 数据存储与组织

这是建立地理信息系统数据库的关键步骤，涉及空间数据和属性数据的组织。栅格模型、矢量模型或栅格/矢量混合模型是常用的空间数据组织方法。空间数据结构的选择在一定程度上决定了系统所能执行的数据与分析的功能；在地理数据组织与管理中，最为关键的是如何将空间数据与属性数据融为一体。大多数系统将二者分开存储，通过公共项（一般定义为地物标识码）来连接。这种组织方式的缺点是数据的定义与数据操作相分离，无法有效记录地物在时间域上的变化属性。目前，已有许多 GIS 软件平台提出空间数据和属性数据一体化的存储模型，例如，ArcGIS 9x 软件平台提出 Geodatabase 的概念，通过 ArcSDE，支持空间数据和属性数据在大型关系数据库中的一体化存储。

4. 空间查询与分析

空间查询是地理信息系统以及许多其他自动化地理数据处理系统应具备的最基本的分析功能；而空间分析是地理信息系统的核心功能，也是地理信息系统与其他管理信息系统的根本区别，模型分析是在地理信息系统支持下，分析和解决现实世界中与空间相关的问题，它是地理信息系统应用深化的重要标志。地理信息系统的空间分析可分为三个不同的层次：空间检索与查询、空间拓扑叠加分析和空间模型分析。

5. 数据输出与显示

地理信息系统为用户提供了许多用于地理数据表现的工具，其形式既可以是计算机屏幕显示，也可以是诸如报告、表格、地图等硬拷贝图件，尤其要强调的是地理信息系统的地图输出功能。一个好的地理信息系统应能提供一种良好的、交互式的制图环境，以供地理信息系统的使用者能够设计和制作出高质量的地图。

3.3.3 空间数据组织与管理

1. 关系型数据库

关系型数据库管理系统（RDBMS）最早是 E. F. Codd 定义的，之后被 IBM 和其他厂商在产品中实现。现在流行的数据库产品，如 Oracle、SOL Server、DB2 等，均建立在关系型理论的基础之上。关系模型数据库的广为流行和强大功能要归功于其简洁的结构。对于管理结构化的属性数据，它可以完成相当复杂的关系操作，而且在数据完整性、安全性、独立性、高效的数据访问以及减少数据冗余度方面具有明显的优势。但对于复杂的变长的空间数据管理，关系型数据库具有明显的不足，主要表现为以下两点：

其一，空间数据不同于简单的属性数据，它包含有坐标等空间信息，如对一个简单的点状实体，就需要存储其 x 坐标、y 坐标甚至是 z 坐标。要存储结构如此复杂的空间数据，就必须设计复杂的 E-R 模型，并在数据库中存放大量的二维表，这将无限增大系统的容量和复杂性。

其二，对于纯关系型数据库而言，空间数据和属性数据通常不能放在一张二维表里，割裂了逻辑上应为一个整体的地理信息，难以保证数据的一致性。

2. 空间数据库

地理信息系统的数据库是某一区域内关于一定地理要素特征的数据集合，具有海量、复杂数据类型、非结构化的特点。比较著名的 GIS 软件公司管理空间数据的工具和插件主要有 ESRI ArcSDE（Spatial Data Engine），这类插件都是与国际标准化组织 OGC 的简单特征的 SQL 规范、ISO/IEC 的 SQL3 和 SQLMultimedia 等规范高度兼容的。

ArcSDE 是 ESRI 公司开发的空间数据引擎，它在现有的关系或对象关系型数据库管理系统的基础上进行空间扩展，可以将空间数据和非空间数据集成在四种主流的商业数据库中：IBM DB2，IBM Informix，Microsoft SQL Server 和 Oracle，同时用户也可以用 ArcSDE for Coverages 来完成对文件形式数据的管理。ArcSDE 本身具有海量数据存储、多用户并发访问、版本管理、长事务处理等强大优势，因此，在 GIS 应用系统中引入 ArcSDE 作为空间数据存储和管理引擎，已经成为当前 GIS 应用开发的趋势。

目前 ESRI 公司提出用 Geodatabase 来统一管理地理信息。Geodatabase 是一种采用标准关系数据库技术来表现地理信息的数据模型，支持多种 DBMS 结构和多用户访问，且大小可以伸缩。目前有两种 Geodatabase 结构：个人 Geodatabase 和多用户 Geodatabase。个人 Geodatabase 支持单用户编辑，数据库最大为 2GB，对 ArcGIS 用户免费。多用户 Geodatabase 通过 ArcSDE 支持多种数据库平台，主要用于工作组、部门和企业，利用底层 DBMS 结构的优点实现以下功能：支持海量的、连续的 GIS 数据库；多用户的并发访问；长事务和版本管理的工作流。

3.3.4 地理信息系统技术的发展及应用

地理信息系统是融计算机图形和数据库于一体，存储和处理空间信息的高新技术，它把地理位置和相关属性有机地结合起来，根据用户的需要将空间信息及其属性信息准确真实、图文并茂地输出给用户，满足城市建设、工程勘测、施工及人们对空间信息的要求，借助其独有的空间分析功能和可视化表达功能，进行各种辅助决策。GIS 的上述特点使之成为与传统的分析方法截然不同的解决问题的先进工具，作为现代社会必不可缺少的基础设施，它已渗入到我们生产生活的每一环节。随着计算机技术和网络技术的迅速发展，使得 GIS 发生了新的变化。GIS 正朝着一个可运行的、分布式的、开放的、网络化的全球 GIS 发展。在未来几十年内，GIS 将向着数据标准化、数据多维化、系统集成化、系统智能化、平台网络化和应用社会化（数字地球）的方向发展。其中，三维 GIS、时态 GIS 和网络 GIS 已经成为 GIS 发展的趋势和研究热点。

1. 三维 GIS

随着 GIS 技术的发展，二维 GIS 已经无法满足用户的需求，用户需要更为直观、真实的三维 GIS 来作为交互式查询和分析的媒介。三维 GIS 是 GIS 的一个重要发展方向，也是 GIS 研究的热点之一，其研究范围涉及数据库、计算机图形学、虚拟现实等多门科学领域。目前，国内外许多学者对三维 GIS 的三维结构、三维建模以及单一领域的应用提出了许多方法和技术手段。现有的三维 GIS 中，系统功能在三维场景可视化、实时漫游等方面取得了较好的成果，但查询分析功能比较弱。然而恰恰是这一功能在三维 GIS 的实现和应用中具有十分重要的地位，它使三维 GIS 具有辅助决策支持能力。然而三维查询分析的实现却非常困难，三维 GIS 在数据的采集、管理、分析、显示和系统设计等方面要比二维 GIS 复杂得多，并不是简单地增加 Z 坐标的问题。尽管有些 GIS 软件采用建立数字高程模型的方法来处理和表达地形的起伏，但涉及地下和地上的三维的自然和人工景观就无能为力，只能将其投影到地表，再进行处理，这种方式实际上仍是以二维的形式来处理数据。试图用二维系统来描述三维空间的方法，必然存在不能精确地反映、分析和显示三维信息的问题。

三维 GIS 是许多应用领域对 GIS 的基本要求。随着计算机技术的发展，以前只能应用于大型的主机和图形工作站上的三维显示，也能在普通的 PC 机上实现，以前的 GIS 大多提供了一些较为简单的三维显示和操作功能，但这与真三维表示和分析还有很大差距。现在，三维GIS可以支持真三维的矢量和栅格数据模型及以此为基础的三维空间数据库，解决了三维空间操作和分析问题。特别是三维GIS与虚拟现实、人工智能等技术的结合应用，将使三维GIS更加真实地表现现实世界，也更符合用户的需求。

由于二维GIS数据模型与数据结构理论和技术的成熟，图形学理论、数据库理论技术及其他相关计算机技术的进一步发展，加上应用需求的强烈推动，三维GIS的大力研究和加速发展现已成为可能。但是迄今为止，目前国际国内还没有一个成熟完整的三维GIS系统，与三维GIS相关的系统大多集中在三维可视化方面，如EVS、Vis5D、Voxel，医学可视化及各种CAD软件等，也有一些三维系统部分实现三维GIS的功能，比较有名的软件有：LYNX、IVM（Interactive Volume Modeling）、GOCAD、I/EMS、SGM等。上述软件的共同缺点是仅重视表达三维对象本身，对各对象间关系的表达没有足够的重视，因此管理大批量三维空间对象的能力较弱，也不能做一些GIS需要的空间分析。LYNX软件能够处理和表达三维地质数据，但它们难以在其他领域推广使用，MGE系统有一些简单的三维模块，但也远不能满足三维GIS应有的要求。总体来说，这些软件在构造、表达三维对象上具有较强的能力，但管理和分析能力较弱。出现这种情况的一个主要原因是三维空间数据模型理论和技术不成熟，另外空间数据库技术也正处于发展中，不像RDBMS那样具有成熟的理论和技术，因此导致了三维空间建模能力的薄弱。为此，许多学者和研究人员在这方面作出了很多努力，但仍然没有形成完整的三维GIS理论和开发出成熟的三维GIS系统。

在完整的三维GIS系统研究和开发方面，BREUNIG曾经进行过较为系统的研究与实践。他为三维GIS提出了一个空间信息集成模型，该模型以所谓的扩展复杂要素（e-complex）为内核，表达三维空间地学对象的几何性质，度量属性及对象间的复杂拓扑关系。以此为基础，他又进一步定义了拓扑操作，并将各种e-complex对象融入地学建模和管理的模型框架中，最后给出了一个地质应用的例子。该模型是以矢量模型为基础，对象及对象间的拓扑关系表达较为精确，但各种操作复杂费时，空间分析不易。

国内李清泉也做过较为系统的三维GIS研究。他以八叉树和不规则四面体为基础提出了三维GIS的混合数据模型。以栅格结构的八叉树作为对象描述的总体框架，控制对象空间的宏观分布，以矢量结构的不规则四面体描述变化剧烈的局部区域，较为精确地表达细碎部分，并将这两种模型进行有机地结合。这种混合模型是一种矢量-栅格三维结合的有益尝试，在一些情况下比较合适，但还需要其他表达模型的补充，以提高表达、访问和操作的效率。

由于三维GIS具有多维信息处理、表达和分析的特点，在城市应急反应、虚拟旅游、智能交通、城市规划与设计、电子商务与小区管理、无线通信基站选址、城市微气候和大气污染模拟、噪声分析、地质与地下管线等方面都有着十分广阔的领域，特别是在空间信息的社会化服务中，基于三维GIS的应用有着越来越明显的优越性和不可替代性。

2. 时态GIS

传统的GIS处理的是无时间概念的数据，只能是现实世界在某个时刻的“快照”。它把时间当作一个辅助因素，当被描述的对象随时间变化比较缓慢且变化的历史过程无关紧要时，可以用数据更新的方式来处理时间变化的影响。然而，GIS所描述的现实世界是随时间连续变化的，随着 GIS 应用领域的不断扩大，在如下应用中，时间维必须作为与空间等量的因素加入到 GIS 中来。一是对象随时间变化很快，噪声污染、水质检测、日照变化等，一秒钟得到一个甚至几个数据。二是历史回溯和衍变，地籍变更、环境变化、灾难预警等需要根据已有数据回溯过去某一时刻的情况或预测将来某一时刻的情况。三是地球科学家想对某一时刻的所有地质条件或某一时间段内的平均地质条件进行评价，他们是否能容易地获得在“A 时刻的值或从时间 B 到时间 C 这段时间内的值”。

将时间的影响考虑到 GIS 应用中，就产生了时态 GIS 或四维 GIS。时态 GIS 的关键是时空数据模型，时空数据库是包括时间和空间要素在内的数据库系统，其建立依赖于时间的表示方法。1992 年 Gail Langran 发表博士论文《地理信息系统中的时间》，标志着 GIS 时空数据建模正式开始。时空数据模型的研究是时态 GIS 发展的关键所在，是实现不同尺度、不同时序空间数据互动与融合的基础。当前主要的时空数据模型包括：

（1）空间-时间立方体模型

Hagerstrand 最早于 1970 年提出了空间-时间立方体模型，这个三维立方体是由空间两个维度和一个时间维组成的，它描述了二维空间沿着第三个时间维演变的过程。任何一个空间实体的演变历史都是空间-时间立方体中的一个实体。该模型形象直观地运用了时间维的几何特性，表现了空间实体是一个时空体的概念，对地理变化的描述简单明了、易于接受，该模型具体实现的困难在于三维立方体的表达。

（2）序列快照模型

快照模型有矢量快照模型和栅格快照模型。它是将一系列时间片段的快照保存起来，各个切片分别对应不同时刻的状态图层，以此来反映地理现象的时空演化过程，根据需要对指定时间片段进行播放，有些 GIS 用该方法来逼近时空特性。这种模型的优点：一是可以直接在当前的地理信息系统软件中实现；二是当前的数据库总是处于有效状态。但是，由于快照将未发生变化的所有特征进行存储，会产生大量的数据冗余，当应用模型变化频繁，且数据量较大时，系统效率急剧下降，较难处理时空对象间的时空关系。

（3）基态修正模型

为避免快照模型将每次未发生变化部分特征重复进行记录，基态修正模型按事先设定的时间间隔进行采样，它只存储某个时间数据状态（基态）和相对于基态的变化量。该模型也有矢量和栅格两种模型。基态修正模型中每个对象只需存储一次，每变化一次，只有很小的数据量需要记录，只将那些发生变化的部分存入系统中。这种模型可以在现有的 GIS 软件上很好地实现，以地理特征作为基本对象，更新式的操作可以基于单个地理特征而实现。因为要通过叠加来表示状态的变化，这对于矢量数据来讲效率较低，而对栅格数据比较合适。但也没有考虑到由一种状态转变到另一种状态的过程，而实际中可能存在一种“伪变化”，因此有人提出需要设计“过程库”来记录表达变化过程，即基态修正模型的扩展。

（4）空间时间组合体模型

该模型是 Chrisman 于 1983 年针对矢量数据提出的，Langran 和 Chrisman 于 1988 年对它进行了详细描述。模型将空间分隔成具有相同时空过程的最大的公共时空单元，每个时空对象的变化都将在整个空间内产生一个新的对象。对象把在整个空间内的变化部分作为它的空间属性，变化部分的历史作为它的时态属性，时空单元的时空过程可用关系表来表达。若时空单元分裂时，用新增的元组来反映新增的空间单元。这种设计保留了沿时间的空间拓扑关系，所有更新的特征都被加入到当前的数据集中，新的特征之间的交互和新的拓扑关系也随之生成。该模型将空间变化和属性变化都映射为空间的变化，是序列快照模型和基态修正模型的折中模型。其最大的缺点在于多边形碎化和对关系数据库的过分依赖。

(5) 面向对象的时空数据模型

面向对象的时空数据模型是基于上述几种模型提出来的并取得了很好的效果。该模型的核心，是以面向对象的基本思想组织地理时空。其中，对象是独立封装的具有唯一标识的概念实体。每个地理时空对象中封装了对象的时态性、空间特性、属性特性和相关的行为操作及与其他对象的关系。时间、空间及属性在每个时空对象中具有同等重要的地位，不同的应用中可根据具体重点关心的方面，分别采用基于时间（基于事件）、基于对象（基于矢量）或基于位置（基于栅格）的系统构建方式。

以上模型都存在一定的优缺点，规范化的时空数据模型的研究正处在探索阶段。学者们对于其他的模型也在做积极的探索，例如，陈军研究的非一范式关系时空模型，Ed Nash 的一种时空网络规划模型，徐志红的基于事件的语义时空数据模型等。

由于具有动态地反映地理现象变化的特点，时态 GIS 可应用于诸多科学和工程领域，地籍管理是其中之一。众所周知，地籍管理的核心是土地权属，即土地的使用权或所有权。使用权或所有权是有时效性的，会随时间发生变化。随着时间的推移，宗地的空间形状也可能会发生变化，因而时间是地籍管理信息系统的一个重要要素和组成部分。一个完善的、能够反映地籍信息随时间动态变化的地籍信息系统必须将时间属性纳入其中，因而就发展成为时态地籍信息系统，它与传统的地籍管理信息系统的区别是，除了存储与宗地有关的空间数据和属性数据外，还需要保留宗地的历史信息。为了充分发挥地籍信息系统为政府各部门以及公众服务的作用，还需实现系统对空间数据的查询，即具备时空查询功能。

3. 网络 GIS

如果说20世纪90年代是计算机的天下，那么21世纪初甚至更长的时间无疑将是网络的世界，也可以说网络改变了我们的世界。网络已不仅仅是一种单纯的技术手段，它已演变成为一种经济方式——网络经济。

伴随着 Internet 和 Intranet 的飞速发展，GIS 的平台已经逐步转向了网络，网络 GIS 的好处是不言而喻的，由于地理信息和大量空间数据都是以文字、数字、图形和影像方式表示的，将它们数字化，输入计算机，便可方便、快速和及时地将地理信息传送到需要的地方去，以发挥地理信息在国民经济建设、国防建设中的作用。GIS 工作者则需研制一个万维网上的 GIS 和 GIS 浏览器，使亿万网民可以随时根据需要来查询 GIS。

和传统的基于 Client/Server 的 GIS 相比，网络 GIS 有如下优点：一是具有更广泛的访问范围。客户可以同时访问多个位于不同地方的服务器上的最新数据，Internet/Intranet 的这一特有的优势大大方便了 GIS 的数据管理，使分布式的多数据源的数据管理和合成更易于实现。二是平台具有独立性。无论服务器/客户机是何种机器，无论网络 GIS 服务器端使用何种 GIS 软件，由于使用了通用的 Web 浏览器，用户就可以透明地访问网络 GIS 数据，在本机或某个服务器上进行分布式部件的动态组合和空间数据的协同处理与分析，实现远程异构数据的共享。三是系统成本降低。传统 GIS 在每个客户端都要配备昂贵的专业 GIS 软件，而用户经常使用的只是一些最基本的功能，这实际上造成了极大的浪费。网络 GIS 在客户端通常只需使用 Web 浏览器（有时还要加一些插件），其软件成本与全套专业 GIS 相比明显要节省得多。另外，由于客户端的简单性而节省的维护费用也不容忽视。四是操作更简单。要广泛推广 GIS，使 GIS 为广大的普通用户所接受，而不仅仅局限于少数受过专业培训的专业用户，就要降低对系统操作的要求。通用的 Web 浏览器无疑是降低操作复杂度的最好选择。

目前，WebGIS 在 Internet/Intranet 上的应用为典型的三层结构。三层结构包括客户机、应用服务器、Web 服务器、数据库服务器。这种方式又称瘦客户机系统。瘦客户机系统是指在客户机端没有或者有很少的应用代码。在以往的终端和主机的体系结构中，所有系统都是瘦客户机系统。现在随着 Internet 技术以及 Java、ActiveX 技术的出现，瘦客户机系统又重新出现。客户机负责数据结果的显示，用户请求的提交。地图应用服务器和 Web 服务器负责响应和处理用户的请求，而数据库服务器负责数据的管理工作。所有的地图数据和应用程序都放在服务器端，客户端只是提出请求，所有的响应都在服务器端完成，只需在服务器端进行系统维护即可，客户端无需任何维护，从而大大降低了系统的工作量。

现在，WebGIS 得到越来越广泛的应用。应用方向分为两大类，一类为基于 Internet 的公共信息在线服务，为公众提供交通、旅游、餐饮娱乐、房地产、购物等与空间信息有关的信息服务。在国内外的站点上已有了成功的应用，提供了大量的与空间位置有关的各种信息服务。例如，查一下离你所在位置最近的有哪些酒店、餐馆、公交车站，等等，甚至还能告诉你酒店的价格是多少，餐馆里有什么特色菜；或告诉你从中关村到天安门的公交路线怎么走，需要坐哪些车，而这些车站在哪里。这些服务看似简单，但与我们的日常生活息息相关，不可缺少。WebGIS 的另外一类应用为基于 Intranet 的企业内部业务管理。如帮助企业进行设备管理、线路管理以及安全监控管理，等等。随着企业 Intranet 应用的深入和发展，基于 Intranet 的 WebGIS 应用会有越来越多的市场，也是未来的发展方向。

总之，随着计算机软硬件，特别是网络技术的飞速发展，GIS 正在经历一场变革。三维 GIS 使 GIS 技术更加现实化，更能真实地再现客观世界；时态 GIS 使 GIS 技术更加实用化，更能辅助决策支持；网络 GIS 使 GIS 技术更加广泛化，更能快捷迅速地提供更多的服务。为了满足用户对 GIS 功能日益增长的需求，三维 GIS、时态 GIS 和网络 GIS 在未来数年内，都将是 GIS 技术的研究热点和发展趋势。

3.4 "3S" 技术的集成及其应用

"3S" 集成技术目前已成功地应用到了包括资源管理、自动制图、设施管理、城市和区域的规划、人口和商业管理、交通运输、石油和天然气、教育、军事等九大类别的一百多个领域。在美国及其他发达国家，"3S" 集成技术在环境保护、资源保护、灾害预测、投资评价、国土资源监测、城市规划建设、政府管理等众多领域得到了广泛的应用。近年来，随着我国经济建设的迅速发展，加速了“3S”集成技术的应用进程，在城市规划管理、交通运输、测绘、环保、农业、制图等领域发挥了重要的作用，取得了良好的经济效益和社会效益。

3.4.1 “3S”集成技术的定义及其基本原理

“3S”是GPS（Global Position System，全球定位系统），RS（Remote Sensing，遥感）和GIS（Geography Information System，地理信息系统）的简称。“3S”集成是指将遥感、空间定位系统和地理信息系统这三种对地观测新技术有机地集成在一起。

在“3S”集成中，GPS主要用于实时、快速地提供目标，包括各类传感器和运载平台（车、船、飞机、卫星等）的空间位置；RS用于实时地或准实时地、快速地提供目标及其环境的语义或非语义信息，发现地球表面上的各种变化，及时地对GIS进行数据更新；GIS则是对多种来源时空数据进行综合处理、集成管理、动态存取，作为新的集成系统的基础平台，并为智能化数据采集提供地学知识。

GPS具有全时域、全天候、全球空间的准确定位和实时导航功能，可为RS、GIS提供高精度、实时的空间定位信息，极大地拓宽了两者的研究领域。GPS精度的提高不仅可以改善RS定位精度，而且GPS的快速定位为RS数据实时、快速进入GIS提供了可能。“八五”期间建成的“重点产粮区主要农作物遥感估产集成系统”，应用多种遥感信息源，采用RS与GIS信息复合技术，进行计算机模式自动识别和分类，自动提取作物种植面积，动态监测作物长势，并进行产量估算，实现了信息获取、处理一体化。

GIS与RS的结合主要表现为RS是GIS的重要信息源，GIS是处理和分析应用空间数据的一种强有力的技术保证。两者结合的关键技术在于栅格数据和矢量数据的接口问题；遥感系统普遍采用栅格格式，其信息是以像元存储的；而GIS主要是采用图形矢量格式，是按点、线、面（多边形）存储的，它们之间的差别是影像数据和制图数据用不同的空间概念表示客观世界的相同信息而产生的。对于RS与GIS一体化的策略，Ehlers等人提出了三个发展阶段：第一阶段，采用数据交换格式把两个软件模式联结起来；第二阶段，两个软件模式具有共同的用户接口，且同时显示；第三阶段，具有复合处理功能的软件体。

3.4.2 “3S”集成技术的发展与应用

1. “3S”集成技术的发展

王之卓先生从学科发展的角度论述了“3S”集成的必然，刘震等人认为：地理信息是一种信息流，遥感、地理信息系统和全球定位系统中的任意一个系统都是侧重于信息流的特性中的一个方面，而不能满足准确地、全面地描述地理信息流的要求，所以迫切需要一种全新的遥感、地理信息系统和全球定位系统的集成系统。总之，无论是从物质的运动形式，地学信息的本身特征，还是从“3S”各自的技术特性出发，“3S”集成都是科技发展的必然结果。

目前，“3S”技术的结合与集成研究已经有了一定的发展，正在经历一个从低级向高级的发展和完善过程。"3S" 集成一开始是两两结合的。"3S" 的两两结合即 GPS 与 RS 的结合、GPS 与 GIS 的结合和 RS 与 GIS 的结合。两两结合是 "3S" 集成的低级和基础起步阶段，其中 RS 与 GIS 的结合是核心。

2. "3S" 集成技术的应用

黄家柱等人充分发挥 RS、GIS、计算机制图技术及网络技术等学科前沿的优势，研制了"长江三角洲地区遥感卫星动态决策咨询系统"，代表了我国当前 RS 和 GIS 结合并综合其他多学科技术的新方向。

刘纪远等人在对中国东北植被综合分类的研究中，探讨了将地理信息系统提供的地理数据与遥感数据复合的可行性；尝试在 GIS 环境下，将气温、降水、高程 3 个影响区域植被覆盖的主要指标，按一定的地面网格系统和数学模式进行定量化，生成数字地学影像，并使之与经过优化、压缩处理数据进行复合，取得了良好效果。

孙忠耀等人认为 "3S" 集成技术对公路路政管理有较好的效果。GPS 实测公路数据，形成以国家标准坐标系为基准的数字化公路图。在 GIS 中集成公路数字图和数据库，形成数字图与数据库可互相调用查询的公路路政地理信息系统，从而帮助交通专业人员和组织机构存储、显示、管理及分析交通管理信息与数据。

刘震、李书楷认为 GPS 和 GIS 集成的最成功的应用是车辆导航与监控，但二者缺乏统一的坐标空间，光谱数据和空间数据时间上的不一致，以及不具备封装独立的数据和方法能力的技术。因此，把三者结合起来形成一体化的信息技术体系是非常迫切的。这主要是指数据获取平台的革新和新的信息融合方法的应用。

郝捷、武现治在 "3S" 技术对水土保持的应用中发现对于小流域，在卫星图片的基础上，选定适当区域，通过低空无人驾驶飞机、GPS、摄像机、扫描仪、遥测遥控设备进行野外测量，利用 GIS 进行内业处理，配合图形、图像处理系统，可以实时地进行小规模的水土流失动态监测、水土保持措施及成果的验收评估等。

陈圣波认为 "3S" 技术在国土资源与生态环境动态监测中具有不可比拟的优势。由于国土资源与生态环境动态监测具有区域性、现时性、整体性和周期性等特点，其调查成果要求有较高精度和准确度。应用常规手段对其进行动态监测，不仅会耗费大量人力、物力和财力，也会因耗时过长而达不到及时、准确和快速的监测目的，特别是在历史数据的获取、动态监测的时间以及数据的更新等方面无法满足要求。

国外发达国家已普遍利用该技术进行农情监测分析，特别是美国，不仅分析本国农情，而且分析世界各国的农情。我国从 20 世纪 80 年代开始了 RS 和 GIS 在农业生产中的应用研究。"3S" 集成技术在我国农业生产中的应用是从 90 年代开始的，主要应用于农情监测和自然灾害的动态监测分析。它较传统方法具有耗时少、费用低、范围广的优点，准农科院草原研究所应用 3S 技术建立的"中国北方草地草畜平衡动态监测系统"使我国草地的资源管理由过去常规方法上百人 10 年完成的工作量只需 7 天即可完成，经 3 年运转，节约经费1 669万元。

城市规划涉及面广、内容多、工作量和难度都极大，没有对一个城市各种信息的全面了解和把握，是不可能设计出一个好的规划建设方案的。GIS 在对城市规划各种数据的组织、管理、展示、统计和分析中，有着一般系统所无法比拟的优势，并且 RS 和 GPS 的结合能够为城市规划提供大量实时的数据信息，这些数据对分析城市的环境、生态、交通、城市的扩展趋势、城市污染分布以及城市的总体布局等都具有重要意义，所以，它被广泛地应用于城市规划的各个领域，如城市用地规划、城市环境及生态规划、城市交通规划等众多规划领域。

3. “3S”集成技术在应用中存在的问题以及解决方法

由于RS、GIS和GPS在功能上的互补性，各种集成方案通过不同的组合取长补短，充分发挥其各自的优势，并且也产生了许多新的功能。在各个方面取得了不小的成绩，“3S”集成技术也获得了广泛的应用，但仍有许多尚未彻底解决的问题。“3S”集成技术并非完全意义上的集成，而大部分是两两结合，在统一的平台下，相互间的功能互补和数据转换，它们之间还是相互独立的，即使“3S”也只是表面上的集成。

张继贤在国内较早提出综合GIS信息中的地学知识和遥感数据可以提高遥感分类的精度，尽管能消除应用单一遥感图像判读所存在的若干弊端。但是，两者的结合存在数据转换的问题，使得相应的软件要进行升级或之间要数据转换器，然而，由于不同领域不同系统的数据格式不同，且内部数据结构相互不公开或难以公开，导致数据转换器转换效率低，最终难以广泛应用。

李德仁认为“3S”集成需要解决的关键问题是：①系统的实时空间定位；②系统的一体化数据管理；③语义和非语义信息的自动提取理论方法；④基于GIS的航空航天遥感影像的全数字化智能系统及对GIS数据库快速更新的方法；⑤可视化技术理论与方法；⑥系统中数据通讯与交换；⑦系统设计的方法及CASE（Computer Aided Software Engineering）工具的研究；⑧系统中基于客户机/服务器的分布式网络集成环境。

“3S”集成问题最重要的就是数据的集成、转换问题，也就是数据一致性、兼容性，以及数据的多源信息问题。

由于GIS、RS和GPS的数据分别存储为不同数据格式，为数据综合利用带来不便。宋关福、钟耳顺等人提出的多源空间数据无缝集成（SIMS）技术实现了一种特殊的数据访问机制，不仅提供了直接存取多种数据格式的能力，而且使“3S”集成技术的跨数据源复合分析功能进一步加强。SIMS是一种无需数据格式转换，直接访问多种数据格式的高级空间数据集成技术，具有如下特点：①多格式数据直接访问。这是SIMS技术的基本功能，由于避免了数据格式转换，为综合利用不同格式的数据资源带来了方便。②格式无关数据集成。GIS用户在使用数据时，可不必关心数据存储于何种格式，真正实现格式无关数据集成。③位置无关数据集成。如果使用大型关系数据库（如Oracle和SQL Server）存储空间数据，这些数据可存放在网络服务器，甚至Web服务器，如果使用文件存储空间数据，这些数据一般是本地的。通过SIMS技术访问数据，不仅不必关心数据的存储格式，也不必关心数据的存放位置。用户可以像操作本地数据一样去操作网络数据。④多源数据复合分析。SIMS技术还允许使用来自不同格式的数据直接进行联合/复合空间分析。

目前关于“3S”的集成研究虽然较多，且有了较多的研究成果，但其内容多是技术之间的相互调用，难以达到其发展目标，而真正将三者完全统一，实现一体化数据管理则比较困难。但是，数据标准的统一是可行的，也是至关重要的。要实现“3S”技术的集成，就必须使数据的格式一致或者能够很好地转化，只有这样才能实现真正的集成。

“3S”技术的集成起步较晚，但发展非常快，特别是其应用更是突飞猛进。主要是因为三者能优势互补，遥感与地理信息系统的结合是其核心，应用也最为广泛。在当今信息时代，数据非常重要。在“3S”的集成技术应用中，主要是数据的获取，而GPS和RS都能提供大量的低成本数据，因此，“3S”集成技术是非常有前途的。随着“数字地球”技术研究和网络化、信息化的发展，客观上需要更高层次的“3S”技术与其他高新技术结合，以形成多功能、全方位的整合信息系统。

◎ 思考题

1. 什么是遥感技术？遥感技术如何分类？
2. 什么是GPS卫星定位系统？简述其组成。
3. 简述GPS系统的特点。
4. 什么是地理信息系统？简述其特征？
5. 简述地理信息系统的组成。

第 4 章　小区域控制测量

4.1　概述

核电厂控制测量是根据地形图的精度要求，视测区范围的大小、测区内现有控制点数量和等级情况，按照测量的基本原则和精度要求进行技术设计、选点、埋石、数据采集和处理等测量工作，可以分为平面控制测量和高程控制测量。

4.1.1　平面控制测量的基本原则

为了限制误差的累积和传播，保证测图和施工的精度及速度，测量工作必须遵循"从整体到局部，先控制后碎部"的原则。即先进行整个测区的控制测量，再进行碎部测量。控制测量的实质就是测量控制点的平面位置和高程。测定控制点的平面位置工作，称为平面控制测量；测定控制点的高程工作，称为高程控制测量。

为了有效进行平面控制网测量，在进行控制点布设时，其点位的选择应遵循下列原则：在选点时，应全面规划、因地制宜、经济合理、考虑发展，首先调查收集测区已有的地形图和控制点的成果资料，一般是先在中比例尺（1∶10 000~1∶1 000 000）的地形图上进行控制网设计。根据测区内现有的国家控制点或测区附近可资利用的其他控制点，确定与其联测的方案及控制网点位置。在布网方案初步确定后，可对控制网进行精度估算，必要时对初定控制点作调整。然后到野外去勘探、核对、修改和落实点位。如需测定起始边，起始边的位置应优先考虑。如果测区没有以前的地形资料，则需详细勘察现场，根据已知控制点的分布、地形条件及测图和施工需要等具体情况，合理地拟定控制点的位置，并建立标志。平面控制测量的标石中心就是控制点的实际点位。所有控制测量成果，包括坐标、距离、角度、方位角等都是以标石中心标志为准。因此，标石的任何损坏或位移都会使控制测量成果失去作用或精度受到很大影响。可以说，埋设稳定、坚固和耐久的中心标石，是保证控制测量质量的一个十分重要的环节。

平面控制网的建立，可采用卫星定位测量、导线测量、三角形网测量等方法。其精度等级可依次分为三、四等级和一、二等级。平面控制精度的基本要求：三、四等网中最弱相邻点的点位中误差不得大于5cm，四等以下网中最弱点的点位中误差（相对于起算点）不得大于5cm。

初级平面控制宜采用全国统一的平面坐标系统，1980 西安坐标系统、1954 年北京坐标系或2 000国家大地坐标系。所选平面坐标系统，应在满足测区内投影长度变形不大于1/40 000的要求下，作下列选择：

①采用统一的高斯正形投影3°带平面直角坐标系统；

②采用任意带平面直角坐标系统，投影面可采用高斯投影面、测区抵偿高程面或测区平均高程面；

③在已有平面控制网的地区，可沿用原有的坐标系统；

④采用独立坐标系统。

4.1.2　高程控制测量的基本原则

高程控制点通常以水准测量的方法建立，称为水准点。水准点应选在能长期保存，便于施测，坚实、稳固的地方。水准路线应尽可能沿坡度小的道路布设，尽量避免跨越河流、湖泊、沼泽等障碍物。在选择水准点时，应考虑到高程控制网的进一步加密，应考虑到便于国家水准点进行联测。水准网应布设成附合路线，节点网或环形网。

高程控制网等级按精度可划分为二等、三等、四等、五等。高程控制网宜采用水准测量，四等及五等控制网可采用电磁波测距三角高程测量，五等亦可采用GPS拟合高程测量。高程系统宜采用1985国家高程基准。采用地方高程系统或相对独立的高程系统时，所采用高程系统宜与国家高程系统联测。核电厂厂址区域应建立不少于3个永久性水准点。初级高程网起算点的引测精度应不低于三等水准网。当测区附近有几种高程系统时，可按需要进行联测，联测精度不应低于其中较低一等高程控制网精度。引测和联测之前应对各系统邻近高程点之间的高差进行检测。另外，高程控制精度的基本要求：测区内高程控制的水准网或水准路线中互为最远点的高差中误差不应超过3cm。

4.2　平面控制测量

4.2.1　卫星定位测量

1. GPS坐标系统

任何一项测量工作都离不开一个基准，都需要一个特定的坐标系统。例如，在常规大地测量中，各国都有自己的测量基准和坐标系统，如我国的1980年国家大地坐标系(C80)。由于GPS是全球性的定位导航系统，其坐标系统也必须是全球性的；为了使用方便，它是通过国际协议确定的，通常称为协议地球坐标系（Conventional Terrestrial System，CTS)。目前，GPS测量中所使用的协议地球坐标系统称为WGS-84世界大地坐标系(World Geodetic System-84)。

WGS-84世界大地坐标系的几何定义是：原点是地球质心，z轴指向BIH1984.0定义的协议地球极（CTP）方向，x轴指向BIH1984.0的零子午面和CTP赤道的交点，y轴与z轴、x轴构成右手坐标系。

CTP是协议地球极（Conventional Terrestrial Pole）的简称，由于极移现象的存在，地极的位置在地极平面坐标系中是一个连续的变量，其瞬时坐标（X_p，Y_p）由国际时间局(Bureau International del' Heure，BIH）定期向用户公布。WGS-84就是以国际时间局1984年第一次公布的瞬时地极（BIH1984.0）作为基准，建立的地球瞬时坐标系，严格来讲属准协议地球坐标系。

除上述几何定义外，WGS-84 还有它严格的物理定义，它拥有自己的重力场模型和重力计算公式，可以算出相对于 WGS-84 椭球的大地水准面差距。WGS-84 与我国 1980 年国家大地坐标系的基本大地参数比较，两坐标系之间坐标的互相转换方法，请参阅有关书籍。

在实际测量定位工作中，虽然 GPS 卫星的信号依据 WGS-84 坐标系，但求解结果则是测站之间的基线向量或三维坐标差。在数据处理时，根据上述结果，并以现有已知点（三点以上）的坐标值作为约束条件，进行整体平差计算，得到各 GPS 测站点在当地现有坐标系中的实用坐标，从而完成 GPS 测量结果向 C80 或当地独立坐标系的转换。

2. GPS 定位原理

（1）GPS 信号

GPS 卫星发射两种频率的载波信号，即 L_1 载波和 L_2 载波。L_1 载波频率为1 575. 42 MHz，是基本频率 10. 23MHz 的 154 倍，波长为 19. 03cm；L_2载波频率为1 227. 60HMz，是基本频率 10. 23 MHz 的 120 倍，波长为 24. 42cm。在 L_1 和 L_2 上又分别调制着多种信号。GPS 卫星信号主要有：

①C/A 码：码是表达不同信息的二进制数（0 和 1）及其组合。一位二进制数叫一个码元或一个比特。码元是码和信息量的基本度量单位。

C/A 码（Coarse/Acquisition Code）又被称为粗码。它被调制在 L_1 载波上，是 1MHz 的伪随机噪声码（Pseudo Random Noise，简称 PRN 码），其码长为 1023 位（周期为 1ms）。由于每颗卫星的 C/A 码都不一样，因此，我们经常用 PRN 码来区分它们。C/A 码是普通用户用以测定测站到卫星间的距离的一种主要信号。

②P 码：P 码（Precise Code），又被称为精码，它被调制在 L_1 和 L_2 载波上，是 10MHz 的伪随机噪声码，其周期约 38 星期，但实际应用中采用 7 天为一周期。在实施 A-S 时，利用 P 码与 W 码生成保密的 Y 码。此时，一般用户无法利用 P 码来进行导航定位，但美国军方和特许用户则不受影响。

③D 码：D 码即导航电文，被调制在 L_1 载波上，其信号频率为 50Hz。D 码包含有 GPS 卫星星历、卫星工作状态、时间系统、卫星钟运行状态、轨道摄动改正、大气折射改正和由 C/A 码捕获 P 码等信息及其他一些系统参数。用户一般需要利用这些导航电文来计算某一时刻 GPS 卫星在地球轨道上的位置。导航电文也被称为广播星历。

GPS 卫星信号的产生、构成和复制等，都涉及现代数字通信理论和技术方面的复杂问题，非测绘专业读者和一般 GPS 的用户，可以不去深入研究，但了解其基本概念，对理解 GPS 定位的原理仍是有必要的。

（2）GPS 定位基本原理

GPS 定位的基本原理是根据高速运动的卫星瞬间位置作为已知的起算数据，采用空间距离后方交会的方法，确定地面、海域或空中待测点的位置（坐标），如图 4-1 所示。理论上只要待测点上的接收机捕捉到 3 颗 GPS 卫星即可确定待测点坐标。但在实际测量中由于存在钟差等原因，要求至少要捕捉到 4 颗卫星，才能较为精确定位。

GPS 进行定位的方法，根据用户接收机天线在测量中的运动状态来分，可分为静态定位和动态定位；按定位模式进行分类，则可分为绝对定位（单点定位）和相对定位（差分定位）；按观测值类型分，又可分为伪距测量定位和载波相位测量定位。各种定位方法可进行不同的组合，如静态绝对定位、动态相对定位等。

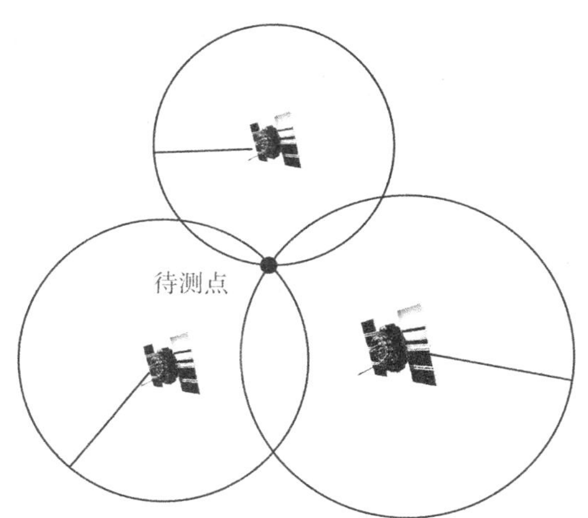

图 4-1 GPS 距离后方交会定位

（3）伪距的概念

GPS 卫星不断发出 C/A 码和 P 码信号，接收机接收到这些信号后就可根据信号在空间传播的时间和电磁波的传播速度计算出接收机到卫星的距离（站星距离）。实际上，由于传播时间中包含有卫星时钟与接收机时钟不同步的误差，测距码在大气中传播的延迟误差等，由此求得的距离值并非真正的站星几何距离，习惯上称之为“伪距”，与之相对应的定位方法称为伪距定位法。

（4）伪距测量与伪距定位

伪距定位分为单点定位和多点定位。

单点定位就是将 GPS 信号接收机安置在待测点上，并锁定 4 颗或 4 颗以上卫星。接收机接收到卫星的测距码后，将它与接收机本身产生的复制码对齐，从而测量出各个被锁定卫星的测距码到接收机天线的传播时间，进而计算出被锁定卫星到接收机天线的伪距值。再从被锁定卫星的广播星历钟获取其空间坐标，采用距离后方交会法解算出接收机天线的坐标。当被锁定的卫星数量超过 4 颗时，需要进行平差求解待测点坐标。

伪距测量单点定位的精度与测量信号（测距码）的波长及其与接收机复制码的对齐精度有关，且计算过程中没有考虑电离层和对流层折射的误差、星历误差等因素的影响，所以伪距单点定位一般只能达到米级精度，不能满足高精度测量的要求。但伪距单点定位只需用一台接收机即可独立确定待测点的绝对坐标，观测方便，速度快，数据处理也较简单，且没有整周模糊度等问题，所以，多应用在精度要求不高的一般导航领域。

多点定位就是将多台信号接收机（一般为 2~3 台）同时安置在不同的待测点上，同时锁定相同的 GPS 工作卫星进行伪距测量。这样各台接收机接收到的信号受电离层和对流层折射、星历误差等因素的影响基本相同，在计算各待测点坐标差时，可以消除这些影响，使测量精度大为提高。

（5）载波相位测量与载波相位相对定位

载波相位测量，顾名思义，是利用 GPS 卫星发射的载波为测距信号。由于载波的频率要比 C/A 码或 P 码高得多（图 4-2），所以载波波长（$\lambda_{L_1}=19cm$，$\lambda_{L_2}=24cm$）比 C/A 码或 P 码波长要短得多，因此利用载波相位进行测量，伪距可达毫米级精度。载波相位测量解算过程较为复杂，除了要考虑钟差、折射等影响因素外，还存在整周模糊度等问题。

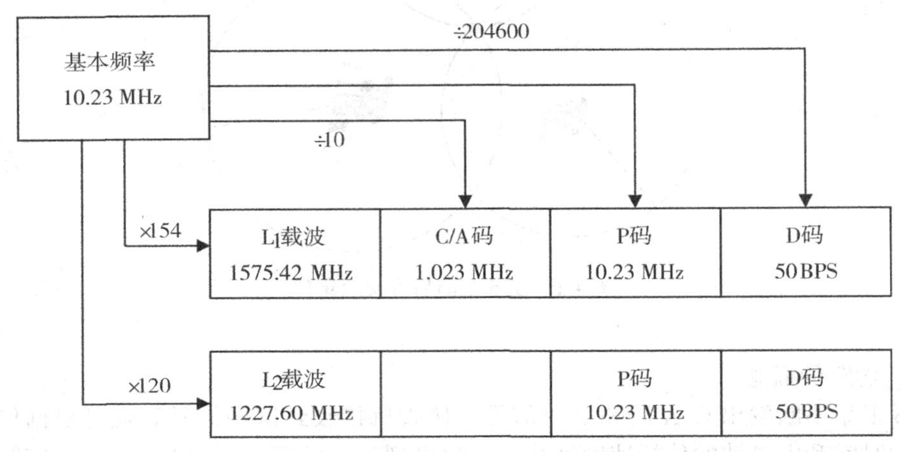

图 4-2　GPS 卫星信号频率产生原理

在高精度测量中，一般采用载波相位相对定位的方法，该方法是目前 GPS 测量中精度最高的方法。实践表明，以载波相位测量为基础，采用双频接收机，在 15km 短基线上对卫星连续观测 10 分钟，其静态相对定位的精度即可达 5mm±1ppm。

载波相位相对定位一般使用 2 台 GPS 信号接收机，分别安置在两个待测点上进行同步测量，这两个待测点的连线称为基线。通过同步接收卫星信号，利用相同卫星的相位观测值进行线性组合，解算出基线向量在 WGS-84 坐标系中的坐标增量，进而确定两个待测点之间的相对位置。如果其中一个为已知点，则可据此推算出另一个待测点的坐标。

根据相位观测值的线性组合形式，载波相位相对定位法可分为单差法（Single Differential Method）、双差法（Double Differential Method）和三差法（Triple Differential Method）。

1）单差法

单差即不同测站同步测量同一颗卫星所得到的观测量之差。单差法就是在接收机的观测量之间求一次差，即站间单差。这是 GPS 相对定位中观测量组合的最基本形式。

单差法并不能提高 GPS 绝对定位的精度，但由于基线长度与卫星高度相比，是一个微小量，因而两测站的大气折光和卫星星历误差等影响，具有良好的相关性。因此，当求一次差时，必然削弱了这些误差的影响，同时也能消除卫星钟的误差（因两台接收机在同一时刻接收同一颗卫星的信号，则卫星钟差改正数相等)。由此可见，单差法只能有效地提高相对定位的精度，其解算结果是两测站点之间的坐标差，或称基线向量。

2）双差法

双差就是在不同测站上同步观测一组卫星所得到的单差之差，即在接收机和卫星之间求二次差，也称站间星间差。在单差模型中仍包含有接收机时钟误差，其钟差改正数仍是一个未知量。但是由于进行连续的相关测量，求二次差后，便可有效地消除两测站接收机的相对钟差改正数，这是双差模型的主要优点；同时也大大地减小了其他误差的影响。因此在 GPS 相对定位中，广泛采用双差法进行平差计算和数据处理。

3）三差法

三差法就是在不同历元同步观测同一组卫星所得观测量的双差之差，即在接收机、卫星和历元之间求三次差。

三差法，解决了前两种方法中存在的整周未知数和周跳待定的问题，这是三差法的主要优点。但由于三差模型中未知参数的数目较少，独立的观测方程的数目也明显减少，对未知数的解算将会产生不良的影响，使精度降低。所以，在实际测量中采用双差法更为适宜。

（6）实时差分定位

实时差分定位（real time differential positioning）是在已知坐标点上安置一台 GPS 接收机（基准站），利用已知坐标和卫星广播星历计算出观测值的校正值，再通过无线电通信设备（数据链）把校正值发送给运动中的 GPS 接收机（流动站），流动站利用接收到的校正值对自己的 GPS 观测值进行改正，消除卫星钟差、流动站钟差以及大气折射等误差的影响，如图 4-3 所示。实时差分定位必须使用带有实时差分功能的 GPS 信号接收机。

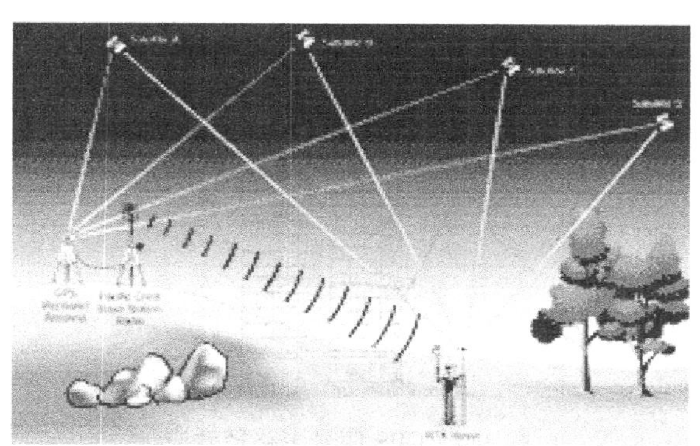

图 4-3 实时差分定位示意图

实时差分定位一般有位置实时差分、伪距实时差分和载波相位实时差分（Real Time Kinematic，RTK）三种常用方法。RTK 是被普遍采用的高精度、高效率 GPS 测量方法。

（7）GPS 定位误差源

在利用 GPS 进行定位时，会受到各种各样因素的影响。影响 GPS 定位精度的因素可分为以下几大类：

1）与 GPS 卫星有关的因素

a. SA：美国政府从其国家利益出发，通过降低广播星历精度（ε 技术）、在 GPS 基准信号中加入高频抖动（δ 技术）等方法，人为地降低普通用户利用 GPS 进行导航定位时的精度。目前 SA 已经取消。

b. 卫星星历误差：在进行 GPS 定位时，计算在某个时刻 GPS 卫星位置所需的卫星轨道参数是通过各种类型的星历提供的，但不论采用哪种类型的星历，所计算出的卫星位置都会与其真实位置有所差异，这就是所谓的星历误差。

c. 卫星钟差：卫星钟差是 GPS 卫星上所安装的原子钟的钟面时与 GPS 标准时间之间的误差。

d. 卫星信号发射天线相位中心偏差：卫星信号发射天线相位中心偏差是 GPS 卫星上信号发射天线的标称相位中心与其真实相位中心之间的差异。

2）与传播途径有关的因素

a. 电离层延迟：由于地球周围的电离层对电磁波的折射效应，使得 GPS 信号的传播速度发生变化，这种变化称为电离层延迟。电离层折射的影响与电磁波的频率以及电磁波传播途径上电子总含量有关。

b. 对流层延迟：由于地球周围的对流层对电磁波的折射效应，使得 GPS 信号的传播速度发生变化，这种变化称为对流层延迟。对流层折射的影响与电磁波传播途径上的温度、湿度和气压有关。

c. 多路径效应：由于接收机周围环境的影响，使得接收机所接收到的卫星信号中还包含有各种反射和折射信号的影响，这就是所谓的多路径效应，如图 4-4 所示。

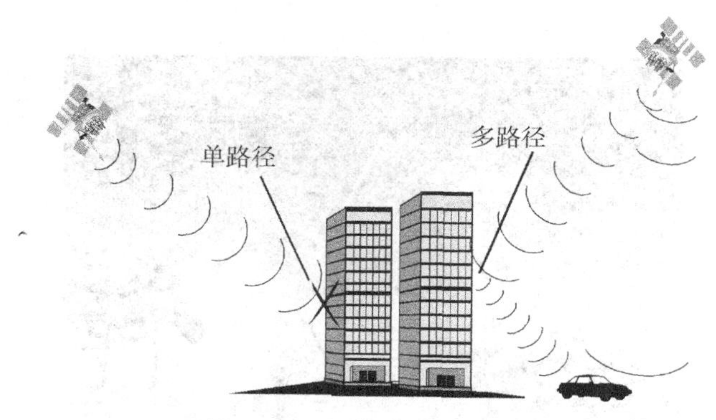

图 4-4　GPS 信号多路径效应

3）与接收机有关的因素

a. 接收机钟差：接收机钟差是 GPS 接收机所使用钟的钟面时与 GPS 标准时之间的差异。

b. 接收机天线相位中心偏差：接收机天线相位中心偏差是 GPS 接收机天线的标称相位中心与其真实的相位中心之间的差异。

c. 接收机软件和硬件造成的误差：在进行 GPS 定位时，定位结果还会受到诸如处理与控制软件和硬件等的影响。

d. 其他：GPS 控制部分人为或计算机造成的影响以及数据处理软件的影响。

3. GPS 测量的实施

GPS 测量实施工作一般可分为技术方案设计、外业工作、内业工作等几个阶段。其中，外业工作可包括选点与建立标志（布网）和外业观测。

（1）技术方案设计

技术方案设计主要是根据用户的实际需求，确定施测方法，设计 GPS 测量控制网。

1）确定精度指标

GPS 测量控制网一般是使用载波相位静态相对定位的方法，使用两台或两台以上的 GPS 信号接收机对一组卫星进行同步观测。控制网的精度指标以网中基线观测的距离误差来确定。表 4-1 是《全球定位系统城市测量技术规程》（CJJT 73—2010）要求的精度指标。

2）网形设计

与传统控制测量不同，GPS 测量时，各站点之间不必通视，只要保证有一定的高度角与天顶距即可。这为 GPS 控制网的布设提供了灵活性。

表 4-1　**城市及工程 GPS 控制网精度指标**

等　级	平均距离（km）	a（m）	b（ppm）	最弱边相对中误差
二　等	9	≤10	≤2	1/120 000
三　等	5	≤10	≤5	1/80 000
四　等	2	≤10	≤10	1/45 000
一　级	1	≤10	≤10	1/20 000
二　级	<1	≤15	≤20	1/10 000

GPS 网图形设计要根据用户要求，确定具体的布网观测方案，其核心是如何高质量低成本地完成既定的测量任务。通常在设计 GPS 网时，必须顾及测站选址、卫星选择、仪器设备装置与后勤交通保障等因素。当网点位置、接收机数量确定以后，网的设计就主要体现在观测时间的确定、网形构造及各点设站观测的次数等。

（2）外业工作

1）选点与建立标志

由于 GPS 测量观测站之间不要求通视，而且网形结构灵活，故选点工作远较常规大地测量简便，且成本低。但 GPS 测量又有其自身的特点，因此选点时，应满足以下要求：点位应选在交通方便、易于安置接收设备的地方，且视野开阔，以便于与常规地面控制网的联测；GPS 点应避开对电磁波有强烈吸收、反射等干扰影响的金属和其他障碍物体，如高压线、电台电视台、高层建筑、大范围水面等；站点选定后，应按要求埋置标石，以便保存。最后，应绘制点之记、测站环视图和 GPS 网选点图，作为提交的选点技术资料。

2）外业观测

外业观测是指利用GPS信号接收机采集来自GPS工作卫星的电磁波信号。作业过程大致可分为天线安置、接收机操作和观测记录三个步骤。外业观测应严格按照技术设计时所拟定的观测计划进行实施，只有这样才能协调好外业观测的进程，提高工作效率，保证测量成果的精度。为了顺利完成观测任务，在外业观测之前，必须对所选定的接收设备进行严格的检验，按相关规范和测量方法对接收机进行必要的设置，如高度角设置等，见表4-2。

表4-2　**静态GPS测量作业技术规定**

项目	等级 观测方法	二　等	三　等	四　等	一　级	二　级
卫星高度角（°）	静　　态	≥15	≥15	≥15	≥15	≥15
	快速静态					
PDOP	静　　态	≤6	≤6	≤6	≤6	≤6
	快速静态					
有效观测卫星数	静　　态	≥4	≥4	≥4	≥4	≥4
	快速静态	—	≥5	≥5	≥5	≥5
平均重复设站数	静　　态	≥2	≥2	≥1.6	≥1.6	≥1.6
	快速静态	—				
时段长度（min）	静　　态	≥90	≥60	≥45	≥45	≥45
	快速静态	—	≥20	≥15	≥15	≥15
数据采样间隔（s）	静　　态	10～60	10～60	10～60	10～60	10～60
	快速静态					

天线的安置是实现精密定位的重要环节之一，观测时应严格对中、整平、定向，并精确量取天线高度。

接收机操作的具体方法和步骤可参阅随机设备使用说明书。实际上，目前的GPS接收机自动化程度很高，一般仅需按动若干功能键，就能顺利地自动完成测量工作，大大简化了外业操作工作，降低了劳动强度。

观测记录的形式一般有两种：一种由接收机自动形成，并保存在机载存储器中，供随时调用和处理，这部分内容主要包括接收到的卫星信号、实时定位结果及接收机本身的有关信息。另一种是测量手簿，由操作员随时填写，其中包括观测时的气象元素及其他有关信息。观测记录是GPS定位的原始数据，也是进行后续数据处理的唯一依据，必须妥善保管。

观测任务结束后，必须在测区及时对外业观测数据进行严格的检核，并根据实际情况采取淘汰或必要的重测、补测措施。只有按照《规范》要求，对各项检核内容严格检查，确保准确无误，才能进行后续的平差计算和数据处理。

（3）内业工作

GPS测量一般采用连续同步观测，通常在十多秒或几十秒就自动记录一组数据，其数据之多、信息量之大是常规测量方法无法相比的。另外，采用的数学模型和算法的形式多样，数据处理的过程相当复杂。在实际工作中，一般借助微机系统，利用与GPS信号接收机配套的数据处理软件来处理测得的数据，使得内业计算自动化达到较高的程度，这也是GPS能够被广泛使用的重要原因之一。

（4）GPS静态定位测量与快速静态定位测量

利用GPS进行测量的方法主要包括GPS静态定位测量及快速静态定位测量。

1）静态定位测量

静态定位一般是把2台GPS信号接收机分别轮流安置在每条基线的端点，同步观测4颗卫星1h左右，或同步观测5颗卫星20min左右，如图4-5所示。这种方法一般应用于精度要求较高的控制网布测，如桥梁控制网或隧道控制网。

2）快速静态定位测量

快速静态定位时，选择一个处于测区中部条件良好的站点作为基准站，其余站点作为流动站。在基准站上安置一台GPS信号接收机，并让该接收机连续观测5颗或5颗以上卫星。另一台接收机则依次到其余各流动站上观测1~2min，如图4-6所示，快速静态方法一般适用于控制网加密测量和一般的工程测量。

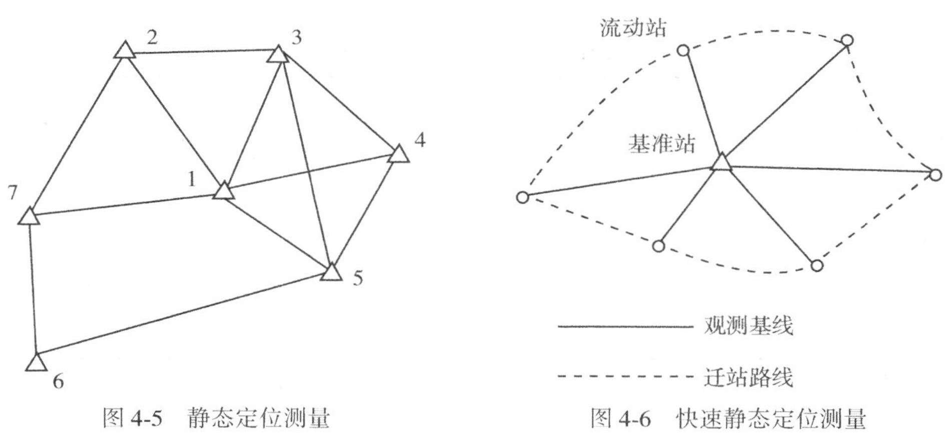

图4-5　静态定位测量　　图4-6　快速静态定位测量

4.2.2 导线测量

1. 导线测量的技术要求

在进行小区域平面控制测量工作中，由于导线的布设形式灵活，通视方向要求较少，适用于布设在建筑物密集、视线障碍较多的地区，同时也适用于狭长地区，如铁路、道路、隧道等工程项目。随着光电测距仪和全站仪的日益普及，导线测量已成为建立小区域平面控制网的主要方式，特别是在图根控制测量中应用更为广泛。

若使用经纬仪测量导线的转折角，用钢尺测量边长，这种导线称为钢尺量距导线，其主要技术指标见表 4-3。若用光电测距仪或者全站仪测量边长，这种导线称为光电测距导线，其主要技术指标见表 4-4。

表 4-3　　**图根钢尺量距导线测量的技术要求**

比例尺	附合导线长度（m）	平均边长（m）	导线相对闭合差	测回数 DJ_6	方位角闭合差（″）
1∶500	500	75	≤1/2 000	1	$\leqslant \pm 60\sqrt{n}$
1∶1 000	1 000	120			
1∶2 000	2 000	200			

注：n 为测站数。

2. 导线布设的基本形式

导线是城市控制测量常用的一种布设形式，特别是图根控制测量常常会采用导线的形式布置控制网。

导线是由若干条直线连成的折线，每条直线称为导线边，相邻两条导线边之间的水平角称为转折角。导线端点称为导线点。在导线测量中，测定了转折角和导线边长后，即可以根据已知坐标方位角和已知坐标算出各导线点的坐标。

表 4-4　　**图根光电测距导线测量的技术要求**

比例尺	附合导线长度（m）	平均边长（m）	导线相对闭合差	测回数 DJ_6	方位角闭合差（″）	测距	
						仪器类型	方法与测回数
1∶500	900	80	≤1/4 000	1	$\leqslant \pm 40\sqrt{n}$	Ⅱ级	单程观测 1
1∶1 000	1 800	150					
1∶2 000	3 000	250					

注：n 为测站数。

按照测区的条件和需要，导线可以布置成下列三种形式：

（1）闭合导线

从一个已知高级控制点和已知方向出发，经过一系列的导线点，最后闭合到原已知高级控制点，这种导线称为闭合导线。如图 4-7（a）所示，从已知高级控制点 P_0 和方向 α_{ab} 出发，经过的 P_1、P_2、P_3、P_4 为待测的导线点，最后回到已知高级控制点 P_0。闭合导线本身具有严格的几何条件，能检核观测成果但不能检核原有成果，可用于测区的初级控制。

（2）附合导线

从一个已知高级控制点和已知方向出发，经过一系列的导线点，最后附合到另一个已知高级控制点和已知方向，这种导线称为附合导线。如图 4-7（b）所示，从已知高级控

制点 B 和方向 α_{ab} 出发，经过 P_1、P_2、P_3 待测的导线点，最后附合到已知高级控制点 C 和方向 α_{cd}。附合导线具有检核观测成果和原有成果的作用，普遍应用于平面控制网的加密。

（3）支导线

从一已知高级控制点出发，经过一系列的导线点，最后既不附合到另一已知高级控制点，也不闭合回同一已知高级控制点，这种导线称为支导线。如图 4-7（c）所示，从已知高级控制点 B 和方向 α_{ab} 出发，观测导线点 P_1、P_2、P_3，最后既不测回到 B 点，也不附合到另一个已知高级控制点。由于支导线缺乏检核条件，按照《城市测量规范》（CJJ/T8—2011）规定，其导线边不得超过 4 条，且仅适用于图根控制点的加密和增补。

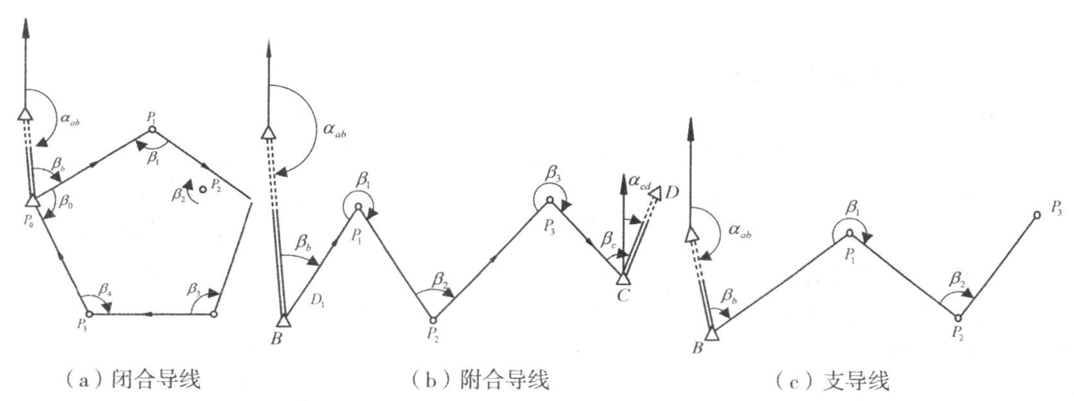

（a）闭合导线　　（b）附合导线　　（c）支导线

图 4-7　控制导线的几种基本形式

3. 导线测量的外业工作

导线测量的外业工作包括踏勘选点、角度测量、边长测量等工作。

（1）踏勘选点

在踏勘选点前，应尽量搜集测区有关资料，如地形图、已知控制点的坐标和高程及控制点的点之记。踏勘是为了了解测区范围、地形和控制点情况，以便确定导线的形式和布置方案。选点应便于导线测量、地形测量和施工放线。选点应遵循下面几项原则：

① 相邻导线点间能相互通视；

② 导线点应选择土质比较坚硬之处，并能长期保存，便于寻找和观测；

③ 导线点应选在地势较高、视野开阔处，便于碎部测量；

④ 导线边长应大致相等，避免过长、过短，相邻两边长之比不应超过三倍；

⑤ 导线点的布置应密度适宜，分布均匀，以便控制整个测区。

导线点选定后，应在地面上建立标志，并按照一定顺序编号。导线点的标志分为永久性标志和临时性标志。临时性标志一般选用木桩，如有需要，可在木桩周围浇灌混凝土，如图 4-8（a）所示；永久性标志可选用混凝土桩和标石，如图 4-8（b）所示。为了便于今后的查找，还应量出导线点至附近明显地物的距离，绘制草图，注明尺寸等，称为点之记，如图 4-8（c）所示。

（2）角度测量

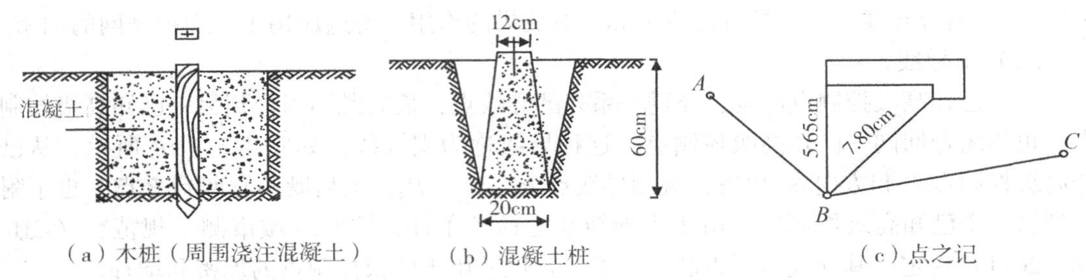

(a) 木桩(周围浇注混凝土)　(b) 混凝土桩　(c) 点之记

图4-8 常见导线点标志和点之记

导线的角度测量可以细分为转折角测量和连接角测量。

在各待测导线点上所观测的角度为转折角，如图4.7(a)中的$\beta_0 \sim \beta_4$。导线转折角有左、右角之分，沿导线的前进方向，观测导线左侧的转折角称为左角，沿导线前进方向观测右侧的转折角称为右角。在导线测量中，附合导线和支导线一般习惯均观测其左角，如图4.7(b)中的$\beta_1 \sim \beta_3$；闭合导线一般均观测其内角，如图4.7(a)中的$\beta_0 \sim \beta_4$。

导线的连接角测量是测定已知边与相邻新布设的导线边之间的夹角，以取得坐标和方位角的起算数据。其目的是使导线点坐标能纳入国家坐标系统或该地区的城市坐标系统。因附合导线与两个已知高级控制点连接，所以应观测两个连接角β_b、β_c，如图4-7(b)所示。闭合导线和支导线则只需观测一个连接角β_b，如图4-7(a)、图4-7(c)所示。对于独立的控制导线，周围没有已知高级控制点时，可假定起始点的坐标，然后用罗盘仪测定导线起始边的磁方位角作为导线测量的起算数据。

(3) 边长测量

导线边长常采用光电测距仪进行观测。如果观测的是斜距，则需观测其竖直角，并进行倾斜改正。对于一、二、三级导线，可采用往返观测或单向观测，测回数不少于两测回，观测时应进行气象改正；图根导线可采用单向观测，测回数为一测回，无需进行气象改正。

如果采用钢尺量距的方法测量导线边长，对于一、二、三级导线，应按照精密方法进行往返测量；对于图根导线，则可以按照普通量距方法进行往返测量。取往、返测量结果的平均值作为测量结果，其相对误差不得低于1/3 000，特殊、困难地区可放宽至1/1 000。

4. 导线测量的内业计算

导线测量的内业计算，是根据角度、边长测量的结果和一定的计算规则，求得各导线点的平面坐标(x, y)。

进行导线内业计算前，应全面检查导线测量的外业记录，有无遗漏、错记或错算，成果是否符合精度要求，并检查抄录的起算数据是否正确。

(1) 导线坐标计算的基本公式

1) 坐标增量

坐标增量就是两点的平面直角坐标值之差。纵坐标增量用Δx_{ij}表示，横坐标增量用Δy_{ij}表示。坐标增量具有方向性和正负的意义，下标i、j的顺序表示了坐标增量的方向。

如图 4-9 所示，设 A、B 两点的坐标分别为 A（x_A，y_A）和 B（x_B，y_B），则 A 点至 B 点的坐标增量为：

$$\left.\begin{aligned}\Delta x_{AB} &= x_B - x_A \\ \Delta y_{AB} &= y_B - y_A\end{aligned}\right\} \tag{4-1(a)}$$

而 B 点至 A 点的坐标增量为：

$$\left.\begin{aligned}\Delta x_{BA} &= -\Delta x_{AB} = x_A - x_B \\ \Delta y_{BA} &= -\Delta y_{AB} = y_A - y_B\end{aligned}\right\} \tag{4-1(b)}$$

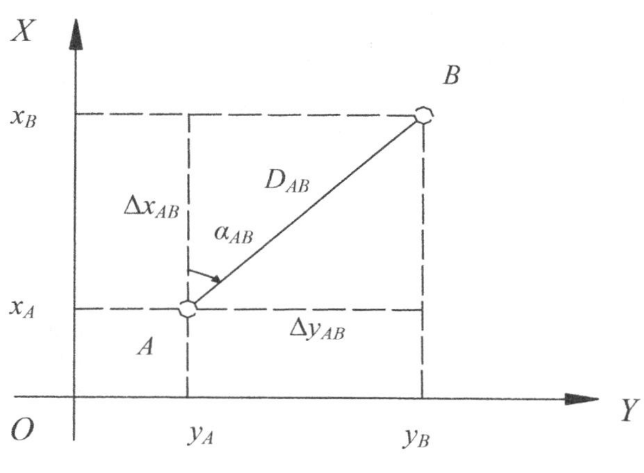

图 4-9 坐标增量的计算

2）坐标的正算

已知一个点的坐标、该点至未知点的距离和坐标方位角，计算未知点的坐标，称为坐标的正算。如图 4-9 所示，设已知 A 点坐标为 A（x_A，y_A）、A、B 两点间距离为 D_{AB}，坐标方位角为 α_{AB}，求未知点的坐标 B（x_B，y_B）。很显然，A 点至 B 点的坐标增量为：

$$\left.\begin{aligned}\Delta x_{AB} &= D_{AB} \cdot \cos\alpha_{AB} \\ \Delta y_{AB} &= D_{AB} \cdot \sin\alpha_{AB}\end{aligned}\right\} \tag{4-2}$$

则未知点 B 的坐标为：

$$\left.\begin{aligned}x_B &= x_A + \Delta x_{AB} \\ y_B &= y_A + \Delta y_{AB}\end{aligned}\right\} \tag{4-3}$$

式（4-2）和式（4-3）对于已知坐标方位角 α_{AB} 在任何象限均适用。

3）坐标的反算

已知两个点的坐标，求两点间的距离和坐标方位角，称为坐标的反算。如图 4-9 所示，设 A、B 两点的坐标已知，分别为 A（x_A，y_A）和 B（x_B，y_B），求 D_{AB} 和 α_{AB}。

由图 4-9 可知：

$$\tan\alpha_{AB} = \frac{\Delta y_{AB}}{\Delta x_{AB}} \tag{4-4}$$

则坐标方位角 α_{AB} 为：

$$\alpha_{AB} = \arctan \frac{\Delta y_{AB}}{\Delta x_{AB}} \tag{4-5}$$

利用式（4-5）反算坐标方位角时，应注意坐标方位角 α_{AB}所在的象限，再确定其方位角值。

通过图 4-9，也可以反算出 A、B 两点间的水平距离：

$$D_{AB} = \frac{\Delta y_{AB}}{\sin\alpha_{AB}} = \frac{\Delta x_{AB}}{\cos\alpha_{AB}} = \sqrt{\Delta x_{AB}^2 + \Delta y_{AB}^2} \tag{4-6}$$

（2）附合导线坐标计算

观测成果检查完毕后，应绘制导线略图，将各项数据注记于图上相应位置，以便进行导线的计算，图 4-10 为某附合导线的导线略图。

对于记录、计算时数据小数位数的取舍，四等以下导线的角值保留至秒（″），边长和坐标值保留至毫米（mm），图根导线的边长和坐标值则保留至厘米（cm）。

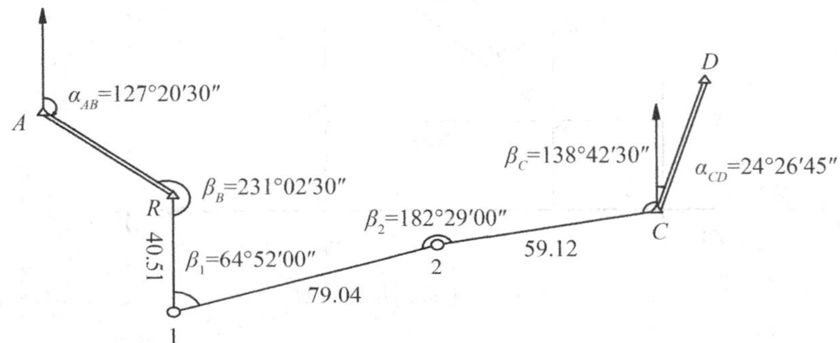

图 4-10　附合导线略图

现以图 4-10 为例，介绍附合导线内业计算步骤，计算结果见表 4-5。

由于附合导线是两个已知点上布设的导线，因此测量成果应满足两个几何条件：

① 方位角闭合条件。即从已知方位角 α_{AB}，通过各观测角值$\beta_{测}$推算出 CD 边的方位角 α'_{CD}，应与已知方位角 α_{CD}一致；

② 坐标增量闭合条件。即从 B 点已知坐标（x_B，y_B），经各边长和方位角推算求得的 C 点坐标（x'_C，y'_C）应与已知 C 点坐标（x_C，y_C）相一致。

这两个几何条件既是附合导线外业观测成果的检核条件，又是导线坐标计算平差的基础。

下面按照计算的步骤逐步进行计算过程的介绍：

①角度闭合差的计算与改正。

根据方位角的计算公式，可以根据观测值推算出 CD 边的坐标方位角为：

$$\alpha'_{CD} = \alpha_{AB} + \sum \beta_{测} - n \times 180°（左角） \tag{4-7}$$

如果转折角为右角，则改为：

$$\alpha'_{CD} = \alpha_{AB} - \sum \beta_{测} + n \times 180°（右角） \tag{4-8}$$

由于观测值存在误差，所以由观测值推导出来的 CD 边方位角 α'_{CD}与其已知值 α_{CD}（在

本次观测中看作真值）不符，两者的差值称为角度闭合差f_β，即

$$f_\beta = \alpha'_{CD} - \alpha_{CD} \tag{4-9}$$

本例中，$\alpha'_{CD}=24°26'30''$，而真值$\alpha_{CD}=24°26'45''$，则$f_\beta=-15''$。

角度闭合差f_β的大小反映了角度观测的质量。各级导线角度闭合差的容许值f_β见表4-3和表4-4，其中图根钢尺量距导线角度闭合差容许值为：

$$f_{\beta容} = \pm 60''\sqrt{n} \tag{4-10}$$

式中：n为观测角的个数（含转折角和连接角）。

若f_β超过容许值，则测角不符合要求，应对角度进行检查和重测；若f_β不超过容许值要求的范围，角度观测符合要求。接下来可以对角度进行闭合差改正，使改正后的角值与其真值相符合。

由于导线的各转折角是在相同观测条件下观测得到的，观测角度时的操作次数也相同，因此各角度观测值的误差可认为大致相等，所以闭合差改正时可以将闭合差反符号取值后再平均分配到各观测角。每个角度观测值的改正数为v_β，得

$$v_\beta = -\frac{f_\beta}{n} \tag{4-11}$$

对于图根导线，角度只需要精确到秒（″）。如果闭合差不能被整除，则将余数凑整到短边大角上去。则改正后的观测角值β_i为：

$$\beta_i = \beta_{测} + v_\beta \tag{4-12}$$

本例中，改正总数为15″，平均分配到4个角值中，由于不能被整除，所以4个角值的改正数分别为+4″，+4″，+4″，+3″，填入表4-5中第②栏。改正后的角值填入表4-5中的第③栏，并检核$\sum v_\beta = -f_\beta$。

②导线边坐标方位角的推算。

根据改正后的导线转折角值和起始边的已知方位角，按照有关方位角的推算公式，可以得到各导线边坐标方位角的推算公式如下：

$$\alpha_{前} = \alpha_{后} + \beta_{左} - 180°\ (左角) \tag{4-13(a)}$$

$$\alpha_{前} = \alpha_{后} - \beta_{右} + 180°\ (右角) \tag{4-13(b)}$$

式中：$\alpha_{前}$——待求的导线边方位角；

$\alpha_{后}$——已知的导线边方位角；

$\beta_{左}$、$\beta_{右}$——下标“左”表示观测角为左角，下标“右”表示观测角为右角。

通过公式（4-13（a））或者公式（4-13（b）），依次计算出各导线边的坐标方位角α_{B1}、α_{12}、α_{2C}，最后再推算出α_{CD}。此时的推算值应该等于CD边的已知方位角值（真值），这是方位角的检核条件之一。将推算值依次填入表4-5中的第④栏。

③坐标增量的计算与改正。

利用计算得到的各边方位角和边长，可以计算出各边的坐标增量。并将结果填入表4-5中的第⑥、第⑦栏。坐标增量之和理论上应与已知控制点B、C的坐标差值相等。若不一致，则存在误差，称为坐标增量闭合差，分别用f_x、f_y表示。计算公式为：

$$\left.\begin{aligned} f_x &= \sum \Delta x - (x_C - x_B) \\ f_y &= \sum \Delta y - (y_C - y_B) \end{aligned}\right\} \tag{4-14}$$

由于闭合差f_x、f_y的存在，使得推算出来的C'点与已知点C不重合，如图 4-11 所示。$C'C$就是导线全长的闭合差，用f表示。则

$$f=\sqrt{f_x^2+f_y^2} \tag{4-15}$$

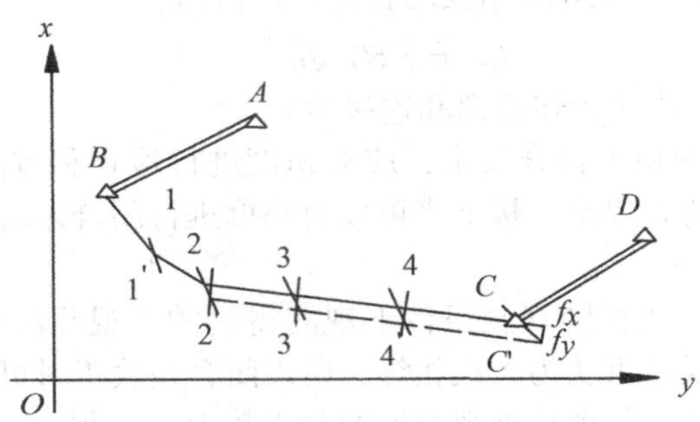

图 4-11　导线全长闭合差

全长闭合差f与导线之和的比值称为导线全长相对闭合差，即

$$K=\frac{f}{\sum D}=\frac{1}{\sum D/f} \tag{4-16}$$

全长相对闭合差K的大小反映了测角和测边的综合精度。不同导线的相对闭合差容许值见表 4-3、表 4-4。图根导线全长相对闭合差K容许值为 1/2 000，困难地区可放宽到 1/1 000。

本例中，$f_x=-0.05$m，$f_y=-0.03$m，$f=\pm0.06$m，$K=1/2\ 978<K_{容}$，见表 4-5。

若$K>K_{容}$时，不满足要求，应分析原因，必要时需重测。若$K\leqslant K_{容}$，则满足精度要求，可以对坐标增量进行闭合差改正。

改正的方法是将f_x、f_y反符号取值，然后以边长的长短按正比例进行分配，第i边的坐标增量改正数为：

$$\left.\begin{aligned}v_{\Delta x_i}&=-\frac{f_x}{\sum D}D_i\\ v_{\Delta y_i}&=-\frac{f_y}{\sum D}D_i\end{aligned}\right\} \tag{4-17}$$

将改正后的坐标增量填入表 4-5 中的第⑧、第⑨栏。改正后的坐标增量之和应与B、C的坐标差值相等，以此作为计算的检核条件。

④导线点坐标计算。

根据起始点B的坐标及改正后的各边坐标增量，按公式（4-3）计算出各导线点的坐标，并最后推算出另一已知点C的坐标。C点坐标的计算值应该等于其已知坐标值（真值），这也是检核条件。然后将计算结果填入表 4-5 第⑩、第⑪栏。

表 4-5 **附合导线坐标计算**

点号	观测角改正数	改正后角度值	坐标方位角	边长(m)	坐标增量及改正数 Δx′(m)	Δy′(m)	改正后坐标增量 Δx(m)	Δy(m)	坐标 x(m)	y(m)	点号
①	②	③	④	⑤	⑥	⑦	⑧	⑨	⑩	⑪	
A											A
			127°20′30″								
B	+4″ 231°02′30″	231°02′34″							3 509.58	2 675.89	B
			178°23′04″	40.51	+1 −40.49	+1 1.14	−40.48	1.15			
1	+3″ 64°52′00″	64°52′03″							3 469.10	2 677.04	1
			63°15′07″	79.04	+2 35.57	+1 70.58	35.59	70.59			
2	+4″ 182°29′00″	182°29′04″							3 504.69	2 747.63	2
			65°44′11″	59.12	+2 24.29	+1 53.90	24.31	53.91			
C	+4″ 138°42′30″	138°42′34″							3 529.00	2 801.54	C
			24°26′45″								
D											D
S	617°06′00″			178.67	19.37	125.62	19.42	125.65			

辅助计算

角度闭合差检核：

$\alpha_{CD} = 24°26'45''$

$\alpha'_{CD} = \alpha_{AB} + \sum \beta_{测} - n \times 180°$

$= 24°26'30''$

$f = \alpha'_{CD} - \alpha_{CD} = -15''$

$f_{\beta容} = \pm 60''\sqrt{n} = \pm 120''$

$f_b < f_{\beta容}$

导线闭合差检核：

$f_x = \sum \Delta x' - (x_C - x_B)$

$= -0.05\text{m}$

$f_y = \sum \Delta y' - (y_C - y_B)$

$= -0.03\text{m}$

$f = \sqrt{f_x^2 + f_y^2} = \pm 0.06\text{m}$

$K = f/\sum D \approx 1/2\,978$

$K_{容} = 1/2\,000, K < K_{容}$

示意简图

B A 1 2 D

注：有下划线的数字表示已知值，在本例中应视为真值。

(3)闭合导线坐标计算

闭合导线的坐标计算与附合导线的计算方法和步骤基本一致，也要满足角度闭合条件和坐标闭合条件。但具体计算公式与附合导线略有不同。下面就不同之处逐一介绍。

1)角度闭合差的计算

闭合导线测的是内角，所以各内角和 $\sum \beta_{测}$ 应等于 n 边形内角和的理论值 $\sum \beta_{理}$。如果不相等，即存在角度闭合差。计算公式为：

$$\sum \beta_{理} = (n-2) \times 180° \quad (4\text{-}18)$$

所以，角度闭合差为：

$$f = \sum \beta_{测} - \sum \beta_{理} = \sum \beta_{测} - (n-2) \times 180° \quad (4\text{-}19)$$

2)坐标增量闭合差的计算

闭合导线的起点、终点为同一个点，所以坐标增量的理论值均为零。如果不为零，则存在闭合差。其计算公式为：

$$\left.\begin{aligned} f_x &= \sum \Delta x_{测} \\ f_y &= \sum \Delta y_{测} \\ f &= \sqrt{f_x^2 + f_y^2} \end{aligned}\right\} \tag{4-20}$$

导线的全长相对闭合差 K 与附合导线的计算公式一样。

除上述两点外，其余的计算、检核和改正步骤均与附合导线相同，这里不再一一叙述。图 4-12 是闭合导线的计算例题示意图，表 4-6 为计算过程和结果记录。

表 4-6　　**闭合导线坐标计算**

点号	观测角改正数	改正后角度值	坐标方位角	边长(m)	坐标增量及改正数 $\Delta x'$(m)	坐标增量及改正数 $\Delta y'$(m)	改正后坐标增量 Δx(m)	改正后坐标增量 Δy(m)	坐标 x(m)	坐标 y(m)	点号
①	②	③	④	⑤	⑥	⑦	⑧	⑨	⑩	⑪	
1									3 216.50	1 850.25	1
			120°25′45″	102.95	−1 −52.14	+4 88.77	−52.15	88.81			
2	+9″ 102°38′30″	102°38′39″							3 164.35	1 939.06	2
			197°47′06″	82.40	0 −78.46	+3 −25.17	−78.46	−25.14			
3	+8″ 78°06′40″	78°06′48″							3 085.89	1 913.92	3
			299°40′18″	133.55	−1 66.11	+5 −116.04	66.10	−115.99			
4	+9″ 80°38′45″	80°38′54″							3 151.99	1 797.93	4
			39°01′24″	83.05	−1 64.52	+3 52.29	64.51	52.32			
1	+9″ 98°35′30″	98°35′39″							3 216.50	1 850.25	1
			120°25′45″								
2											2
	359°59′25″			401.95	0.03	−0.15	0.00	0.00			

辅助计算

角度闭合差检核

$\sum \beta_{理} = (n-2) \times 180° = 360°$

$f = \sum \beta_{测} - \sum \beta_{理} = -35''$

$f_{\beta容} = \pm 60'' \sqrt{n} = \pm 120''$

$f_b < f_{\beta容}$

导线闭合差检核

$f_x = \sum \Delta x_{测} = 0.03\text{m}$

$f_y = \sum \Delta y_{测} = -0.15\text{m}$

$f = \sqrt{f_x^2 + f_y^2} = \pm 0.15\text{m}$

$K = f / \sum D \approx 1/2\ 680$

$K_{容} = 1/2\ 000$，$K < K_{容}$

示意简图

注：有下划线的数字表示已知值，在本例中应视为真值。

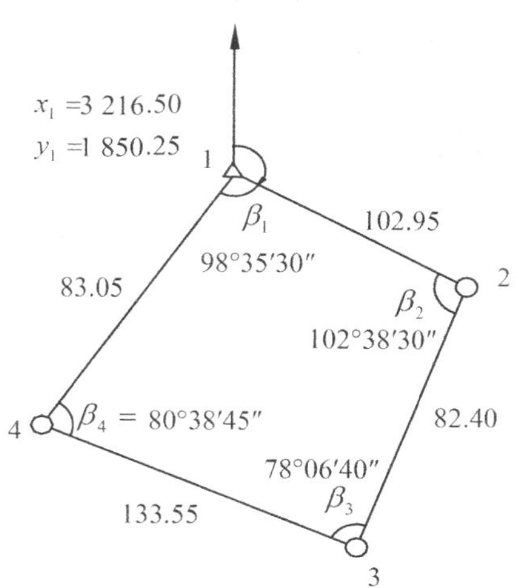

图 4-12 闭合导线略图

4.2.3 三角形网测量

1. 三角形网测量的技术要求

各等级三角形网测量的主要技术要求，应符合表 4-7 的规定。

表 4-7 **三角形网测量的主要技术要求**

等级	平均边长（km）	测角中误差（″）	测边相对中误差	最弱边边长相对中误差	测回数			三角形最大闭合差（″）
					DJ1	DJ2	DJ6	
三等	4.5	1.8	≤1/150 000	≤1/70 000	6	9	–	7
四等	2	2.5	≤1/100 000	≤1/40 000	4	6	–	9
一级	1	5	≤1/40 000	≤1/20 000	–	2	4	15
二级	0.5	10	≤1/20 000	≤1/10 000	–	1	2	30

三角形网中的角度宜全部观测，边长可根据需要选择观测或全部观测；观测的角度和边长均应作为三角形网中的观测量参与平差计算。初级控制网定向时，方位角传递宜联测 2 个已知方向。作业前，应进行资料收集和现场踏勘，对收集到的相关控制资料和地形图（以 1∶10 000~1∶100 000 为宜）应进行综合分析，并在图上进行网形设计和精度估算，在满足精度要求的前提下，合理确定网的精度等级和观测方案。

2. 三角形网的布设

三角形网的布设应符合下列要求：

①初级控制网中的三角形，宜布设为近似等边三角形，其三角形的内角不应小于 30°。当受地形条件限制时，个别角可放宽，但不应小于 25°。

②加密的控制网，可采用插网、线形网或插点等形式。

③三角点点位应选在质地坚硬，稳固可靠，便于保存的地方；相邻点之间应通视良好，视线倾角不宜过大；当测边时，视线应避开发热源和强磁场。

④三角点的标石规格及埋设要求、点之记的绘制应符合有关规范。

3. 三角形网的观测及改化

①三角形网的水平角观测，宜采用方向法观测。

②三角形网的边长测量，按表 4-7 执行。

③三角形网的测角中误差应按式（4-21）计算：

$$m_\beta = \sqrt{\frac{[WW]}{3n}} \tag{4-21}$$

式中：m_β—— 测角中误差（″）；

W—— 三角形闭合差（″）；

n —— 三角形的个数。

④当测区需要进行高斯投影时，四等及以上等级的方向观测值，应进行方向改化计算。方向改化计算公式为：

$$\delta_{1,2} = \frac{\rho''}{6R_m^2}(x_1 - x_2)(2y_1 + y_2) \tag{4-22(a)}$$

$$\delta_{2,1} = \frac{\rho''}{6R_m^2}(x_2 - x_1)(y_1 + 2y_2) \tag{4-22(b)}$$

式中：$\delta_{1,2}$—— 测站点 1 向照准点 2 观测方向的方向改化值(″)；

$\delta_{2,1}$—— 测站点 2 向照准点 1 观测方向的方向改化值(″)；

x_1、y_1、x_2、y_2—— 1、2 两点的坐标值；

R_m—— 测距边中点处在参考椭球面上的平均曲率半径(m)；

y_m—— 1、2 两点的横坐标平均值(m)。

4. 三角网的条件闭合差

三角形网外业观测结束后，应计算网的各项条件闭合差。各项条件闭合差不应大于相应的限值。

①角-极条件自由项的限值：

$$W_j = 2\frac{m''_\beta}{\rho''}\sqrt{\sum \cot^2\beta} \tag{4-23}$$

式中：W_j—— 角-极条件自由项的限值；

m''_β—— 相应等级的测角中误差(″)；

β —— 求距角。

②边(基线)条件自由项的限值：

$$W_b = 2\sqrt{\frac{m''^2_\beta}{\rho''^2}\sum \cot^2\beta + \left(\frac{m_{S_1}}{S_1}\right)^2 + \left(\frac{m_{S_2}}{S_2}\right)^2} \tag{4-24}$$

式中：W_b—— 边(基线)条件自由项的限值；

$\frac{m_{S_1}}{S_1}$、$\frac{m_{S_2}}{S_2}$ —— 起始边边长相对中误差。

③方位角条件的自由项的限值：

$$W_f = 2\sqrt{m''^2_{\alpha1} + m''^2_{\alpha2} + nm''^2_{\beta}} \tag{4-25}$$

式中：W_f—— 方位角条件的自由项的限值(″)；

$m''_{\alpha1}$、$m''_{\alpha2}$ —— 起始方位角中误差(″)；

n —— 推算路线所经过的测站数。

④固定角自由项的限值：

$$W_g = 2\sqrt{m''^2_g + m''^2_{\beta}} \tag{4-26}$$

式中：W_g—— 固定角自由项的限值(″)；

m''_g—— 固定角的角度中误差(″)。

⑤边-角条件的限值，三角形中观测的一个角度与由观测边长根据各边平均测距相对中误差计算所得的角度限差，应按式（4-27）进行检核：

$$W''_r = 2\sqrt{2\left(\frac{m_D}{D}\rho''\right)^2(\cot^2\alpha + \cot^2\beta + \cot\alpha\cot\beta) + m''^2_{\beta}} \tag{4-27}$$

式中：W''_r—— 观测角与计算角的角值限差（″）；

$\frac{m_D}{D}$—— 各边平均测距相对中误差；

α、β —— 除观测角外的另两个角度；

m''_{β}—— 相应等级的测角中误差（″）。

⑥角-极条件自由项的限值：

$$W_z = 2\rho''\frac{m_D}{D}\sqrt{\sum\alpha_w^2 + \sum\alpha_f^2} \tag{4-28}$$

$$\alpha_w = \cot\alpha_i + \cot\beta_i \tag{4-29}$$

$$\alpha_f = \cot\alpha_i \pm \cot\beta_{i-1} \tag{4-30}$$

式中：W_z—— 角-极条件自由项的限值（″）；

α_w—— 与极点相对的外围边两端的两底的余切函数之和；

α_f—— 中点多边形中与极点相连的辐射边两侧的相邻底角的余切函数之和；四边形中内辐射边两侧的相邻底角的余切函数之和以及外侧的两辐射边的相邻底角的余切函数之差；

i —— 三角形编号。

5. 三角形网平差

三角形网平差时，观测边和观测角（或观测方向）均应视为观测值参与平差，其先验中误差 m_D 及 m_β，应按有关规定中的方法计算，也可用数理统计等方法求得的经验公式估算先验中误差的值，并用以计算边长及角度（或方向）的权。

4.3　高程控制测量

4.3.1　水准测量

1. 水准点

水准测量通常是从水准点开始，引测其他点的高程。水准点是国家测绘部门为了统一全国的高程系统和满足各种需要，在全国各地埋设且测定了其高程的固定点，这些已知高程的固定点称为水准点（Bench Mark），简记为 BM。水准点有永久性和临时性两种。国家等级水准点如图 4-13 所示，一般用整块的坚硬石料或混凝土制成，深埋到地面冻结线以下，在标石顶面设有用不锈钢或其他不易锈蚀的材料制成的半球状标志。有些水准点也可设置在稳定的墙脚上，称为墙上水准点，如图 4-14 所示。

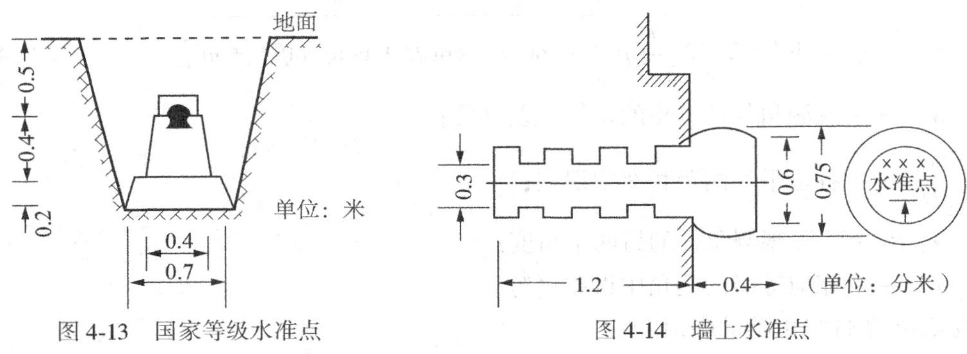

图 4-13　国家等级水准点　　图 4-14　墙上水准点

建筑工地上的永久性水准点一般用混凝土或钢筋混凝土制成，其式样如图 4-15（a）所示；临时性的水准点可用地面上突出的坚硬岩石或用大木桩打入地下，桩顶钉入半球形铁钉，如图 4-15（b）所示。

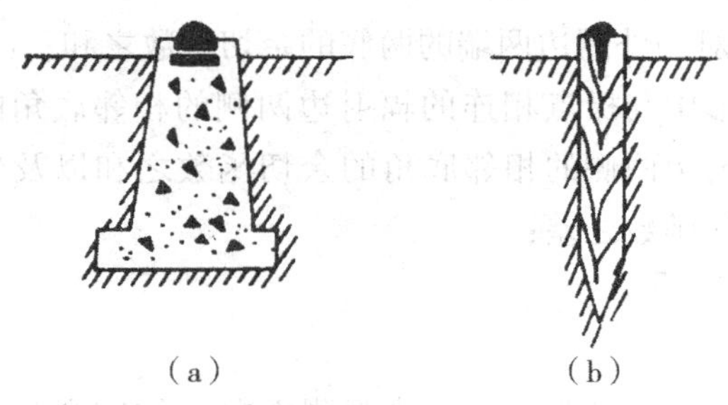

图 4-15　建筑工地常用水准点

2. 水准路线

无论是永久性水准点，还是临时性水准点，均应埋设在便于引测和寻找的地方。埋设水准点后，应绘出水准点附近的草图，在图上还要写明水准点的编号和高程，称为点之记，以便于日后寻找和使用。

在水准测量中，通常沿某一水准路线进行施测。进行水准测量的路线称为水准路线。根据测区实际情况和需要，可布置成单一水准路线和水准网。

（1）单一水准路线

单一水准路线又分为附合水准路线、闭合水准路线和支水准路线。

①附合水准路线：附合水准路线是从已知高程的水准点 BM1 出发，测定 1、2、3 等待定点的高程，最后附合到另一已知水准点 BM2 上，如图 4-16 所示。

②闭合水准路线：闭合水准路线是由已知高程的水准点 BM1 出发，沿环线进行水准测量，以测定出 1、2、3 等待定点的高程，最后回到原水准点 BM1 上，如图 4-17 所示。

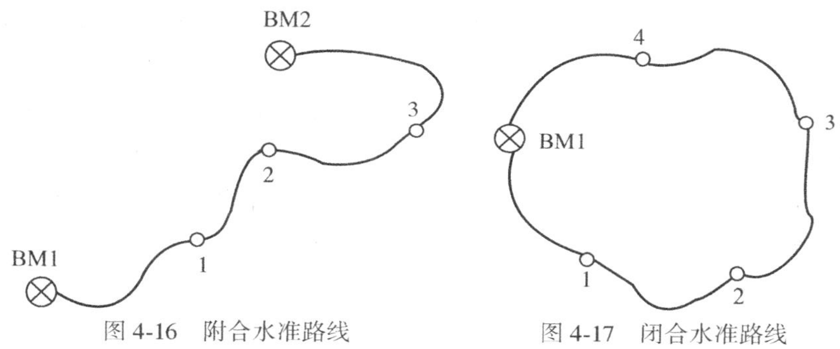

图 4-16　附合水准路线　　图 4-17　闭合水准路线

③支水准路线：支水准路线是从一已知高程的水准点 BM5 出发，既不附合到其他水准点上，也不自行闭合，如图 4-18 所示。

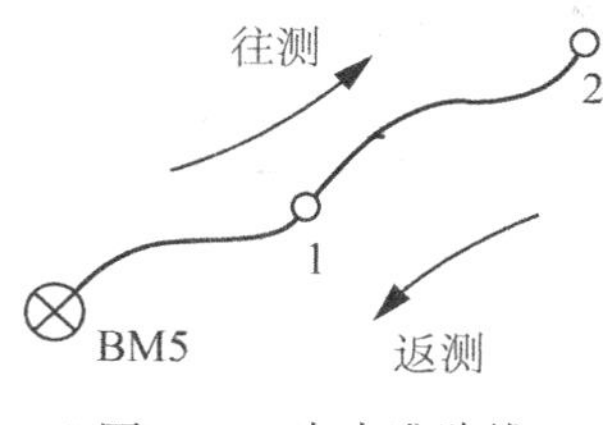

图 4-18　支水准路线

（2）水准网

若干条单一水准路线相互连接构成如图 4-19 所示的形状，称为水准网。

水准网中单一水准路线相互连接的点称为节点。图 4-19（a）中的点 4 和图 4-19（b）中的点 1、点 2、点 3 和图 4-19（c）中的点 1、点 2、点 3 和点 4。

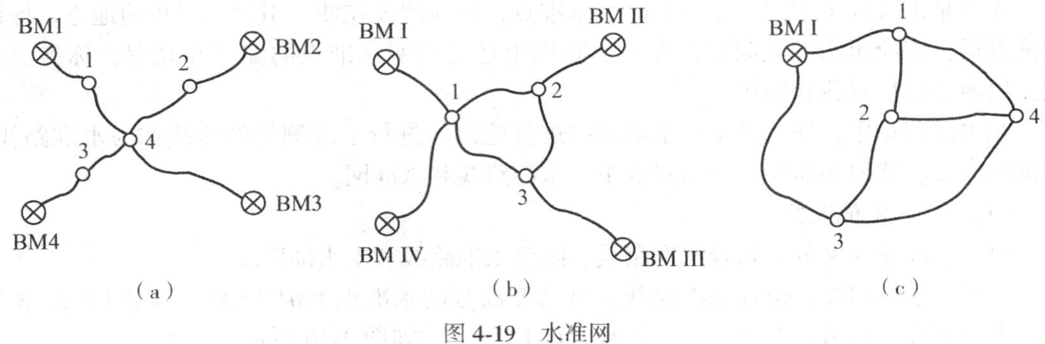

图 4-19 水准网

3. 水准测量的实施

当欲测高程点距水准点较远或高差很大时，则需要连续多次安置仪器测出两点的高差。如图 4-20 所示，水准点 A 的高程为 7.654m，现拟测量 B 点的高程，其观测步骤如下：

在离 A 点 100～200m 处选定点 1，在 A、1 两点上分别竖立水准尺。在距点 A 和点 1 大致等距的 I 处安置水准仪。用圆水准器将仪器粗略整平后，后视 A 点上的水准尺，精平后读数得 1.481，记入表 4-8 观测点 A 的后视读数栏内。旋转望远镜，前视点 1 上的水准尺，同法读数为 1.347，记入点 1 的前视读数栏内。后视读数减前视读数得高差为 +0.134，记入高差栏内。

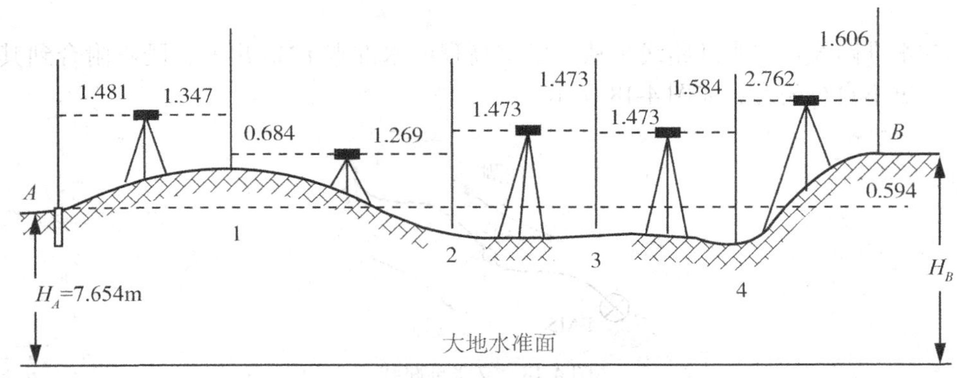

图 4-20 水准路线的施测

完成上述一个测站上的工作后，点 1 上的水准尺不动，把 A 点上的水准尺移到点 2，仪器安置在点 1 和点 2 之间，按照上述方法观测和计算，逐站施测直至 B 点。

显然，每安置一次仪器，便测得一个高差，即

表 4-8

水准测量手簿

日期____ 仪器____ 观测者____

天气____ 地点____ 记录者____

测站	测点	水准尺读数		高差(m)		高程(m)	备注
		后视(a)	前视(b)	+	−		
Ⅰ	A	1.481		0.134		7.654	
Ⅱ	1	0.684	1.347		0.585		
Ⅲ	2	1.473	1.269	0			
Ⅳ	3	1.473	1.473		0.111		
Ⅴ	4	2.762	1.584	1.156			
	B	1.606				8.248	
计算检核	$\sum = 7.873$		$\sum = 7.279$	1.290	0.696		
	$\sum a - \sum b = +0.594$			$\sum h = 1.290 - 0.696 = +0.594$			

$$\begin{cases} h_1 = a_1 - b_1 \\ h_2 = a_2 - b_2 \\ \quad \cdots \\ h_5 = a_5 - b_5 \end{cases}$$

将各式相加，得

$$\sum h = \sum a - \sum b$$

则 B 点的高程为：

$$H_B = H_A + \sum h \tag{4-31}$$

由上述可知，在观测过程中点 1，2，…，4 仅起传递高程的作用，这些点称为转点（Turning Point），常用 T. P. 表示。

4. 水准测量的检核

（1）计算检核

由式（4-31）可知，B 点对 A 点的高差等于各转点之间高差的代数和，也等于后视读数之和减去前视读数之和，故此式可作为计算的检核。

计算检核只能检查计算是否正确，并不能检核观测和记录的错误。

（2）测站检核

如上所述，B 点的高程是根据 A 点的已知高程和转点之间的高差计算出来的。其中若测错或记错任何一个高差，则 B 点高程就不正确。因此，对每一站的高差均须进行检核，这种检核称为测站检核，测站检核常采用变动仪器高法或双面尺法。

①变动仪器高法：此法是在同一个测站上变换仪器高度（一般将仪器升高或降低0.1m左右）进行测量，用测得的两次高差进行检核。如果两次测得的高差之差不超过容许值（如等外水准容许值为6mm），则取其平均值作为最后结果，否则需重测。

②双面尺法：这种方法是保持仪器高度不变，而用水准尺的黑红面两次测量高差进行检核，两次高差之差的容许值和变动仪器高法相同。

5. 成果检核

测站检核只能检核一个测站上是否存在错误或误差超限。对于整条水准路线来讲，还不足以说明所求水准点的高程精度符合要求。例如，由于温度、风力、大气折光及立尺点变动等外界条件引起的误差和尺子倾斜、估读误差及水准仪本身的误差等，虽然在一个测站上反映不是很明显，但整条水准路线累积的结果将可能超过容许的限差。因此，还须进行整条水准路线的成果检核。成果检核的方法随着水准路线布设形式的不同而不同。

（1）附合水准路线的成果检核

由前文图4-16可知，在附合水准路线中，各待定高程点间高差的代数和应等于两个水准点间的高差。如果不相等，两者之差称为高差闭合差 f_h，其值不应超过容许值。用公式表示为：

$$f_h = \sum h_{测} - (H_{终} - H_{始}) \tag{4-32}$$

式中：$H_{终}$——终点水准点BM2的高程；

$H_{始}$——始点水准点BM1的高程。

各种测量规范对不同等级的水准测量规定了高差闭合差的容许值。如我国《工程测量规范》（1993）中规定：三等水准测量路线闭合差不得超过 $\pm12\sqrt{L}$ mm；四等水准测量路线闭合差不得超过 $\pm20\sqrt{L}$ mm，在起伏地区则不应超过 $\pm6\sqrt{n}$ mm；普通水准测量路线闭合差不得超过 $\pm40\sqrt{L}$ mm，在起伏地区则不应超过 $\pm12\sqrt{n}$ mm。L 为水准路线的长度，以公里计；n 为测站数。

当 $|f_h| \leq |f_{h容}|$ 时，则成果合格，否则，需重测。

（2）闭合水准路线的成果检核

在如前文图4-17所示的闭合水准路线中，各待定高程点之间的高差的代数和应等于零，即

$$\sum h_{理} = 0 \tag{4-33}$$

由于测量误差的影响，实测高差总和 $\sum h_{测}$ 不等于零，它与理论高差总和的差数即为高差闭合差。用公式表示为：

$$f_h = \sum h_{测} - \sum h_{理} = \sum h_{测} \tag{4-34}$$

其高差闭合差亦不应超过容许值。

(3) 支水准路线的成果检核

在前文如图 4-18 所示的支水准路线中，理论上往测与返测高差的绝对值应相等，即

$$\left|\sum h_{返}\right| = \left|\sum h_{往}\right| \tag{4-35}$$

两者如不相等，其差值即为高差闭合差。故可通过往返测进行成果检核。

6. 水准测量的内业

水准测量外业结束之后即可进行内业计算，计算之前应首先重新复检查外业手簿中各项观测数据是否符合要求，高差计算是否正确。水准测量内业计算的目的是调整整条水准路线的高差闭合差及计算各待定点的高程。

7. 闭合水准路线成果计算

如图 4-21 所示，水准点 A 和待定高程点 1、2、3 组成一闭合水准路线。各测段高差及测站数见表 4-9。

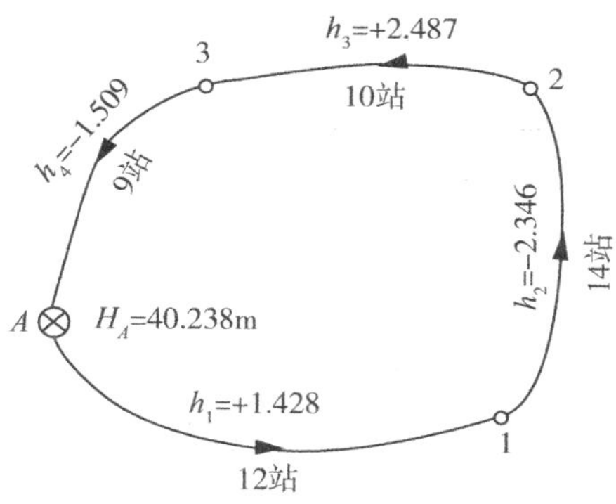

图 4-21　闭合水准路线

内业计算的方法和步骤如下：

①将观测数据和已知数据填入计算表格（表 4-9）。

将图 4-21 中的点号、测站数、观测高差与水准点 A 的已知高程填入有关栏内。

②计算高差闭合差。

根据式（4-34）计算，得到闭合水准路线的高差闭合差，即

$$f_h = \sum h = +0.060\text{m}$$

③计算高差容许闭合差。

水准路线的高差闭合差容许值 $f_{h容}$ 可按下式计算：

$$f_{h容} = \pm 12\sqrt{n} = \pm 12\sqrt{45} = \pm 80\text{mm}$$

$|f_h| < |f_{h容}|$，说明观测成果合格。

④高差闭合差的调整。

在整条水准路线上由于各测站的观测条件基本相同，所以，可认为各站产生误差的机会也是相等的，故闭合差的调整按与测站数（或距离）成正比例反符号分配的原则进行，即

表 4-9　　　　　　　　　　**闭合水准路线成果计算表**

点号	测段中测站数	实测高差（m）	改正数（mm）	改正后高差（mm）	高程（m）	点号
A					40.238	A
	12	+ 1.428	− 16	+ 1.412		
1					41.650	1
	14	− 2.346	− 19	− 2.365		
2					39.285	2
	10	+ 2.487	− 13	+ 2.474		
3					41.759	3
	9	− 1.509	− 12	− 1.521		
A					40.238	A
$\sum$	45	$f_h = +0.060$	− 60	0.000		
辅助计算	$f_{h容} = \pm 12\sqrt{n} = \pm 12\sqrt{45} = \pm 80\text{mm}$ $\lvert f_h \rvert < \lvert f_{h容} \rvert$，成果合格					

$$V_i = -\frac{f_h}{L}L_i \tag{4-36}$$

或

$$V_i = -\frac{f_h}{n}n_i \tag{4-37}$$

式中：L——水准路线的总长度；

L_i——第 i 测段路线长度；

n——水准路线的总测站数；

n_i——第 i 测段测站数。

高差改正数的计算检核：

$$\sum V_i = -f_h \tag{4-38}$$

本例中，测站数 $n=45$，则第一段至第四段高差改正数分别为：

$$v_1 = -\frac{4}{3} \times 12 = -16\text{mm}$$

$$v_2 = -\frac{4}{3} \times 14 = -19\text{mm}$$

$$v_3 = -\frac{4}{3} \times 10 = -13\text{mm}$$

$$v_4 = -\frac{4}{3} \times 9 = -12\text{mm}$$

把改正数填入表 4-9 中改正数一栏，改正数总和应与闭合差大小相等、符号相反，并以此作为计算检核。

⑤计算改正后的高差。

各段实测高差加上相应的改正数，得到改正后的高差，填入改正后高差栏内。改正后高差的代数和应等于零，以此作为计算检核。

⑥计算待定点的高程。

由 A 点的已知高程开始，根据改正后的高差，逐点推算 1、2、3 点的高程。算出 3 点的高程后，应再推回 A 点，其推算高程应等于已知 A 点高程。如不等，则说明推算有误。

8. 附合水准路线成果计算

图 4-22 为一附合水准路线等外水准测量示意图，A、B 为已知高程的水准点，1、2、3 为待定高程的水准点，h_1、h_2、h_3 和 h_4 为各测段观测高差，n_1、n_2、n_3 和 n_4 为各测段测站数，L_1、L_2、L_3 和 L_4 为各测段长度。现已知 $H_A = 65.376$m，$H_B = 68.623$m，各测段站数、长度及高差均注于图 4-22 中。将点号、测段长度、测站数、观测高差及已知水准点 A、B 的高程填入附合水准路线成果计算表 4-10 中有关各栏内 。

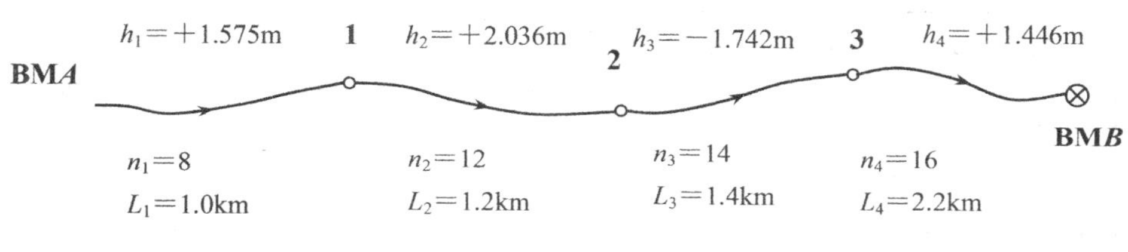

图 4-22 附合水准路线

表 4-10 **附合水准路线成果计算表**

点号	距离 (km)	测站数	实测高差 (m)	改正数 (mm)	改正后高差 (m)	高程 (m)	点号	备注
1	2	3	4	5	6	7	8	9
BMA						65. 376	BM. A	
	1. 0	8	+1. 575	−12	+1. 563			
1						66. 939	1	
	1. 2	12	+2. 036	−14	+2. 022			
2						68. 961	2	
	1. 4	14	−1. 742	−16	−1. 758			
3						67. 203	3	
	2. 2	16	+1. 446	−26	+1. 420			
BMB						68. 623	BM. B	
$\sum$	5. 8	50	+3. 315	−68	+3. 247			
辅助计算	$f_h = \sum h_{测} - (H_{终} - H_{始}) = 3.315 - (68.623 - 65.376) = +0.068\text{m} = +68\text{mm}$ $f_{h容} = \pm 40\sqrt{L} = \pm 40\sqrt{5.8} = \pm 96\text{mm}$ $\lvert f_h \rvert < \lvert f_{h容} \rvert$，成果合格							

附合水准路线高差闭合差的调整办法、容许值的计算均与闭合水准路线相同。

9. 三、四等水准测量

(1)概述

小区域高程控制测量常采用水准测量和三角高程测量两种。水准测量一般是指三、四等水准测量。三、四等水准测量起算点的高程应引自国家一、二等水准点。

小区域的三、四等水准点的间距可根据工程需要确定，一般为 2~4km，对于工厂区，间距可适当缩小到 1km。一个测区应至少安设 3 个以上的水准点。三、四等水准路线的布设形式可采用附合水准路线或节点网。

三、四等水准测量使用的水准尺通常是一对双面水准尺。水准尺的黑尺面起始注记值均为 0；红尺面的起始注记却不同，一根刻度为 4.687m，另一根刻度为 4.787m。视线长度和读数误差的限差见表 4-11。

表 4-11　　三、四等水准测量视线长度和读数限差

等级	视线长度（m）	前后视距差（m）	前后视距累积差（m）	红黑尺面读数差（mm）	红黑尺面高差之差（mm）
三等	65	3.0	6.0	2.0	3.0
四等	80	5.0	10.0	3.0	5.0

(2)三、四等水准测量的观测顺序

依据使用的水准仪型号及水准尺的类型的不同，三、四等水准测量的观测顺序略有差异。这里介绍常见的 DS3 型水准仪及木质双面水准尺在一个测站上的观测顺序：

①照准后视黑尺面，读取下、上、中丝读数，记入表 4-12 的(1)、(2)、(3)栏目；

②照准前视黑尺面，读取下、上、中丝读数，记入表 4-12 的(4)、(5)、(6)栏目；

③照准前视红尺面，读取中丝读数，记入表 4-12 的(7)栏目；

④照准后视红尺面，读取中丝读数，记入表 4-12 的(8)栏目。

这种“后—前—前—后”(黑—黑—红—红)的观测顺序，主要是为了减少水准仪与水准尺下沉产生的误差。对于四等水准测量，也可以采用“后—后—前—前”(黑—红—黑—红)的顺序。一个测站全部记录、计算与检核合格后，方可搬站继续下一测站观测。

(3)测站的计算与检核

下面以某四等水准测量(表 4-12)的观测记录为例，介绍三、四等水准测量的测站计算与检核方法。方法中的计算编号(1)~(18)对应表中相应的栏目或位置。

①视距计算与检核：

后视距离：(9)=[(1)-(2)]×100；

前视距离：(10)=[(4)-(5)]×100；

前后视距差：(11)=(9)-(10)；

前后视距累积差：(12)=上站(12)+本站(11)。即各测站视距差的代数和。

表 4-12　　**三、四等水准测量手簿(局部)**

测站编号	点号	后尺 下丝 上丝 后视距离 前后视距差	前尺 下丝 上丝 前视距离 累积差	方向及尺号	中丝读数 黑尺面	中丝读数 红尺面	K+黑—红	平均高差	备注
		(1) (2) (9) (11)	(4) (5) (10) (12)	后 前 后—前	(3) (6) (15)	(8) (7) (16)	(14) (13) (17)	(18)	
1	*A*～TP1	1.571 1.197 37.4 —0.2	0.739 0.363 37.6 —0.2	后 01 前 02 后—前	1.384 0.551 +0.833	6.171 5.239 +0.932	0 —1 +1	+0.832	01、02 号尺的红黑尺零点差分别为： $K_1=4.787$ $K_2=4.687$
2	TP1～TP2	2.121 1.747 37.4 —0.1	2.196 1.821 37.5 —0.3	后 02 前 01 后—前	1.934 2.008 -0.074	6.621 6.796 -0.175	0 -1 +1	-0.074	
3	TP2～TP3	1.914 1.539 37.5 -0.2	2.055 1.678 37.7 -0.5	后 01 前 02 后—前	1.726 1.866 -0.140	6.513 6.554 -0.041	0 -1 +1	-0.140	
4	TP3～TP4	1.965 1.700 26.5 -0.2	2.141 1.874 26.7 -0.7	后 02 前 01 后—前	1.832 2.007 -0.175	6.519 6.793 -0.274	0 +1 -1	-0.174	
5	TP4～*B*	1.531 1.062 46.9 -0.2	2.820 2.349 47.1 -0.9	后 01 前 02 后—前	1.304 2.583 -1.279	6.092 7.271 -1.179	-1 -1 0	-1.279	

对于三等水准测量，前后视距差不得超过±3m，前后视距累积差不得超过±5m；四等水准测量中，前后视距差的限值为±5m，前后视距累积差的限值为±10m。

②水准尺读数检核计算：

同一水准尺的红、黑尺面中丝差应等于红、黑尺零点差 *K*(即 4.787m，或 4.687m)。本例中 01、02 号尺的红黑尺零点差分别为 $K_1=4.787$，$K_2=4.687$。

前尺检核：(13)=(6)+K_i−(7) (i 为水准尺编号，下同)；

后尺检核：(14)=(3)+K_i−(8)；

对于三等水准测量，(13)、(14)的限差为±2mm；对于四等水准测量，(13)、(14)的限差为±3mm。

③高差计算与检核：

黑尺面高差：(15)=(3)-(6)；

红尺面高差：(16)=(8)-(7)；

黑、红尺面高差之差的检核：(17)=(14)-(13)=(15)-[(16)±0.100]。

三等水准测量中，高差之差的限值为±3mm；四等水准测量中，限值为±5mm。

测站平均高差：(18)= $\frac{1}{2}$[(15)+(16)±0.100]。

当该测站的后尺的红黑尺零点差为 4.687 时，上式取+0.100；当后尺的红黑尺零点差为 4.787 时，上式取-0.100。

④每页计算的总检核：

每页记录的数据除完成上述计算外，还应进行总检核工作(表 4-12 中的总检核计算从略)。主要有以下几项：

视距部分：$\sum(9)-\sum(10)=$ 末站(12)；

如果记录簿有多页，则需增加检核 $\sum(9)-\sum(10)=$ 本页末站(12) − 上页末站(12)。

高差部分：$\sum(15)=\sum(3)-\sum(6)$；

$\sum(16)=\sum(8)-\sum(7)$；

$\sum(18)=\frac{1}{2}[\sum(15)+\sum(16)\pm 0.100]$(测站数为奇数)；

$\sum(18)=\frac{1}{2}[\sum(15)+\sum(16)]$(测站数为偶数)。

⑤测量成果的计算与检核：

三、四等水准附合或闭合路线高差闭合差的计算、调整方法与普通水准测量相同。

4.3.2　三角高程测量

根据已知点高程及两点间的垂直角和距离确定待定点高程的方法称为三角高程测量。

当两点间地形起伏较大而不利于水准观测时，可采用三角高程测量的方法测定两点间的高差，进而求得待定点的高程。三角高程测量的精度一般低于水准测量，常用于山区的高程控制测量和地形测量。

1. 三角高程测量原理

如图 4-23 所示，已知点 A 的高程 H_A，B 为待定点，待求高程为 H_B。在点 A 安置经纬仪，照准点 B 目标顶端 M，测得竖直角 α。量取仪器高 i 和目标高 v。如果测得 AM 之间距离为 D'，则 A、B 点的高差 h_{AB} 为：

$$h_{AB}=D'\sin\alpha+i-v \tag{4-39}$$

如果测得 A、B 点的水平距离 D，则高差 h_{AB} 为：

$$h_{AB} = D\tan\alpha + i - v \tag{4-40}$$

则 B 点高程为：

$$H_B = H_A + h_{AB} \tag{4-41}$$

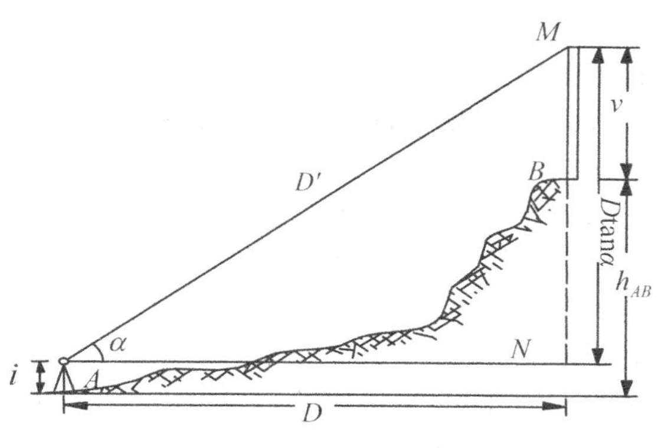

图 4-23 三角高程测量原理

2. 地球曲率和大气折光对高差的影响与改正

上述计算公式是在假定地球表面为水平面(即水准面为水平面)、观测视线为直线的基础上推导而得到的。当地面上两点间距离小于 300m 时，可以近似认为这些假设条件是成立的，上述公式也可以直接应用。但两点间的距离超过 300m 时，就要考虑地球曲率对高程的影响，加以曲率改正，称为球差改正，其改正数为 c。同时，观测视线受大气折光的影响而成为一条向上凸起的弧线，须加以大气折光影响的改正，称为气差改正，其改正数为 γ。以上两项改正合称为球气差改正，简称两差改正，其改正数为 $f = c - \gamma$。

(1)地球曲率的改正

当地面两点间的距离较长(超过 300m)时，大地水准面是一个曲面，而不能视为水平面，所以应用式(4-38)和式(4-39)时，须加上球差改正 c，其计算公式为：

$$c = \frac{D^2}{2R} \tag{4-42}$$

式中：R——地球的平均曲率半径，计算时可取 $R = 6\ 371\text{km}$。

(2)大气折光的改正

在进行竖直角测量时，由于大气层密度分布不均匀，使得观测视线受大气折光的影响总是一条向上凸起的曲线，使竖直角观测值比实际值偏大，因此，须进行气差改正。一般认为大气折光的曲率半径约为地球曲率半径的 7 倍，则气差改正数 γ 为：

$$\gamma = \frac{D^2}{14R} \tag{4-43}$$

则二差改正数 f 为：

$$f = c - \gamma = \frac{D^2}{2R} - \frac{D^2}{14R} \approx 0.43\frac{D^2}{R} = 6.7D^2 \tag{4-44}$$

式中：水平距离 D 以 km 为单位。

以上是考虑二差改正的三角高程测量中高程的计算方法。在实际测量中还常采用对向观测的方法消除地球曲率和大气折光对高程的影响。即由 A 点向 B 点观测(称为直觇)，然后由 B 点向 A 点观测(称为反觇)，取对向观测所得高差绝对值的平均值为最终结果，即可消除或减弱二差的影响。

3. 三角高程测量的观测与计算

(1)三角高程测量的观测方法

三角高程测量路线一般布设成闭合或附合路线的形式，每边均采用对向观测。在每个测站上，进行以下步骤：

①在测站上安置全站仪，量取仪器高 i 和目标高 v；

② 采用盘左、盘右观测竖直角 α；

③用全站仪测量两点间的斜距 D'，或用三角测量方法计算得到两点间的平距 D。

④采用反觇，重复以上步骤。

某三角高程测量的附合路线 A−1−2−B，如图 4-24 所示，A、B 为已知高程控制点，其高程分别为 H_A = 1 506. 45m、H_B = 1 587. 28m，1、2 为高程待定点。观测记录和高差计算见表 4-13，高差计算结果标注于图 4-24 中。

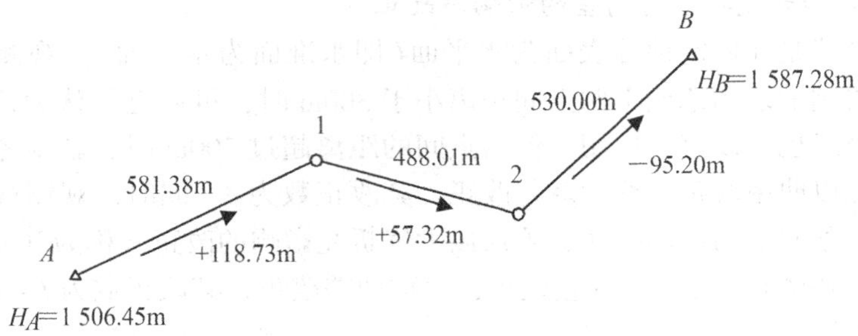

图 4-24　三角高程附合路线计算

表 4-13　**三角高程附合路线的高差计算**

起算点	A		1		2	
待定点	1		2		B	
觇法	直觇	反觇	直觇	反觇	直觇	反觇
竖直角 α	11°38′30″	−11°24′00″	6°52′15″	−6°35′18″	−10°04′45″	10°20′30″
平距 D (m)	581. 38	581. 38	488. 01	488. 01	530. 00	530. 00
Dtanα (m)	119. 78	−117. 23	58. 80	−56. 36	−94. 21	96. 71
仪器高 i(m)	1. 44	1. 49	1. 49	1. 50	1. 50	1. 48
目标高 v (m)	2. 50	3. 00	3. 00	2. 50	2. 50	3. 00
二差改正 f (m)	0. 02	0. 02	0. 02	0. 02	0. 02	0. 02
高差 h (m)	+118. 74	−118. 72	+57. 31	−57. 34	−95. 19	95. 22
平均高差 (m)	+118. 73		+57. 32		−95. 20	

(2)三角高程计算

① 三角高程直觇、反觇测量所得的高差，经过二差改正后，其互差不应大于 0.1D（单位：m），D 为边长，以 km 为单位。若精度满足要求，取对向观测所得高差的平均值；

② 计算闭合或附合路线的闭合差 f_h（单位：m），闭合差的容许限差为：

$$f_{h容} = \pm 0.05\sqrt{\sum D^2} \tag{4-45}$$

其中，水平距离 D 以 km 为单位。若 $f_h \leqslant f_{h容}$，则按照闭合差的改正进行分配，再按改正后的高差推算各点的高程。

4.3.3 GPS 高程测量

GPS 高程测量(height measurement using global positioning system)是利用全球定位系统(GPS)测量技术直接测定地面点的大地高，或间接确定地面点的正常高的方法。在利用 GPS 测量技术间接确定地面点的正常高时，当直接测得测区内所有 GPS 点的大地高后，再在测区内选择数量和位置均能满足高程拟合需要的若干 GPS 点，用水准测量方法测取其正常高，并计算所有 GPS 点的大地高与正常高之差(高程异常)，以此为基础利用平面或曲面拟合的方法进行高程拟合，即可获得测区内其他 GPS 点的正常高。此法精度已达到厘米级，应用越来越广。

在采用传统地面观测技术确定地面点位置时，通常是分别确定平面位置和高程的。这是由于两方面的原因，第一两者的参考基准不一样，在测量中平面坐标是以参考椭球面为基准，高程则是以似大地水准面为基准，第二由于两者观测的方法不相同，在测量平面坐标时通常采用测角量边的方法，高程一般是通过水准测量和三角高程测量来确定，参考基准与测量方法的不同决定了分别施测平面坐标与高程。

采用包括 GPS 在内的空间定位技术，虽然可以同时确定出点的三维位置，但是令人遗憾的是，所确定出的高程是相对于一个特定的参考椭球的大地高，而不是在实际应用中广泛采用的与地球重力位密切相关的正高或正常高。如果能够设法获得相应点上的大地水准面差距或高程异常，就可以进行相应高程系统的转换，将大地高转换成正高或正常高。

1. 高程系统及其相互关系

高程系统指的是与确定高程有关的参考面及以之为基础的高程定义。目前，常用的高程系统包括大地高、正高和正常高系统。其中，在工程应用中普遍采用的是正高和正常高系统。本节将分别介绍常用的高程系统及其相互关系。

(1)大地水准面与正高

重力位 W 为常数的面称为重力等位面。由于给定一个重力位，就可以确定出一个重力等位面，因而重力等位面有无数多个。在某一点处，其重力位值与两相邻大地水准面 W 和 $W + \mathrm{d}W$ 间的距离 $\mathrm{d}h$ 之间具有下列关系：

$$\mathrm{d}W = g\mathrm{d}h \tag{4-46}$$

从公式中可以看出，邻近的等位面不一定平行，这是由于重力等位面上点的重力值不一定相等造成的。

在地球众多的重力等位面中，有一个特殊的重力位为 0 的地球重力等位面被称为大地水准面。通常把其看作是与平均海水面一致的重力等位面。由于大地水准面具有明确的物理定义因而在某些高程系统中被当作自然参考面。

大地水准面是一个复杂的曲面，由于地球内部分布密度的差异造成了大地水准面的起伏。大地水准面是一个闭合曲面，其大致形状近似为旋转椭球。大地水准面差距是大地水准面与参考椭球面的距离，通常用符号 N 表示，如图 4-25 所示。

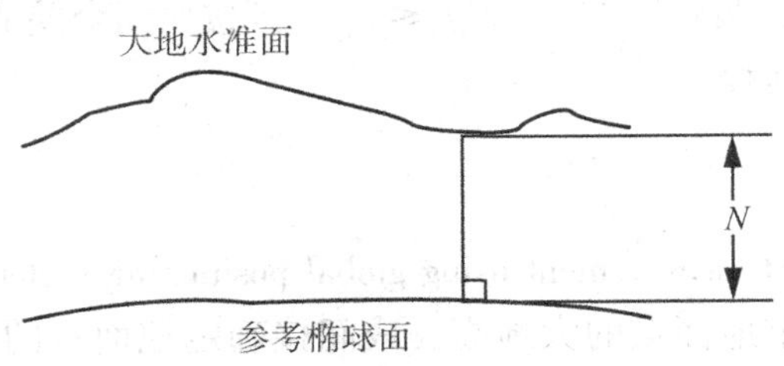

图 4-25　参考椭球面与大地水准面

正高系统是以大地水准面为参考面的高程系统。地面上一点的正高是从该点出发，沿该点与基面间各个重力等位面的垂线得出的距离，如图 4-26 所示。重力的内在变化将引起垂线平滑而连续的弯曲，因而在一段垂直距离上与重力正交的物理等位面并不平行(即垂线并不完全与椭球的法线平行)。

作为大地高基准的参考椭球面和大地水准面之间的数学关系如下式，其几何关系如图 4-26 所示，其中 N 为大地水准面差距，H 为大地高，H_g 为正高。

$$N = H - H_g \tag{4-47}$$

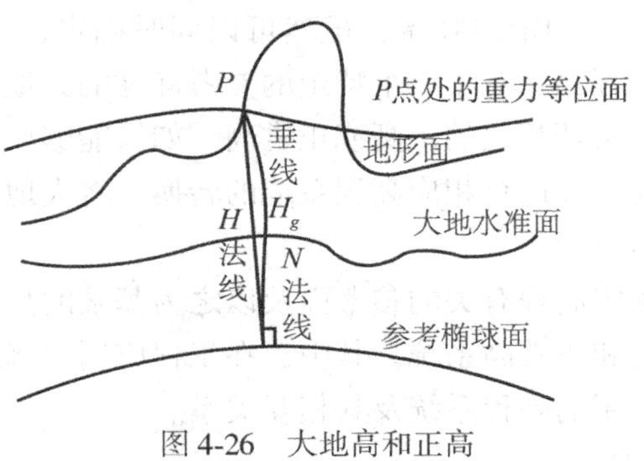

图 4-26　大地高和正高

(2)似大地水准面与正常高

虽然正高系统具有明确的物理定义，却有其现实的困难，就是测定平均重力值 g_m 比较困难，由于沿垂线从地面点到大地水准面之间的重力值是变化的，所以求出平均重力值 g_m 就成为必须的工作，这对求地面点的正高产生了阻碍。为了避免求平均重力值，就产生了正常高的概念，这个概念的提出很好地解决了这个问题，其方法就是用平均正常重力

值来代替 g_m。由于平均正常重力值是可以精确计算的，所以正常高相比正高容易计算。

正常高是以似大地水准面为基准面的高程系统。其中，似大地水准面是从地面点沿正常重力线量取正常高所得端点构成的封闭曲线，似大地水准面严格地说不是水准面，但接近于水准面，通常情况下只是用于计算的辅助面，并且在海洋上的似大地水准面与大地水准面是重合的。似大地水准面与大地水准面的差值为正常高与正高之差。正高与正常高的差值大小与点位的高程和地球内部的质量分布有关系。高程异常是沿该点的正常重力线似大地水准面和参考椭球面之间的距离，用符号 ζ 表示，如图 4-27 所示。

正常高是某地面点沿该点的正常重力线到似大地水准面的距离，符号表示为 H_r。ζ 与 H_r 的关系为：

$$N + H_g = \zeta + H_r \tag{4-48}$$

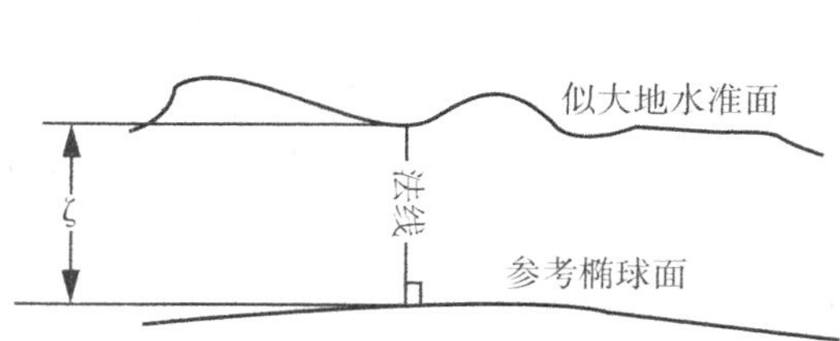

图 4-27　似大地水准面和参考椭球面

(3)参考椭球面与大地高

参考椭球面是为了数学计算而采用的与地球大小、形状接近的椭球体表面。参考椭球面是测量、计算的基准面，是大地高的参考面。大地高是某地面点沿过该点的参考椭球面法线至参考椭球面的距离，用符号 H 表示。

大地高本身没有任何物理意义，参考椭球面并不唯一，不同的参考椭球面决定了不同的大地高。GPS 高程是以 WGS-84 参考椭球面为基准面的大地高。

(4)高程基准面

高程基准面又称“水准零点”，是地面点高程的起算面。由于大地水准面所形成的体形——大地体是与整个地球最为接近的体形，因此通常采用大地水准面作为高程基准面。

大地水准面是假想海洋处于完全静止的平衡状态时的海水面延伸到大陆地面以下所形成的闭合曲面。事实上，海洋受到各种影响，永远不会处于完全静止的平衡状态，但是可以在海洋近岸的一点处竖立水位标尺，成年累月地观测海水面的水位升降，根据长期观测的结果可以求出该点处海洋水面的平均位置，人们假定大地水准面就是通过这点处实测的平均海水面。

根据各地的验潮结果表明，不同地点平均海水面之间还存在着差异，因此，对于一个国家来说，只能根据一个验潮站所求得的平均海水面作为全国高程统一的高程基准面。1956 年，我国根据基本验潮站应具备的条件，认为青岛验潮站位置适中，地处我国海岸线的中部，是有代表性的规律性半日潮港，又避开了江河入海口，外海海面开阔，无密集岛屿和浅滩，海底平坦，水深在 10m 以上等有利条件，在 1957 年确定青岛验潮站为我国基本验潮站，验潮井建在地质结构稳定的花岗石基岩上，以该站 1950 年至 1956 年 7 年间的潮汐资料推求的平均海水面作为我国的高程基准面。以此高程基准面作为我国统一起算面的高程系统名为“1956 年黄海高程系统”。1956 年黄海高程系统的高程基准面的确立，对统一全国高程有极其重要的历史意义。但从潮汐变化周期来看，确立“1956 年黄海高程系统”的平均海水面所采用的验潮资料时间较短，还不到潮汐变化的一个周期(一个周期一般为 18.61 年)，同时又发现验潮资料中含有粗差，因此有必要重新确定新的国家高程基准。新的国家高程基准面是根据青岛验潮站 1952—1979 年 19 年间的验潮资料计算确定的，根据这个高程基准面作为全国高程的统一起算面，称为“1985 国家高程基准”。

2. GPS 高程测量原理

高程测量是测量中的重要工作。确定出地面点的高程正是高程测量的任务。不同的测量仪器和不同的施测方法决定了高程测量方法的不同，通常我们所采用的测量方法有：几何水准测量、三角高程测量、重力高程测量以及 GPS 高程测量等。

GPS 的定位原理就是利用空间测距交会定点原理，测出人们所需的三维坐标，其中 GPS 高程测量是利用全球定位系统(GPS)测量技术直接测定地面点的大地高，或间接确定地面点的正常高的方法。GPS 提供的高程属于大地高，若要求出地面点高程(正常高)需要经过一些中间步骤。由于两个基准面之间存在着高程异常，我们要求出这个点的高程异常值，即椭球面至大地水准面之间的高差，表达式为：

$$H_r = H - \zeta \tag{4-49}$$

式中：H_r 为正常高，H 为大地高，ζ 为高程异常值。

3. GPS 高程拟合方法

(1)等值线图示法

等值线图示法是最直接的求算高程异常的方法。这种方法的核心思想就是内插的思想，绘制高程异常的等值线图，然后采用内插法来确定未知点的高程异常值。具体操作十分简单，在测区内制定分布均匀的 GPS 点，用水准测量的方法来测定这些点的水准高，根据公式 $\zeta = H - H_r$ 求出这些点的高程异常，选择适当的比例尺按照已知点的平面坐标展绘在图纸内，对已知点标注出高程异常值，再确定等高距，绘制出高程异常值的等值线图。之后就可以内插出待测点的高程异常值，进而求出待测点的正常高。这种方法只适用于地形相对平坦的地方，在此种测区内采用这种方法拟合的高程精度可达到厘米级。测区的地形相对复杂，内插出的高程异常值就不准确，而且这种内插法的精度往往取决于两个方面，分别是测区内 GPS 点的分布密度和已知点大地高的精确度。首先 GPS 点的分布比较密集，那么内插精度就相对较高，如果比较稀疏，这时候就要借助于此测区的重力测量资料，提高内插精度。而且还要注意 GPS 点间高程异常的非线性变化。另外就是水准点的精度，联测时尽量选取高精度的正常高，尽可能使得出的高程异常值准确，进而才能内插出待测点高精度的高程异常值。这种方法虽然简单易操作，但是有其弱点，就是精度不高，只有当对拟合精度要求不高的时候才使用此种方法(注：等值线法不需构造数学模型)。

(2)狭长带状区域线性拟合

解析内插法作为拟合高程最常用的方法，主要思想是把似大地水准面用数学曲面近似拟合，建立所在测区内最为接近似大地水准面的数学模型，以此来计算测区内任意点的高程异常值，从而计算出正常高。这种方法计算出的高程异常值的精度是由所采用的数学模型和似大地水准面的拟合程度所决定的。

解析内插法在选择数学模型时，首先要考虑的就是 GPS 点的分布情况。GPS 点的分布情况可分为带状分布和面状分布。若 GPS 点是呈线状布设，而且是以沿线似大地水准面为一条连续且光滑的曲线，这时就可以采用相对于狭长带状区域的解析内插法来内插出待定点的高程异常值，从而求出待定点的正常高。这种线状分布的内插原理是：测区内已知水准点，用 GPS 测出其 GPS 高程，计算出已知水准点高程异常值，根据已知点的平面坐标和计算得出的高程异常值，构造出一个插值函数，这个函数是用来拟合 GPS 分布线上的似大地水准面的。用这个函数内插出位置点的高程异常值。下面是两种用来拟合线状分布的 GPS 高程的内插法。

1）多项式曲线拟合法

多项式曲线拟合法使用起来非常方便，但是它有自身的局限性，即使用这种方法的时候，所测路线不能太长，要限制控制点到测点的距离不能太远，通常把距离控制在 300m 以内。这个要求是因为使用多项式曲线方法拟合似大地水准面，如果它拟合的范围太大，点位的高程异常变化就越复杂，削高补低的方法不能满足我们所要求的精度。随着多项式阶数的增大，也会使拟合出的曲线振荡得更厉害，从而造成拟合的误差增大。这些造成了多项式曲线拟合的缺陷，但是在路线较短的情况下，这种方法有足够的精度来拟合 GPS 点的正常高程。

2）三次样条曲线拟合法

三次样条曲线拟合法针对测线长，已知点多的测区 GPS 高程拟合问题。由上述可以知道，当测线比较长，已知点较多的时候，就需要构造高次的拟合多项式，在 m 值比较高的情况下，会出现不稳定的现象，对求解高程异常值会有比较大的影响，并且最小二乘法在求多项式系数时也会增大削高补低的误差，因此为了避免测线长、已知点多这种情况下所出现的问题，通常采用分段拟合的方法，采用三次样条函数拟合数学模型。这种方法很好地解决了因测线长而引起的问题。

三次样条曲线的实质就是一个拼接而成的连续函数，在把测线分为多段的情况下，每段设为三次多项式函数，然后将这些多项式函数组成三次样条函数。为了计算准确，应用中要求这种构造的曲线不仅在连接点处函数要连续，而且还要求这个函数的一级导数还有二级导数全部要是连续的，才能保证在分段之后构造的三次样条函数后期运算中能够计算出准确的高程异常值。

这种做法有诸多好处，其中优点有：其一计算简便，其二保留了多项式的优点，其三克服了多项式的缺点。多项式的缺点是单个多项式会有不灵活不稳定的现象。由于三次样条曲线的种种优点，在实际中当遇到测线长，已知点多的情况下常采用此方法拟合高程。

（3）曲面拟合法

曲面拟合法用于 GPS 点分布在一定区域的时候，且可以选择数学曲面拟合该区域的似大地水准面，构造适当的数学模型，计算该区域内的高程异常值，然后求出正常高。这种拟合法的主体思想与曲线拟合法异曲同工。具体思想是：已知测区的若干已知水准点，并且用GPS测定这些点的高程，利用公式求得这些点的高程异常，有了已知点的高程异常，已知点的平面坐标是已知的，所以利用其平面坐标（x，y）和高程异常值ζ构造出来的数学模型拟合最为接近于该测区的似大地水准面，然后内插出未知点的高程异常值ζ，进而求出正常高。

4. 提高GPS高程精度的措施

GPS高程不能直接应用到实际中，因为除了它和实际应用中的高程不属于同一高程系统外，另一个原因就是精度问题。拟合后的精度由于某些原因不能满足工程的需要，其中GPS高程的精度与拟合过程都有很大的关系。拟合后的高程精度一般没有传统水准测量的精度高，所以提高GPS高程精度是实现GPS高程应用到实际中的一个重要环节。从GPS测量的原理以及拟合方法来讲，提高GPS精度的措施主要有以下几点：

(1)提高GPS测量精度

GPS测量出的大地高是后期拟合正常高的源头数据，因此提高GPS大地高的精度是最基础的要求。提高大地高的精度主要有5个方面的措施：

①减小卫星误差，其中包括卫星星历误差、卫星钟的钟误差、相对论效应；

②减弱电离层延迟和对流层延迟；

③避开建筑物和有大面积水域的地点，减小多路径效应误差；

④选择良好的天气进行测量，接收优良的信号；

⑤使用功能强的GPS接收机，消除接收误差。

(2)选用高精度已知点水准点

在拟合GPS高程时，需要联测若干已知水准点，已知水准点的精度与后期的计算会影响到拟合数据的精度，因此选择高精度的联测水准点就是提高拟合高程精度的措施之一。且已知水准点要在测区内均匀分布，若已知点分布均匀，那么后期拟合精度就会相对的高一些，所以在选择已知水准点的时候要遵循这个原则。

(3)提高GPS拟合精度

从GPS转换的过程来说，拟合GPS高程是主要的一步，拟合的精度关系着正常高的精度。可以从以下几点提高拟合精度：

①根据不同的地形和掌握的数据情况，选择合适的拟合方法；

②选用尽可能多的，分布合理的起算点；

③在测区面积比较大的时候，可以采用分区拟合的方法，把整个测区分成若干区域，分别对每个测区进行拟合，这时候就会提高拟合精度。

5. GPS高程测量施测要求

GPS高程测量仅适用于四等控制测量困难或高程联测困难的平原或丘陵地区，可在五等高程控制测量中使用。GPS高程测量宜与GPS平面控制测量一起进行。GPS高程网应与测区三等、四等水准点联测。联测点应均匀分布在测区四周和测区中心，若测区为带状地形则应分布于测区两端及中部；联测点数量不应少于3个；地形高差变化较大的地区，应适当增加联测的点数。

对GPS点的高程成果，应进行检验。检测点数，不少于全部高程点的10%且不少于3个点；高差检验，可采用相应等级的水准测量方法或电磁波测距三角高程测量方法进行，其高差较差不应大于$30\sqrt{D}$ mm（D为检测点间的边长，单位为km）。内业计算取位：GPS天线高应精确至1mm，计算值取位应精确至1mm。

◎ 思考题

1. 简述GPS定位的原理。

2. 什么是伪距？为什么说GPS信号接收机测得的站星距离为伪距？

3. GPS定位的误差源有哪些？

4. 什么是核电厂控制测量？

5. 假定在我国有三个控制点的平面坐标中的Y坐标分别为26 432 571.78m，38 525 619.76m，20 376 854.48m。试问：

(1) 它们是3°带还是6°带的坐标值？

(2) 它们各自所在的带分别是哪一带？

(3) 各自中央子午线的经度是多少？

6. 简述控制测量发展趋势。

7. 卫星定位测量控制点选取有哪些原则？

8. 某导线的$f_x=-0.08$m，$f_y=+0.06$m，导线全长$\sum D=506.704$m，该导线的全长相对闭合差是多少？

第5章 核电厂地形图测绘

传统的地形测量是用仪器在野外测量角度、距离、高差，经过计算、处理，绘制成地形图。由于地形测量的主要成果——地形图是由测绘人员利用专用工具模拟测量数据，按图式符号展绘到白纸(绘图纸或聚酯薄膜)上，所以又俗称白纸测图或模拟测图。

随着电子技术、激光技术、计算机技术的发展，产生了以全站仪、GPS 接收机等为代表的光机电结合型的测绘仪器。有了新型测量仪器和计算机技术的支持，就可以建立三维数据自动采集、传输、处理的测量数据处理系统，将传统的手簿记录、手工录入、繁琐计算、手工绘图等大量的重复性工作交给计算机处理，从而就产生了数字测图系统。数字测图的方法有很多，本单元主要介绍基于现有地形图的数字化和野外数字测图，其中以野外数字测图为重点。野外数字测图又称地面数字测图，它是以全站仪(或 GPS 接收机)和计算机为核心，连接绘图仪等输入、输出设备，实现野外地图测绘的自动化和数字化。在我国，野外数字测图技术和方法经过近二十年的发展，20 世纪末趋于成熟。目前，数字测图系统已经跳出单一的“测图”框框，向测图与设计一体化、数据采集与数据管理一体化、自动化、成果多元化等方向发展。因此，从白纸测图到数字测图不仅仅是产品形式上的更新，更重要的是由“小测绘”到“大测绘”的飞跃。

5.1 数字测图概述

5.1.1 数字测图的概念与分类

1. 概念

数字地图是存储在计算机的硬盘、软盘、光盘或磁带等介质上的地图，地图内容是通过数字来表示的，需要通过专用的计算机软件对这些数字进行显示、读取、检索和分析。生产数字地图的方法和过程叫数字测图，它实际上是通过采集有关的绘图信息并记录在数据终端(或直接传输给便携机)，然后通过数据接口将采集的数据传输给计算机，由计算机对数据进行处理，再经过人机交互的屏幕编辑，形成地图数据文件。

数字测图的基础是采集绘图信息，包括点位信息、连接信息和属性信息。

点位信息是目标在空间的位置，一般用 X、Y、$Z(H)$ 表示其在测量坐标系中的三维坐标。点号在一个数据采集文件中是唯一的，根据它可以得到点位坐标。

连接信息是同一地物上多个特征点之间的连接关系。点位信息和连接信息统称为几何信息。

属性信息又称非几何信息，是用来描述地形点属性的信息，一般用地形编码或特定的文字表示。属性信息反映在图面上就是地图符号或注记。

2. 分类

将客观存在的地形信息(模拟量)转换为数字这一过程通常称为数据采集。根据数据来源和数据采集方法的不同，可以将数字测图分为以下三种。

(1)基于影像的数字测图

以航空像片或卫星像片作为数据来源，利用摄影测量与遥感的方法获得测区的影像并构成立体像对，在解析测图仪上采集地形特征点并自动传输到计算机中或直接利用数字摄影测量方法进行数据采集，经过软件进行数据处理，自动生成数字地图。

这种方法工作量小，采集速度快，是我国测绘基本图的主要方法。目前，该方法可以满足 1∶500 地形图的精度要求。

(2)基于现有地形图的数字化

将现有的地形图经过数据采集和处理生成数字地图叫地图数字化。地图数字化的方法主要有两种：一种是手扶跟踪数字化，即在数字化仪上对原图上各种地图要素的特征点通过手扶跟踪的方法逐点进行采集，将采集结果自动传输到计算机中，并由相应的成图软件处理成数字地图。另一种是扫描数字化，即首先通过扫描仪将原图扫描成数字图像，再在计算机屏幕上进行逐点采集或半自动化跟踪，也可以直接对各种地图要素进行自动识别和提取，最后由相应成图软件处理成数字地图。

由于手扶跟踪数字化受精度、劳动强度和效率等方面的影响，一般只用于小批量或比较简单的地形图数字化。而地图扫描数字化具有精度高、速度快等优点，随着有关技术的不断发展和完善，已成为地图数字化的主要手段。

(3)野外数字测图

野外数字测图又称地面数字测图，它是用全站仪或 GPS 接收机在野外直接采集有关地形信息并将其传输到计算机中，经过测图软件进行数据处理形成地图数据文件。

由于全站仪和 GPS 接收机具有较高的测量精度，这种测图模式又具有方便灵活的特点，比较适合小范围、大比例尺测图场合，是目前我国城市地区大比例尺(尤其是 1∶500)测图中的主要方法。

以上三种数字测图方法的不同之处主要表现在数据来源和数据采集方法上，本书主要介绍后两种。

5.1.2 数字测图的过程与特点

1. 过程

数字测图一般要经过数据采集、数据处理和成果输出三个阶段。

(1)数据采集

数据采集工作是数字测图的基础，它是通过一定的方法测定地形特征点的平面位置和高程，将这些点位信息和连线信息、属性信息自动存储在存储介质上。空间信息一般是每个特征点一个记录，包括点名、平面位置和高程，直接存储在全站仪内存或外部数据终端上；属性信息和连线信息有两种存储模式：一种是以编码的形式和空间信息一并存储，另一种是单独存储，如常见的草图法。

(2)数据处理

数据处理是数字测图的中心环节，它是通过相应的计算机软件来完成的，主要包括地图符号库、地物要素绘制、等高线绘制、文字注记、图形编辑、图形显示、图形裁剪、图幅接边和地图整饰等功能。

地图符号库是数字测图软件不可缺少的组成部分，数字地图上的各种地图要素都是用相应的地图符号来表示的。地图符号库的建立要以国家颁布的各种地形图图式为依据，一般来说，测图比例尺不同，相应的地形图图式也不同。地图符号库中的地图符号都可以分为三类，即点状符号、线状符号和面状符号。

图形编辑是利用数字测图系统提供的各种编辑功能对图形数据进行必要的调整，以确保地形图的正确和规范。图形编辑的本质是对点、线、面图形的增加、删除和修改。

图形显示是在计算机显示屏上将所生成的图形文件显示出来，它本身也是数字地图的一种输出形式，包括图形的开窗放大、缩小、移动和分层显示。

图形裁剪是保留给定区域内图形而删除区域外图形的一种处理方法。

图幅接边是在相邻图幅公共边上对图形数据进行适当调整，消除矛盾现象，保留图形数据在公共边附近的一致性。

地图整饰是根据图式要求，分幅进行的一种装饰工作，主要包括绘制内外图廓线、图名、图号、接图表、比例尺和其他内图廓线以外的必要信息。

(3)成果输出

数字测图的成果输出主要有三种形式，一是存储，二是绘图输出，三是加工处理。存储是按照数字地图的文件形式存储在各种介质上，如光盘、硬盘等。绘图输出是利用绘图仪绘制成纸质地形图。加工处理有多种形式，一是将数字地图转换成各种信息系统所需要的图形格式，建立和更新各种信息系统的空间数据库；二是通过对图层的控制，可以编辑和输出各种专题地图，以满足不同用户的需要。

2. 数字测图的特点

数字测图虽然是在白纸测图的基础上发展而来的，但它与传统的白纸测图有着许多本质的区别。

(1)数字测图过程的自动化

传统测图方式主要是手工作业，野外测量人工记录，人工绘制地形图。数字测图则使野外测量自动记录、自动解算、自动成图，并向用户提供形式多样的、便于深加工的数字地图，从而实现了测图过程的自动化。

(2)产品数字化

数字测图的主要成果是数字地图，它有以下优点：

①便于传输和处理，共享性好；

②便于建立地图数据库和地理信息系统；

③成果多样化，服务主动化。根据用户需求可以方便地进行分层处理，绘制各类专题图；

④便于提取点位坐标、线段长度和方向、区域面积等信息；

⑤便于修改和更新。

(3)点位精度高

传统测图方法的比例尺决定了图形的精度，无论所采用的测量仪器精度多高，测量方法多精确，地形图上表示的精度只能是比例尺的最大精度。例如，比例尺为 1∶1000 的地形图，比例尺的最大精度是 10cm，若再考虑测量方法等综合误差，一般只能达到 20～30cm 的精度。即使使用高精度的电子仪器来提高测量精度，但最终反映在图面上也仍然如此，只能造成新的资源浪费。

数字测图则不然，全站仪或 GPS 测量的数据作为电子信息，可自动传输、记录、存储、处理和绘图。在这一过程中，原始测量数据的精度毫无损失，从而获得高精度(与仪器测量同精度)的测量成果。最终的数字地图最好地体现了外业测量的高精度，同时也体现了仪器发展更新、精度提高的高科技进步的价值。

5.1.3 数字测图技术的发展趋势

数字测图技术的发展主要取决于数据采集和与之相应的数据处理方法的发展。今后数字测图系统的发展趋势主要体现在以下几个方面。

1. 全站仪自动跟踪测量模式

随着技术的发展，瑞士徕卡、日本拓普康等公司相继推出了自动跟踪全站仪。利用自动跟踪全站仪，可以实现测站的无人操作，测量数据由测站通过无线传输系统自动传输到位于棱镜站的便携机中，这样就可以减少野外测图人员的数量。从理论上讲，按照这种全站仪自动跟踪测量方法，可以实现单人数字测图。尽管目前这种全站仪的价格昂贵，还仅适用于特定的应用场合，但随着科学技术的不断发展，它必将在数字测图中得到广泛的应用。

2. 超站仪(Smart Station)测量模式

RTK 实时动态定位技术能够实时提供待测点的三维坐标，在测程 20km 内可以达到厘米级精度。利用 RTK 进行数字测图时具有速度快、图根控制和碎部测图同步、适合开阔地区作业的特点，但遇到诸如房角点、大树下等影响接收卫星信号的特征点时就无能为力。超站仪就是把全站仪和 RTK 结合在一起，使其同时具有全站仪和 GPS 的功能，从而为数字测图提供了广阔的空间。

3. 野外数字摄影测量模式

利用全站仪或超站仪进行数据采集时，每次只能测定一个点，而摄影测量则可以同时测定多个点，这就是摄影测量方法的最大优点。随着技术的进步，充分利用野外测量灵活性和摄影测量高效性的测量方式必将成为野外数字测图的又一发展趋势。视频全站仪就是顺应这一技术发展的新型仪器，它通过在全站仪上安装数字相机的方法，可在对被测目标进行摄影的同时测定相机的摄影姿态，使野外数字摄影测量成为可能。试验表明，利用这种方法测定的点位精度可达厘米级，完全可以满足野外数字测图的需要。

总之，野外数字测图系统未来的发展主要是在改进野外数据采集手段方面，以此不断提高野外数字测图的作业效率。

5.2　碎部点的测定方法

地物、地貌的平面轮廓由一些特征点所决定，这些特征点统称碎部点。传统的碎部测图方法主要有平板仪测图、经纬仪配合小平板测图等形式，其实质是图解法测图。数字测图是直接测定或解算出碎部点的空间位置(x，y，h)，然后参照实地地形用规定的符号表示出来。在数字测图中，可以利用控制点根据实际情况选用不同的方法进行碎部测量。

5.2.1　极坐标法

极坐标法是最基础也是最主要的碎部点测定方法。将仪器整置在测站点，目标棱镜竖在地形点上，无论是水平角还是垂直角均可用一个度盘位置测定。水平角观测实际上就是坐标方位角观测。

如图 5-1(a)所示，S 为测站点，用盘左照准某一已知点 K，安置水平度盘读数为该方向的坐标方位角 A_{SK}，然后松开度盘。测量时，当望远镜照准点 P 的目标棱镜时，则水平度盘上的读数即为该方向的坐标方位角 A_{SP}；与此同时还可测得垂直角 α_P 和斜距 D'，如图 5-1(b)所示。

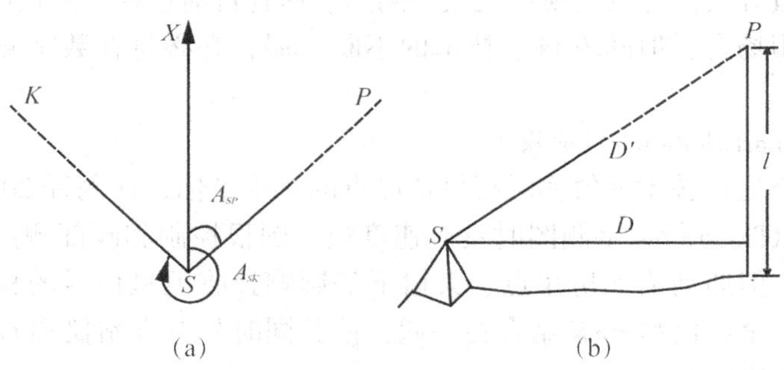

图 5-1　极坐标法

不难看出，只要在数据终端中预先输入仪器高 k 和觇标高 l，当输入观测数据后，数据终端可按下式计算 P 点的有关信息：

$$D = D'\cos\alpha_p$$

$$\begin{cases} X_P = X_S + D\cos A_{SP} \\ Y_P = Y_S + D\sin A_{SP} \\ H_P = H_S + D\tan\alpha_P + k - 1 \end{cases} \tag{5-1}$$

用全站仪测量碎部点时，需事先将仪器高和觇标高输入到仪器中，其显示的碎部点坐标就是根据上式计算得到的。

5.2.2 其他方法

1. 方向与直线相交法

这种方法是不依赖测距而确定已知线上一点的方法，也就是通过照准方向线与已知直线相交来确定采样点的方法。如图 5-2 所示，$T_1(X_1, Y_1)$和$T_2(X_2, Y_2)$是已测点，设采样点 P 位于已知直线 T_1T_2 上，现在只要在测站点 $S(X_s, Y_s)$上照准 P 点而测得方位角 A_{SP}，则不难由式(5-2)求得 P 点坐标。

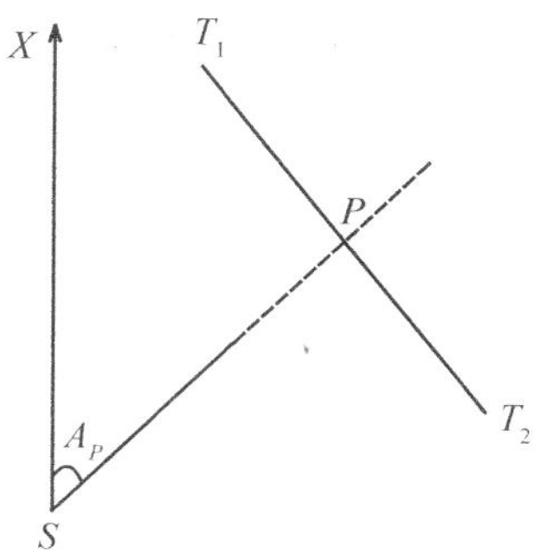

图 5-2　方向与直线交会法

$$\begin{cases} X_P = X_S + x \\ Y_P = Y_S + y \end{cases} \tag{5-2}$$

式中：$x = \dfrac{M - NK_2}{1 - K_1K_2}$；

$y = K_1x$；

$M = X_1 - X_S$；

$N = Y_1 - Y_S$；

$K_1 = \tan A_{SP}$；

$K_2 = \dfrac{X_2 - X_1}{Y_2 - Y_1}$。

用这种方法测定的点，一般是无需测定高程，而且多半是一些距离较远而难以到达或不便竖立棱镜的点。

2. 方向交会法

某些距测站较远而且无法到达的地物点如塔尖、避雷针、旗杆等，采用单交会法来确定其点位既方便又可靠。如图 5-3 所示，若在当前测站点 $S(X_S, Y_S)$上测得采样点 P 的方位角为 A_1，在以前的测站点 K 上测得采样点 P 的方位角为 A_2，则 P 点坐标可由下式确定：

$$\begin{cases} X_P = X_S + x \\ Y_P = Y_S + y \end{cases} \tag{5-3}$$

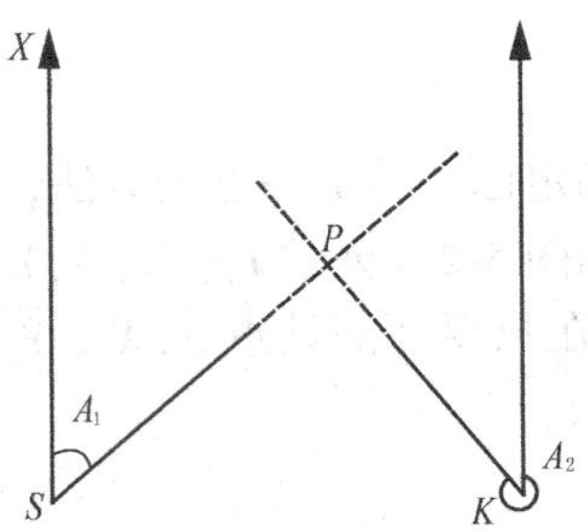

图5-3 方向交会法

式中：$x = \dfrac{x_0 K_2 - y_0}{K_2 - K_1}$；

$y = K_1 x$；

$K_1 = \tan A_1$；

$K_2 = \tan A_2$；

$x_0 = X_k - X_s$；

$y_0 = Y_k - Y_s$

显然，只有在当前测站点为第二次照准目标点时才有可能算得该采样点坐标。因此，在数据终端中要有存储第一次观测数据的功能，并且在当前测站上有调用以前测站上所测数据的功能，一般采用某种标识符可将二者联系起来。同样，这些点一般也是无需求取高程的。

3. 正交内插法

某些地物(如大型建筑物)具有直角多边形图形，其外轮廓具有迂回曲折的特点。在一个测站上有时能测定其绝大多数轮廓点，但难以测定其个别隐蔽点，但根据已测定轮廓点可以内插出这些隐蔽点，使问题获得解决。

如图5-4中，在测站点 S 上可以测定房角点1、2、3、5，但4点却无法测定，而34和45的长度也无法直接量取，此时利用已知的2、3、5点和直线45//23、34 ⊥23的特点，可以求得第4点的坐标，作为一般表达式，由已知的 A、B、D 点求 C 点，且 $CD//AB$，$BC \perp AB$，则

$$\begin{cases} X_C = \dfrac{K^2 X_B + K(Y_B - Y_D) + X_D}{1 + K^2} \\ Y_C = \dfrac{K^2 Y_D + K(X_B - X_D) + Y_B}{1 + K^2} \end{cases} \tag{5-4}$$

式中，$K = \dfrac{X_B - X_A}{Y_B - Y_A}$。

值得指出的是，这类点没有输入任何新的观测值，完全是一种由采样点扩展采样点的方法，用它补充个别隐蔽点是可以的。当然，能直接测定的点仍以直接测定为宜。

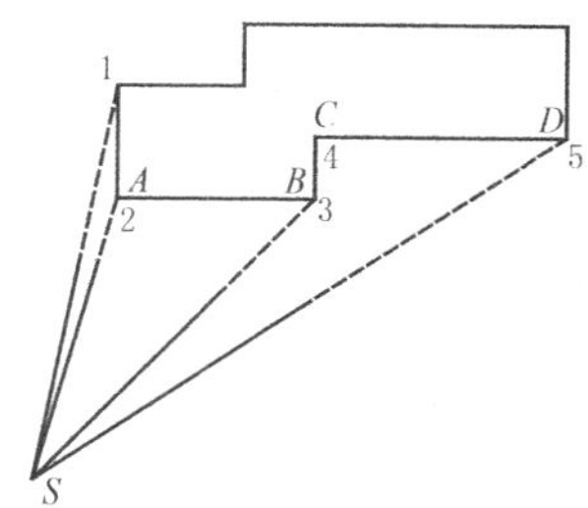

图 5-4 正交内插法

4. 导线法

基于野外直接测量的方法具有解析的特点，某些外轮廓具有规律性(如直角)的地物(如大楼房)，可只测定少量的定向、定位点，大量的中间点可以通过计算方法求得，即量取各边长度且各转折角均为直角，则相当于一条闭合导线。只不过由于各边互相平行或正交，可用较简便的方法进行计算。

在图 5-5 中，设该建筑物共有 18 个轮廓点，在测站点 S 上只能直接测定其中的少数几点。若有选择地测定其两端较长边上的转折点如 A、B、C、D4 个点，用钢卷尺量取各边的长度后，且各转折角又都是直角，则不难用两条导线来分别算得中间各点。

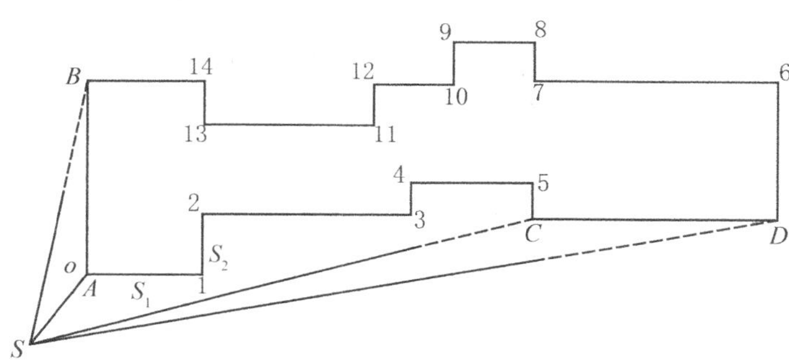

图 5-5 导线法

值得指出的是，有起、闭边的图形可以看成标准导线图形；当无闭合边但有闭合点 C 时，则无直线间平行或正交的检核条件，但有坐标闭合条件；当既无闭合边又无闭合点时，则无任何检核条件，实际上就是支导线，一般可以测定 1~2 个支点。

5. 距离交会法

如图 5-6 所示，已知碎部点 A、B，欲测碎部点 P。可以分别量取 P 至 A、B 点的距离 D_1、D_2，即可求得 P 点坐标。

由于 A、B 点坐标已知，可以计算该两点间距离 D_{AB}，联合 D_1、D_2 即可求出角度 α，β：

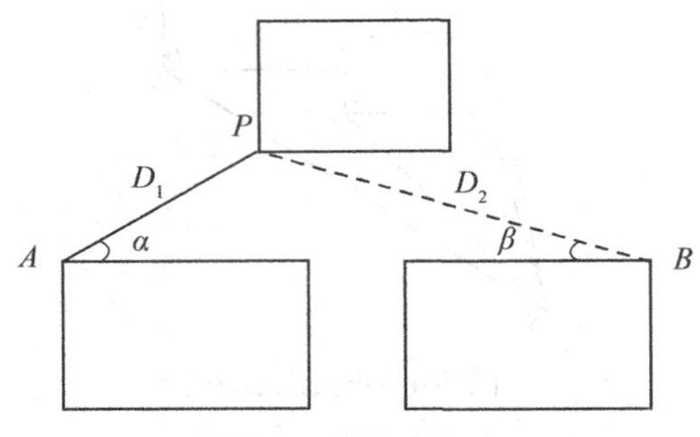

图 5-6　距离交会法

$$\alpha=\arccos\frac{D_{AB}^2+D_1^2-D_2^2}{2D_{AB}\cdot D_1}$$

$$\beta=\arccos\frac{D_{AB}^2+D_2^2-D_1^2}{2D_{AB}\cdot D_2} \tag{5-5}$$

然后，根据交会法的余切公式即可求得 P 点坐标。

6. 直线内插法

如图 5-7 所示，已知 A、B 两点，欲测位于直线 AB 上的碎部点 P_1、P_2。可以依次量取 A 至 P_1、A 至 P_2的距离 D_{A1}和 D_{A2}，然后按照下式进行计算：

$$\begin{cases} X_i = X_A + D_{Ai}\cdot\cos\alpha_{AB} \\ Y_i = Y_A + D_{Ai}\cdot\sin\alpha_{AB} \end{cases} \tag{5-6}$$

其中，α_{AB}是直线 AB 的坐标方位角。

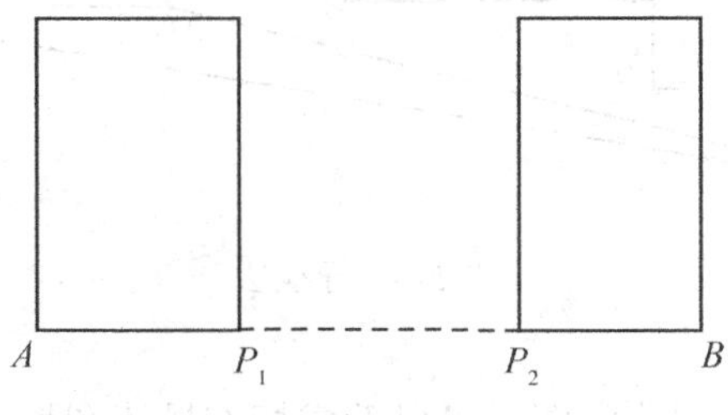

图 5-7　直线内插法

7. 对称点法

具有对称形状的地物如规则楼房、操场跑道等，只要测定其中互相对称的一组点(两个或 4 个点)，计算出对称参数，其余的两两互相对称的点，只要测定其中之一，另一个则可通过计算而得。

在图 5-8 中，若测出了互相对称的两点 A 和 B，另一组对称点为 1 和 2，设 PQ 是对称轴，今若测定了点 1，则点 2 不难算得，反之亦然。

由图 5-8 可知：

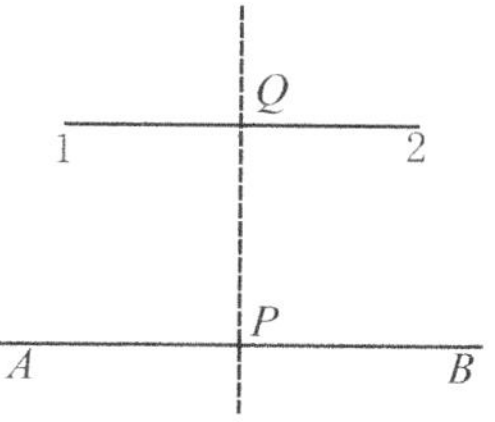

图 5-8 对称法

$$X_P = \frac{1}{2}(X_A + X_B)$$

$$Y_P = \frac{1}{2}(Y_A + Y_B)$$

$$X_Q = \frac{1}{2}(X_1 + X_2)$$

$$Y_Q = \frac{1}{2}(Y_1 + Y_2)$$

令 $k = \dfrac{Y_B - Y_A}{X_B - X_A}$，则

$$\frac{Y_Q - Y_P}{X_Q - X_P} = -\frac{1}{k}$$

$$\frac{Y_1 - Y_Q}{X_1 - X_Q} = k$$

由以上两式联立解得：

$$Y_Q = \frac{X_p + kY_p + k^2 X_1 - kY_1}{1 + k^2}$$

$$X_Q = \frac{X_1 + kY_1 + k^2 X_p - kY_p}{1 + k^2}$$

从而可得：

$$\begin{cases} X_2 = L - MY_1 - NX_1 \\ Y_2 = Lk - MX_1 + NY_1 \end{cases} \tag{5-7}$$

式中：$L = \dfrac{X_A + X_B + k(Y_A + Y_B)}{1 + k^2}$

$$M = \frac{2k}{1 + k^2}$$

$$N = \frac{1 - k_2}{1 + k_2}$$

5.3　地形点的测定

5.3.1　地物点的测定

1. 测绘地物的方法

《1∶500　1∶1 000　1∶2 000地形图图式》将地物符号归纳为居民地、独立地物、管线和垣栅、境界、道路、水系、植被等几部分，其测绘方法如下：

(1)居民地

居民地是人们集中活动的地方，是地形图上十分重要的地物要素。居民地按其大小分为城市、集镇和村庄等几种类型。

测绘居民地时，应着重表示居民地的外部轮廓特征、内部街道分布及通行情况，表示清楚街道口与道路的连接，以及与其他地物的关系。对分割或包围居民地的地物，以及那些对接近居民地有隐蔽、障碍或有方位作用的地物，均应认真表示。

在大比例尺数字测图中，居民地中的建筑物一般用极坐标法按比例逐一测绘，而对于排列整齐的大片房屋，不必逐一施测，可在精确测定该片房屋的两条互相垂直的外边沿线后，用量距内插或方向与直线相交法确定各房角点。居民地内部不便布设控制点的地方，则需在周围较大建筑物已测的基础上，利用各种量距、定向的方法逐一确定。

(2)独立地物

大比例尺数字测图中，独立地物大多依比例尺测绘其外围轮廓，而于其中央位置配以相应的符号。如图 5-9 所示的散热塔，可用极坐标法测定周围 1、2、3 点，绘出其圆形外轮廓，中央绘上塔形建筑物符号，并注“散”字。

(3)管线和垣栅

地面上输送石油、煤气或水等的管道，以及各种电力线和通信线等，统称管线；各类城墙、围墙、栏栅，称为垣栅。它们都属于线状物体，在地形图上一般采用半依比例尺的线状地形符号表示。大比例尺数字测图时，除城墙一般要依比例尺测绘外，有些架空管线的支架塔柱或其底座基础，也须按比例尺测定其实际位置，若为双杆高压线，则按图 5-10(b)表示，其中两个小圆圈表示两电杆的实际位置。

(4)境界

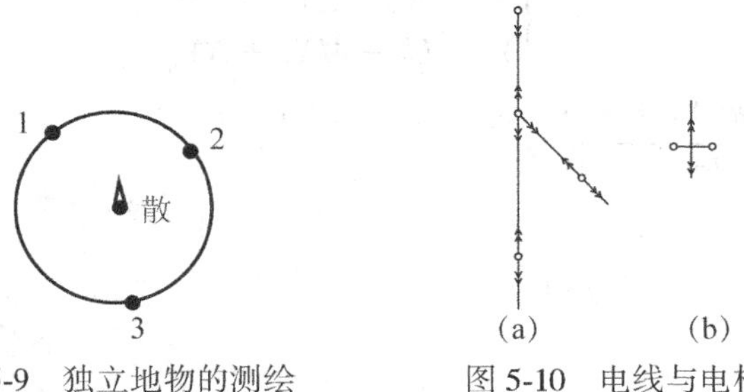

图 5-9　独立地物的测绘　　　图 5-10　电线与电杆

境界是划定国家之间或国内行政区划的界线。特别是国界，它涉及国家的领土主权和与邻国的政治、外交关系等问题。测绘国界线，须由有经验的测量员在边防人员陪同下，准确而迅速地进行，不得有任何差错；国内行政区划界线，通常依据居民地或其他地物的归属绘出，应由地方政府有关部门指定专人在实地指认确定。

(5)道路

道路是连接居民地的纽带，是国家经济生活的脉络，是军事行动的命脉。因此，各类地图都十分重视对道路的正确测绘和表示。

地形图中通常有双线道路和单线道路两类符号。在中、小比例尺测图中铁路和公路多用双线符号表示，其中心线即为道路的真实位置；大车路以及人行小路等多用单线表示。在大比例尺测图中，除人行小路用单线表示外，其他类型的道路大多可以按比例尺测绘其宽度，然后用相应的符号表示之。

测绘道路时，除了道路本身的位置应当准确、等级应当分明、取舍应当恰当、分布应当合理外，沿道路的各种附属地物，如桥梁、隧道、里程碑、路标、路堤和路堑等，也应准确测绘；道路两侧附近那些具有方位意义的地物，如独立房屋、碑亭等，也应准确表示；道路与居民地的接合处应当十分明确，特别是双线道路在居民地内的走向及通行情况，更应交代清楚。

(6)水系

水系是江、河、湖、海、水库、渠道、池塘、水井等及其附属地物和水文资料的总称，它与人类生活密切相关，是地形图的要素之一，必须准确地测绘和表示。

海岸线是多年大潮(朔、望潮)的高潮所形成的岸线，一般根据海水侵蚀后的岸边坎部、海滩堆积物或海滨植被所形成的痕迹来确定，比较容易用仪器测定其准确的位置。低潮时的水涯线称为低潮界，它与海岸线之间的地段称为干出滩(即浸潮地带)，干出滩内的土质、植被、河道及其他地物均应表示。因此，首先应设法测定低潮界的位置，方可正确表示有关干出滩的地形。

低潮界一般采用这样的方法测定：当干出滩伸展的范围不大(几百米以内)时，可于低潮时刻直接用视距法测定低潮线；当干出滩伸展的范围较大(一千米以上)时，通常可于退潮时刻在距低潮界数百米处设站，快速地用视距法测定几个低潮界的碎部点和主要河道的特征点等，便可准确地描绘出干出滩的位置及其附属地物；当干出滩十分平坦且来不及于退潮时刻设站时，可于低潮界的特征点处竖立标志，用单交会法确定其位置，也可参照海图或询问当地居民用目测或半仪器法测定。

大比例尺测图中，水系及其附属地物多应依比例尺测绘，并以相应的符号表示；只有宽度小于图上 0.5mm 的河流可用单线表示。

河流岸线只要准确测定其交叉点和明显的转弯点，即可参照实地形状描绘，细小的弯曲和变化可以舍弃或综合表示之。

(7)植被

植被系指覆盖在地表上的各类植物。地形图上要充分反映地面植被分布的特征和性质，准确地表示植被覆盖的范围，这对于资源开发、环境保护、农牧业生产规划和军事行动等方面的用图，都具有十分重要的意义。因此，要求准确测绘地类界的转折点，以便准确地描绘植被覆盖的范围；有关植被的说明注记，应遵照图式规定的内容，于实地准确地查看和量取，以确保其可靠性。

综上所述，尽管地物类别很多，但在图上表示，主要是点状、线状和面状符号三类。其测绘要领是：

测绘点状地物时，应测定其底部的中心位置，再以相应符号的定位点与图上点位重合，并按规定的方向描绘。独立地物底部经缩绘后多大于符号尺寸，需将其轮廓按真实形状绘出，并在轮廓内绘出相应符号。

测绘线状地物时，主要测定物体中心线上的起点、拐点、交叉点和终点，再对照实地地物，以相应符号的定位线与图上点位重合绘出。

测绘面状地物时，应测绘地物轮廓的特征点，再对照实地地物，以相应符号的轮廓线与图上点位重合后绘出。部分面状地物如居民地、水库、森林等，还应在轮廓范围内(或外)加注地理名称或说明注记等。

2. 测绘地物应注意的问题

测绘地物时除了按照有关规定表示每个符号外，还应该正确处理以下几种关系：

(1)正确处理符号之间的关系

图上表示地物时，大量的问题是如何处理各种符号之间的关系，如不同符号相交或相遇时，怎样根据不同情况按相交、压盖、间隔、移位或共边的关系表示，以达到真实、准确、清晰、易读的目的。现对地物符号表示中常遇到的几个问题说明如下：

①正确应用街道线符号。表示清楚街道的出入口，既能正确反映居民地的通行情况，也能反映街道的主次，如图 5-11 所示，箭头所指均为街道线符号，如不补齐或不绘出街道线，居民地的通行情况等则含糊不清。

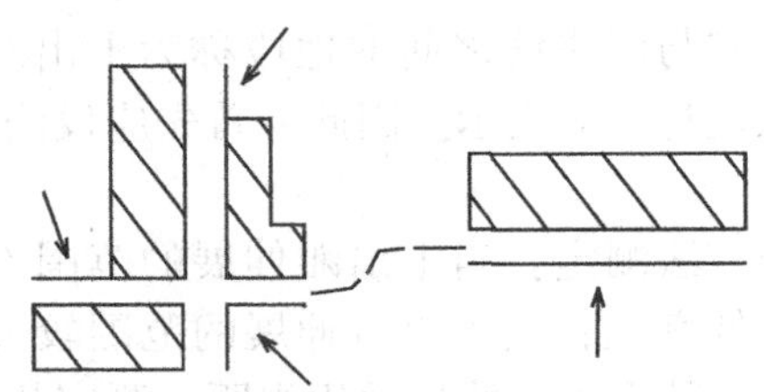

图 5-11　街道线的表示

②高出地面的建筑物，直接建筑在陡坎或斜坡上的房屋或围墙，其房屋或围墙应按正确位置绘出，坎、坡无法准确表示时，可移位 0. 2mm 绘出；悬空建筑在水上的房屋与水涯线冲突时，可间断水涯线，而将房屋完整表示。

③通信线和电力线遇居民地时，应相接于居民地边缘，不留间隔；当遇到独立地物时，应断开 0. 2mm；当遇到双线路、双线堤、双线河渠、湖泊、水库、鱼塘时，则应连续绘出不必中断。

④铁路与公路相交，铁路照常绘出，公路中断于铁路边缘；双线公路相交 ，要保证其连通；双线路与房屋围墙等高出地面的建筑物边界线重合时，可用建筑物边线代替道路边线，且在道路边线与建筑物接头处，应间隔 0. 2mm；双线路与单线路相交，单线路接于双线路边线；道路与河流相交，一定要实线相交；道路通过桥梁应间隔 0. 2mm；虚线路拐弯或相交处应为实线。

⑤河流在桥下穿过时，河流符号应中断于桥梁符号边缘；河流通过涵洞，也中断于涵洞符号边缘；河流、湖泊的水涯线与陡坎重合时，仍应在坡脚绘出水涯线。

⑥境界以线状地物一侧为界时，应离线状地物0.2mm按规定符号描绘境界线；若以线状地物中心为界时，境界线应尽量按中心线描绘，确实不能在中心线绘出时，可沿两侧每隔3~5cm交错绘出3~4个符号，并在交叉、转折及与图边交接处绘出符号以表示走向。

⑦地类界与地面有实物的线状符号(如道路、河渠、土堤、围墙等)重合时，可省略地类界符号；当与地面上无实物的线状符号(如境界)或架设线路的符号(如电力线、通讯路等)重合时，地类界移位绘出，不得省略。

⑧当植被为线状地物符号分割时，应在每块被分割的范围内至少绘出一个能说明植被属性的符号。

地物测绘是地形测图的重要内容，测定地物点的位置并不难，难的是如何正确理解和运用《1：500　1：1 000　1：2 000地形图图式》规定的地物符号，恰如其分地表示实际地物，而使用图者不致产生错觉或混淆。这就要求测量人员要不断地学习图式和规范，不断地总结经验，以提高和丰富这方面的知识。图式和规范的规定在实际工作中必须遵守。但是，规范和图式的规定并不能包括工作中的所有情况，这就需要我们根据基本原则，灵活运用，测绘出高质量的地图来。

(2)正确掌握综合取舍原则

既然地形图上不可能、也无必要逐个表示全部地物，这就必然存在地物的取舍与综合问题。因此，必须紧紧把握所测地形图的性质和使用目的，重点、准确地表示那些具有重要使用价值和意义的地物，如突出的、有方位意义的地物；对部队战斗行动有障碍、荫蔽、支撑以及有利于夜间判定方位的地物；对经济建设的设计、施工、勘察和规划等有重要价值的地物；以及用图单位要求必须重点表示的地物，都要重点表示，即按实地位置准确表示。

移位或综合表示次要地物。次要，是相对主要而言的，如两地物相距很近，且均需在图上表示，但都不能按其真实位置描绘时，则可将其中主要地物绘于真实位置，次要地物移位表示。移位后的地物应保持其总的轮廓特征及正确的相关位置。

对于那些既不能综合又不能移位表示的密集地物，可只表示主要地物，舍去次要地物。例如戈壁滩上有些干河床，像蜘蛛网一样的密集，既无必要一一表示，又不能综合成大干河床，只能选择主要的，而舍去次要的。这样既保持图面清晰，又保证了主要干河床位置正确。对于那些临时性的、易于变化的和用途不大的地物，一般不表示。

地物的综合取舍，贯穿于整个测图过程，它与所测地形图的比例尺关系密切，也与测图人员的经验有关。综合取舍是否合理，直接关系到地图的质量，它是一项重要而又严肃的工作。特别是对中小比例尺测图，作业人员要做到正确的综合取舍，不但要有高度的责任心，同时还有熟练的测绘技术及丰富的社会知识、军事知识和识图用图的经验，并通过反复实践，多次比较和体会，方能合理地综合取舍，满足用图需要。

5.3.2 地貌点的测定

1. 地貌的分类与组成

地貌是测绘工作中对地球表面各种起伏形态的统称，按其形态和规模可分为山地、丘陵、高原、平原和盆地等，地图上一般用等高线和注记表示。

地表物质的起伏形状和性质，称为地貌与土质。它以其“形”与“质”，影响人类的生产活动、经济建设、军事行动，并对其他地形要素的存在与分布产生影响。

地貌按高低起伏程度的不同，划分为不同的类型，其具体的划分又随着需要和作用的不同，有着不同的标准。就野外地形测量而言，为了达到经济实惠的目的，对不同的地面坡度地形图提出不同的精度要求，采取适当的测量方法。所以在中小比例尺地形测图中，其分类标准为：

平地：图幅内绝大部分的地面坡度在2°以下，比高一般不超过20m。

丘陵地：图幅内绝大部分的地面坡度在2°~6°，比高一般不超过150m。

山地：图幅内绝大部分的地面坡度在6°~25°，比高一般在150m以上。

高山地：图幅内绝大部分地面坡度在25°以上地区。

大比例尺测图通常只在平地或丘陵地区进行，无需考虑到地形类别。

地貌按土质和成因，分为石灰岩地貌、黄土地貌、沙漠地貌、雪山地貌和火山地貌。

地貌按形态的完整程度，又分为一般地貌和特殊地貌。特殊地貌是指地表受外力作用改变了原有形态的变形地貌和形态奇特的微地貌形态。前者如冲沟、陡崖、陡石山、崩崖、滑坡；后者如石灰岩地貌中的孤峰、峰丛、溶斗，沙漠地貌中的沙丘、沙窝、小草丘，黄土地地貌中的土柱溶斗。

地貌形态虽然多种多样，但从测绘等高线的角度看，任何一个完整的地貌单元，通常由山顶、鞍部、山谷、山脊、山坡、山脚等地貌元素组成，如图 5-12 所示。

图 5-12　地貌要素

山顶是山体的最高部分，按其形状的不同分为尖山顶、圆山顶和平山顶，特别高大陡峭的山顶，称为山峰。

鞍部是两山顶相邻之间的低凹部分，形如马鞍。

山脚是山体的最下部位。

山脊是从山顶到山脚或从山顶到鞍部凸起的部分。山脊最高点连线称山脊线，因雨水以山脊线为界流向两侧，故又称分水线。山脊按形态可分为尖山脊、圆山脊和平山脊。

山谷是相邻两山脊之间的低凹部分。它的中央最低点的连线称山谷线，亦称合水线。山谷按形态的不同分为尖形谷（*V* 形）、圆形谷（*U* 形）和槽形（口形）谷。

凹地是四周高、中间低，无积水的地域，大范围的则称盆地。

2. 等高线的概念

所谓等高线，是地面上高程相等的各相邻点所连成的闭合曲线。长期以来，等高线一直是地形图上显示地貌要素的有力工具，它不但能完整而形象地构成地形起伏的总貌，而且还能比较准确地表达微型地貌的变化，同时也能提供某些数据和高程、高差和坡度等。

(1)等高线表示地貌的原理与特性

如图5-13所示，设想用一组高差间隔相等的水平面去截地貌，则其截口必为大小不同的闭合曲线，并随山脊、山谷的形态不同而呈现不同的弯曲。将这些曲线垂直投影到平面上并按比例尺缩小，便形成了一圈套一圈的曲线，它们即构成等高线。这些曲线的数目、形态完全与实地地貌的高度和起伏状况相应。

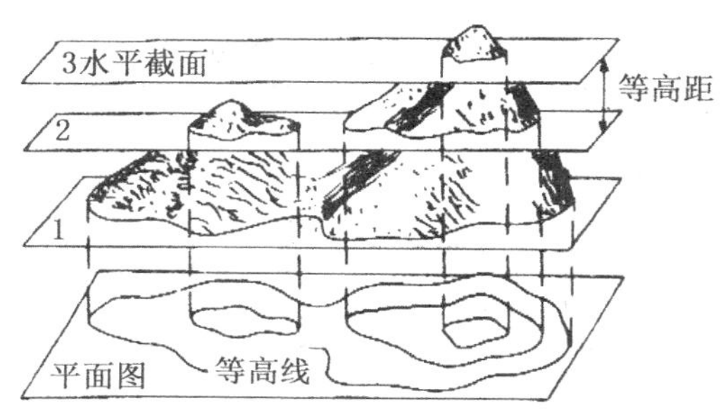

图5-13　等高线表示原理

等高线具有如下特性：

①同一条等高线上各点的高程相等。

②等高线是闭合曲线，一般不相交、不重合，只有通过悬崖、绝壁或陡坎时才相交或重合。

③等高线与分水线、集水线正交，即在交点处，分水线、集水线应该与等高线的切线方向垂直。

④在等高距相同的情况下，图上等高线愈密，地面坡度愈陡；反之，等高线愈稀，地面坡度则愈缓。

(2)等高距及等高线的种类

相邻等高线的高程差，叫等高距。等高距愈小，表示地貌愈真实、细致；但若过小，将会使图上等高线的间隔甚微而影响地形图的清晰。如果等高距过大，则显示地貌粗略，一些细貌形态将被忽略，从而影响地形图的使用价值。由图5-14看出：等高距 h 的大小与等高线的水平间隔 D 和地面坡度 α 有以下关系：

$$h = D\tan\alpha = lM\tan\alpha \tag{5-8}$$

式中，l 为图上相邻等高线间隔，M 为比例尺分母。

若取绝壁的1/2倾角45°作为 α 的界定值，l 取人眼的最小鉴别间隔0.2mm(含线划粗0.1mm)，则式(5-8)为

$$h = 0.2M \tag{5-9}$$

按此，可得出不同比例尺地形图所采用的等高距，见表5-1。

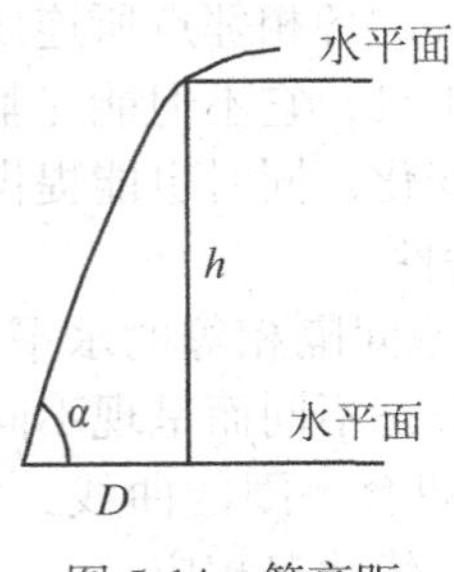

图 5-14　等高距

表 5-1　　　　　　　　　　**不同比例尺的等高距**

比例尺	1∶1 千	1∶2 千	1∶1 万	1∶2.5 万	1∶5 万	1∶10 万	1∶20 万
等高距 （m）	0.5 1 2	0.5 1 2	2 2.5	5	10	20	40

地形图上的等高线，按其作用不同分为：首曲线、间曲线和助曲线，如图 5-15 所示。

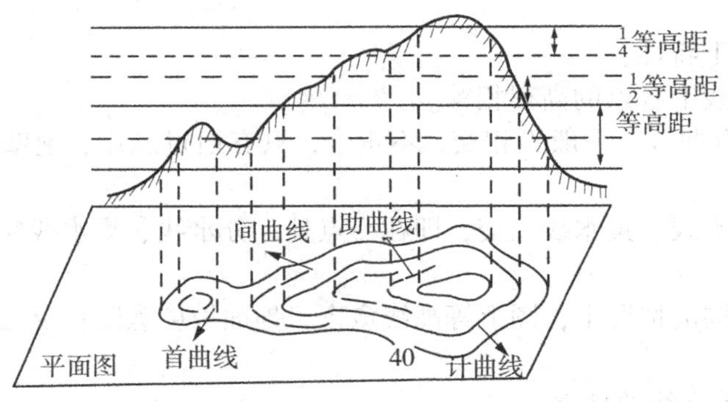

图 5-15　等高线的种类

首曲线：也叫基本等高线。由高程零米起，按规定的等高距测绘，图上以 0.1mm 细实线描绘。如 1∶5 万图上首曲线依次为：10m、20m……

计曲线：也叫加粗等高线。由高程零米起，每隔四条首曲线的第五条，以 0.2mm 的粗实线表示。这样，在地形图上就便于查算点的高程或两点间高差。如 1∶5 万图上计曲线依次为 50m、100m……

间曲线：也叫半距等高线。是按等高距的一半，以长虚线描绘的等高线，主要用于高差不大，坡度较缓，单纯以首曲线不能反映局部地貌形态的地段。间曲线可以绘一段而不需封闭。

助曲线：也叫辅助等高线。通常是按四分之一等高距描绘等高线；但也可以任意高度描绘等高线。助曲线用以表示首曲线和间曲线尚无法显示的重要地貌，图上以短虚线描绘。

3. 地貌特征点的测定

测绘地貌，首先应全面分析地貌的分布形态，尤其是山脊、山谷的走向，找出其坡度变化和方向变化的特征点。因此，地貌特征点包括山顶点、山脚点、鞍部点、分水线(或集水线)的方向变换点及坡度变换点。测量方法一般用极坐标法。

在测定地貌特征点的同时要根据其位置和实地点与点之间的关系正确连接分水线或集水线。分水线与集水线统称地性线。

地性线连好后，即可按照地性线两端碎部点的高程，在地性线上求得等高线的通过点。一般来说，地性线上相邻两点间的坡度是等倾斜的，根据垂直投影原理可知，其图上等高线之间的间距也应该是相等的。因此，确定地性线上等高线的通过点时，可以按比例计算的方法求得。

在地性线上求得等高线通过点后，即可根据等高线的特性描绘等高线。

4. 地貌特征的表示

(1)山顶

根据等高线特性，山顶表示为数条封闭曲线，且内圈高程大于外圈。如图 5-16 所示，圆山顶，图上顶部环圈大，由顶向下等高线由稀变密，测绘时山顶点和其周围坡度变化的地方均需站立棱镜；尖山顶，顶部环圈小，由顶向下等高线由密变稀，测绘时除山顶外，其周围要适当增加棱镜点；平山顶，顶部环圈不仅大，且有宽阔空白，向下等高线变密，测绘时应注意在山顶坡度变化处站立棱镜。

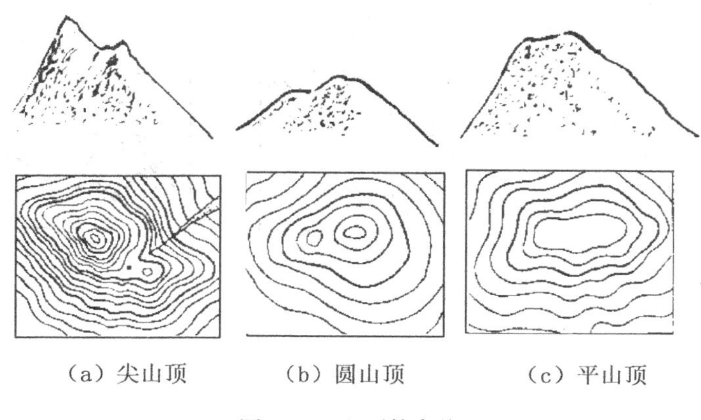

图 5-16　山顶等高线

(2)山脊

如图 5-17 所示，尖山脊的等高线沿山脊延伸方向呈较尖的圆角状，圆山脊的等高线沿山脊延伸方向呈较尖的圆弧状，平山脊的等高线沿山脊延伸方向呈疏密悬殊的长方形状。

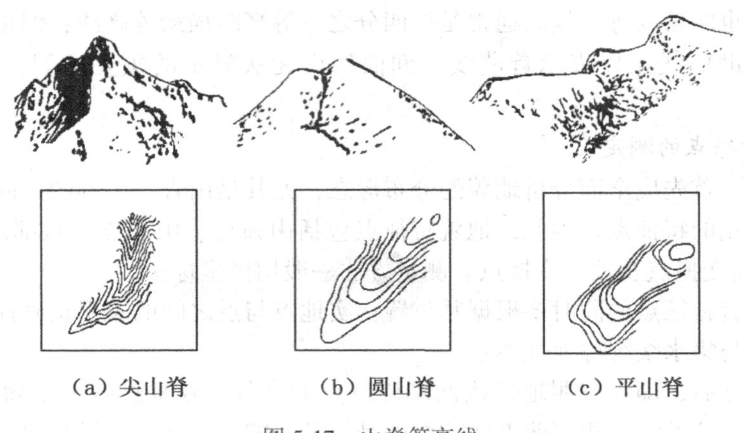
(a) 尖山脊　(b) 圆山脊　(c) 平山脊

图 5-17　山脊等高线

(3)山谷

如图 5-18 所示，尖底谷是底部尖窄，等高线在谷底处呈圆尖状；圆底谷是底部较圆，等高线在谷底处呈圆弧状，测绘时山谷线不太明显，应注意找准位置；平底谷是底部较宽，底部平缓，两侧较陡，等高线过谷底时其两侧呈近似直角状，测绘时棱镜应站立在山坡与谷底相交处，以控制谷宽和走向。

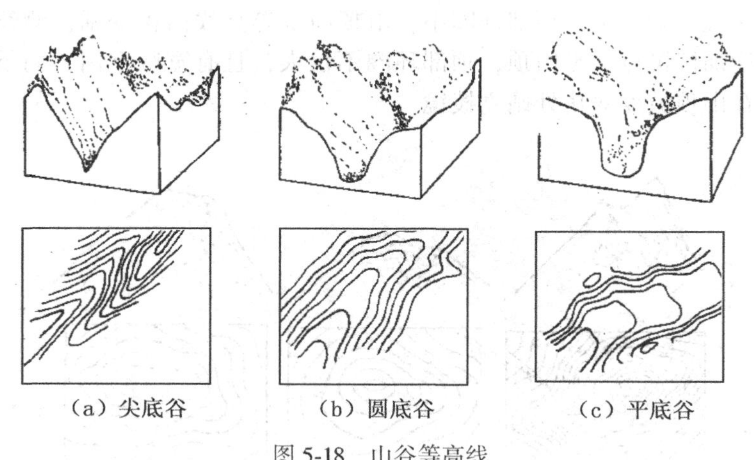
(a) 尖底谷　(b) 圆底谷　(c) 平底谷

图 5-18　山谷等高线

(4)鞍部

如图 5-19 所示，各种鞍部都是凭借两对等高线的形状和位置来显示其不同特征，一对是高于鞍部高程的等高线，另一对是低于鞍部高程的等高线，具有较明显的对称性。测绘时鞍部的最低点必须站立棱镜，其附近要视坡度变化情况适当选择测量点位。

(5)特殊地貌

特殊地貌通常不能用等高线表示，图式中制定有相应的符号，其表示图例如图 5-20 所示。测绘时，应测出分布特征，然后绘以相应符号。

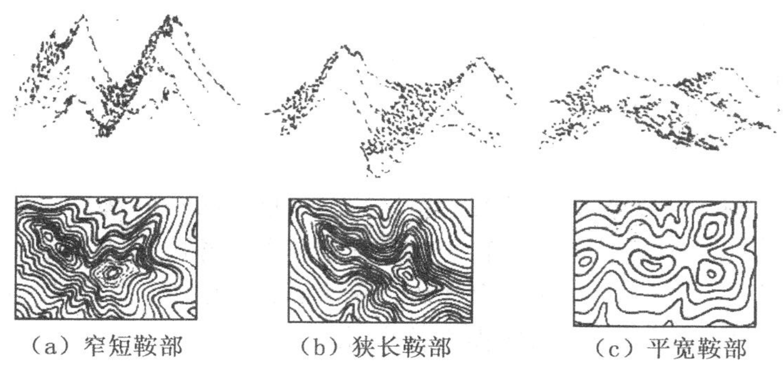

图 5-19 鞍部等高线

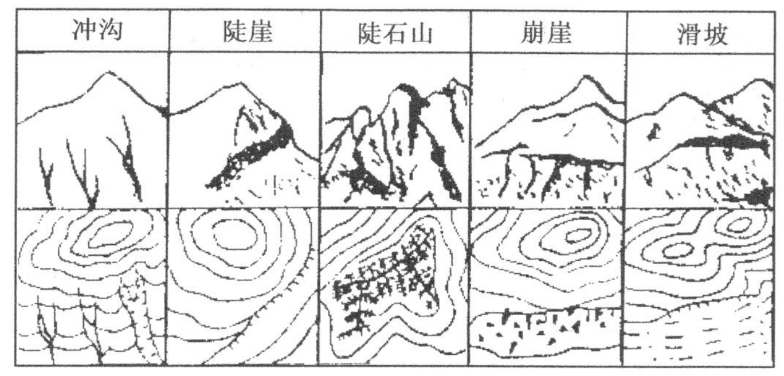

图 5-20 特殊地貌的表示

5.4 野外采样信息的数据结构与采集模式

5.4.1 野外采样信息的数据结构

数据结构是对数据记录的编排方式及数据记录之间关系的描述。在数据结构中，数据元素是最基本的数字形式，它由若干字符组成，特征码、坐标值等都是数据元素。数据记录由一个或多个数据元素组成，一般包含特征码和坐标串两部分，它可以有标识，也可以无标识。数据文件是许多记录的集合，可以当作一个单位对待，因此必须有标识，即必须有文件名。

外业数据文件通常都采用可读的文本格式，以便检查和交换。文件中表达信息的最小单位是数据项，若干数据项组合到一起，描述某一测量要素(如测站或测点)，称作记录。一条记录通常对应于文件的一行。外业数据文件中一般有若干不同作用的记录，用相应的标志加以区分，称为记录类型标志。记录中含有的那些数据项、各数据项的名称，在记录中的位置、长度、数据类型等称为记录的结构。记录的结构和长度可以固定，以便于阅读和存取；也可以不固定，减少不必要的数据存储空间。无论采用什么格式，外业数据采集软件必须能够完整地记录成图信息。

外业采样信息一般可分为两大类：一是标识信息，二是地形点信息。两类信息既可存放在同一文件中，也可分别存放。

1. 标识信息

标识信息的内容非常丰富，归纳起来包括管理信息、测站信息、后视觇点信息、前视觇点信息、检查信息、注释信息等。在一个系统软件中，各种记录项的长度和数据类型一般都是固定的，且给每类信息赋予一个代码，见表 5-2。表中后视信息、前视信息是供导线测量用的，后视信息同时也可供碎步测量使用。

表 5-2　　**标识信息数据格式**

类　型	第一项	第二项	第三项	第四项	第五项	第六项
管理信息	观测者	记录者	测区号	日　期	时　间	仪器号
测站信息	测站名	编　码	仪器高	温　度	气　压	天　气
后视信息	点　号	编　码	水平角			
前视信息	点　号	编　码	水平角	垂直角	斜　距	觇标高
检查信息	点　号	编　码	水平角			
注释信息	注　释					

2. 地形信息

地形信息的数据结构按其功能和方法可分为实体式、索引式、双重独立式和链状双重独立式。

(1)实体式数据结构

实体式数据结构是指构成多边形边界的各个线段，以多边形为单元进行组织。按照这种数据结构，边界坐标数据和多边形单元实体一一对应。如图 5-21 所示的多边形 A、B、C、D，可以用表 5-3 的数据来表示。

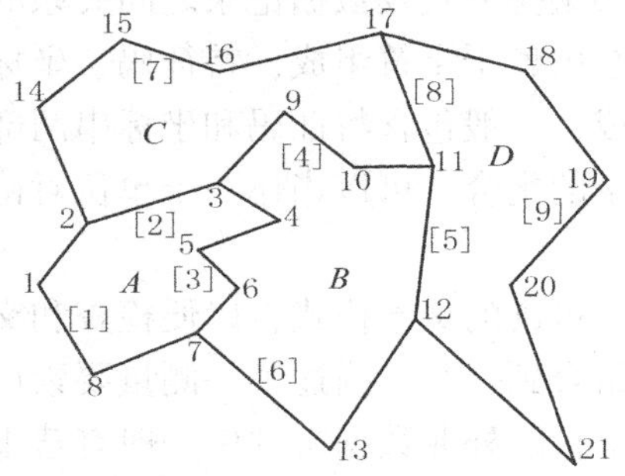

图 5-21　实体式数据结构

表 5-3 多边形数据文件

多边形	编码	数据项
A	×××	(x_1, y_1)，(x_2, y_2)，(x_3, y_3)，(x_4, y_4)，(x_5, y_5)，(x_6, y_6)，(x_7, y_7)，(x_8, y_8)，(x_1, y_1)
B	×××	(x_3, y_3)，(x_9, y_9)，(x_{10}, y_{10})，(x_{11}, y_{11})，(x_{12}, y_{12})，(x_{13}, y_{13})，(x_7, y_7)，(x_6, y_6)，(x_5, y_5)，(x_4, y_4)，(x_3, y_3)
C	×××	(x_2, y_2)，(x_{14}, y_{14})，(x_{15}, y_{15})，(x_{16}, y_{16})，(x_{17}, y_{17})，(x_{11}, y_{11})，(x_{10}, y_{10})，(x_9, y_9)，(x_3, y_3)，(x_2, y_2)
D	×××	(x_{17}, y_{17})，(x_{18}, y_{18})，(x_{19}, y_{19})，(x_{20}, y_{20})，(x_{21}, y_{21})，(x_{12}, y_{12})，(x_{11}, y_{11})，(x_{17}, y_{17})

这种数据结构的优点是编排直观、结构简单、便于绘图仪绘图和多边形面积计算等。但这种方法也有以下明显缺点：

- 相邻多边形的公用边界要存储两遍，造成数据冗余存储；
- 缺少多边形的邻域信息和图形的拓扑关系；
- 岛只作为一个单独图形，没有建立与外界多边形的联系。

(2)索引式数据结构

索引式数据结构是指根据多边形边界索引文件，来检索多边形的坐标数据的一种组织形式，按照多边形边界索引文件性质的不同，可分为折点索引和线段索引两种。

1)折点索引

折点索引是对多边形边界的各个折点进行编号，建立按多边形编排的折点索引文件，形成折点索引文件和多边形折点坐标数据文件。应用时，最后根据折点编号直接检索折点的坐标，生成各个多边形的边界坐标数据，从而进行绘图仪绘图或进行多边形面积统计计算。以图 5-28 为例，这种数据结构的表示形式如下：

折点索引文件：

多边形号	编码	数据项(折点号)
A	×××	1，2，3，4，5，6，7，8，1
B	×××	3，9，10，11，12，13，7，6，5，4，3
C	×××	2，14，15，16，17，11，10，9，3，2
D	×××	17，18，19，20，21，12，11，17

坐标数据文件：

折点号	数据项(坐标)
1	x_1，y_1
2	x_2，y_2
…	…
21	x_{21}，y_{21}

2)线段索引

线段索引是对多边形边界的各个线段进行编号(如图 5-28 所示，线段号从[1]到[9])，建立按多边形单元编排的线段索引文件。根据线段索引文件查阅线段号，由线段号找折点号，由折点号便可从坐标数据文件中检索到各个多边形的边界坐标数据，从而进行绘图仪绘图或进行多边形面积计算。这种数据结构形式如下：

线段索引文件：

多边形号	图块编码	数据项(线段号)
A	×××	[1]，[2]，[3]
B	×××	[3]，[4]，[5]，[6]
C	×××	[2]，[7]，[8]，[4]
D	×××	[8]，[9]，[5]

线段编码文件：

线段号	数据项(折点号)
[1]	7，8，1，2，
[2]	2，3
[3]	3，4，5，6，7
[4]	3，9，10，11
[5]	11，12
[6]	12，13，7
[7]	2，14，15，16，17
[8]	17，11
[9]	17，18，19，20，21，12

(3)双重独立式数据结构

双重独立式数据结构最早是由美国人口统计局研制，用来进行人口普查分析和制图的，简称 DIME(Dual Independent Map Encoding)系统。其特点是采用了拓扑编码结构。

双重独立式数据结构是对图上网状或面状要素的任何一条折线(两点连线)，用其两端的折点及相邻的面域予以定义。如图 5-22 所示的多边形数据，用双重独立式数据结构表示见表 5-4。

表 5-4　**双重独立式(DIME)数据结构**

线号	左多边形	右多边形	起点	终点
a	0	*A*	1	8
b	0	*A*	2	1
c	0	*B*	3	2
d	0	*B*	4	3
e	0	*B*	5	4

续表

线号	左多边形	右多边形	起点	终点
f	0	*C*	6	5
g	0	*C*	7	6
h	0	*C*	8	7
i	*C*	*A*	8	9
j	*C*	*B*	9	5
k	*C*	*D*	12	10
l	*C*	*D*	11	12
m	*C*	*D*	10	11
n	*B*	*A*	9	2

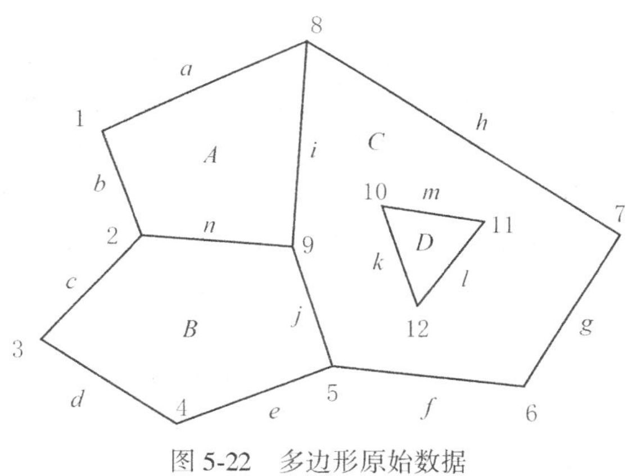

图 5-22　多边形原始数据

表中的第一行表示线段 *a* 的方向是从节点 1 到节点 8，其左侧面域为 0，右侧面域为 *A*。在双重独立式数据结构中，节点与节点或者面域与面域之间为邻接关系，节点与线段或者面域与线段之间为关联关系。这种邻接与关联的关系称为拓扑关系。利用拓扑关系来组织数据，可以有效地进行数据存储正确性检查，同时便于对数据进行更新和检索。因为在这种数据结构中，当数据经计算机编辑处理后，面域单元的第一个始字节应当和最后一个终字节相一致，而且当按照左侧面域或右侧面域来自动建立一个指定的区域单元时，其空间点的坐标应当自动闭合。如果不能自行闭合，或者出现多余的线段，则表示数据存储或编码有错，这样就达到数据自动编辑的目的。例如，从表 5-4 中寻找右多边形为 *A* 的记录，则可以得到组成 *A* 多边形的线及节点见表 5-5，通过这种方法可以自动形成面文件，并可以检查线文件数据的正确性。

表 5-5　　自动生成的多边形 *A* 的线及节点

线号	左多边形	右多边形	起点	终点
a	0	*A*	1	8
i	*C*	*A*	8	9
n	*B*	*A*	9	2
b	0	*A*	2	1

当然，这种数据结构还需要点文件，这里不再列出。

(4)链状双重独立式数据结构

链状双重独立式数据结构是双重独立式数据结构的一种改进。在双重独立式中，一条边只能用直线两端点的序号及相邻的面域来表示，而在链状数据结构中，一条边可以由许多点组成，这样，在寻找两个多边形之间的公共界线时，只要查询链名就行，与这条界线的长短和复杂程度无关。

在链状双重独立式数据结构中，主要有四个文件：多边形文件、弧段文件、弧段坐标文件、节点文件。多边形文件主要由多边形记录组成，包括多边形号、组成多边形的弧段号以及周长、面积、中心点坐标及有关“岛”的信息等，多边形文件也可以通过软件自动检索各有关弧段生成，并同时计算出多边形的周长、面积及中心点坐标，当多边形中含有“岛”时，则此“岛”的面积为负，并在总面积中减去，其组成的弧段号前也冠以负号；弧段文件主要由弧记录组成，存储弧段的起止节点号和弧段左右多边形号；弧段坐标文件由一系列点的位置坐标组成，点的顺序确定了这条链段的方向；节点文件由节点记录组成，存储每个节点的节点号、节点坐标及与该节点连接的弧段。

对如图 5-23 所示的矢量数据，其链状双重独立式数据结构的多边形文件、弧段文件、弧段坐标文件分别见表 5-6、表 5-7、表 5-8。

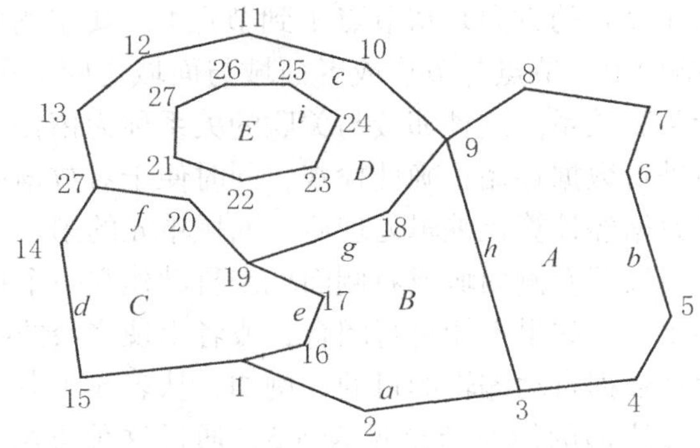

图 5-23　多边形数据

表 5-6 多边形文件

多边形号	弧段号	周长	面积	中心点坐标
A	*h*，*b*			
B	*a*，*h*，*g*，*e*			
C	*e*，*f*，*d*			
D	*c*，*f*，*g*，－*i*			
E	*i*			

表 5-7 弧段文件

弧段号	左多边形	右多边形	起点	终点
a	*B*	0	1	3
b	*A*	0	3	9
c	*D*	0	9	27
d	*C*	0	27	1
e	*C*	*B*	1	19
f	*C*	*D*	19	27
g	*D*	*B*	19	9
h	*B*	*A*	3	9
i	*E*	*D*	21	21

表 5-8 弧段坐标文件

弧段号	点　号	弧段号	点　号
a	3，2，1	*f*	19，20，27
b	9，8，7，6，5，4，3	*g*	19，18，9
c	9，5，11，12，13，27	*h*	3，9
d	27，14，15，1	*i*	21，22，23，24，25，26，27，21
e	1，16，17，19		

5.4.2 常用野外数据采集模式

数据采集工作是数字测图的基础，它是通过全站仪或 GPS 测定地形特征点的平面位置和高程，将这些点位信息自动记录和存储在专用存储器中再传输到计算机中或直接将其记录到与仪器相连的微机中。大比例尺数字测图由于其野外工作的特点，需要一种便于携带、功能齐全并且集计算、采集、成图为一体的专用工具。

从数字测图的发展过程看，野外数据采集模式决定并制约着数字测图技术的发展，每一种数据采集模式都有与之相应的数据处理方法和成图软件。根据地形复杂程度和地物的密度以及测图综合成本等因素，选择不同的数据采集模式和成图软件，对提高工作效率，保证成图质量，减轻劳动强度是非常重要的。

1. 数据存储模式

无论采用何种数据采集模式，首先要考虑的是将采集数据存储到什么地方。目前，常见的数据存储模式有以下几种。

(1)机载PCMCIA卡存储模式

PCMCIA(Personal Computer Memory Card International Association，个人计算机存储卡国际协会)，简称PC卡，其尺寸和插头均是标准化的，是该会确定的标准计算机设备的一种配件，目的在于提高不同计算机以及其他电子产品之间的互换性，当前它已成为笔记本电脑和全站仪的标准扩展。目前，新推出的全站仪和GPS接收机几乎都设有PC卡接口，尼康DTM-750系列、徕卡TC系列、拓普康GTS-700系列等全站仪、瑞士徕卡公司生产的GPS1200接收机都采用PC记录程序和数据。

野外观测值记录在PCMCIA卡上，将卡插入便携机卡槽中，可读出和处理野外观测数据。同时，经处理后的控制点坐标再存储在卡上，全站仪或GPS接收机便可读出卡中的数据以便设置测站参数。

采用带PC卡记录数据的全站仪测图时，控制点数据和碎部点数据分别存入不同的文件中，测站坐标设置及定向只需输入点号即可完成，对文件数据可进行查询、删除等操作。因此，使用PC卡记录数据具有安全可靠、操作和交换方便、通用性强的特点。

(2)机载内存存储模式

新型全站仪和GPS接收机大多有较大的内存容量，测量数据可通过主机上的RS-232串行数据口输出到计算机；控制点数据可按规定格式通过计算机传到全站仪内存中，也可通过键盘输入到内存的文件中。有的全站仪把数据存储器放在键盘上，键盘可以自由装卸，脱离全站仪工作，数据传输非常方便。

机载内存数据采集模式同PC卡一样具有操作方便、安全可靠的优点。

(3)全站仪专用数据记录卡存储模式

索佳SET2C、SET3C，徕卡TC1600等全站仪，其数据记录采用专用数据卡。记录卡插入仪器内可记录测量数据，但数据输出时需要读卡器，如TC1600的读卡器是GIF10，通过读卡器才能实现卡与计算机之间的数据传输。

全站仪专用数据记录卡使用方便，存储数据安全可靠，若配合全站仪专用程序，可从卡中调入数据用于设置测站坐标、计算方位角、查询及删除数据等；不足之处是不同类型的仪器不能通用，且需要专用软件来支持。

(4)电子手簿存储模式

全站仪主机上都带有RS-232串行数据输出端口，因此测量数据通过端口实时输出给电子手簿。比较常见的电子手簿有夏普公司的PC-E500，惠普公司的HP100、HP200，瑞得公司的RD-EBI等，这些手簿的共同特点是：

①重量轻、体积小，便于携带；

②数据通信方便，有的电子手簿还有 PC 卡插槽，甚至还有红外数据发射端口；

③记录数据可靠，适合于野外工作条件；

④图形显示功能较差，且一般采用非 Windows 操作系统，需专用开发语言。

(5)便携机存储模式

全站仪测量数据通过 RS-232 接口直接进入便携机，便携机内装有测图软件，在现场可进行展点、编辑，调用符号库可直接显示所测地物图形，真正实现了内外业一体化数字测图。

内外业一体化的数字测图模式有效地克服了前一阶段内外业独立作业模式的缺点，实现了现场实时成图，地形要素误测和漏测现象得以有效避免，从而保证了测量成果的正确性。便携机数据采集模式的缺点是便携机的电池及屏幕显示很难适应野外工作环境，因此目前还没有让野外工作者十分满意的便携机。

(6)掌上电脑存储模式

掌上电脑数据采集模式是最新推出的野外数据采集及成图一体化的硬件和软件。由于掌上电脑小巧玲珑，在野外测图时可放在手上作业，因此又称掌上平板。掌上电脑数据采集模式充分结合笔记本电脑、电子手簿、掌上平板的优点，同步采集坐标、图形、属性数据，现场成图，实现真正的内外业一体化。

掌上电脑数据采集模式有如下特点：

①小巧玲珑，重量仅有几百克；

②采用 Windows 操作界面，因此掌上电脑与全站仪连接后又称 Win-全站仪；

③触摸屏操作、光笔手写输入，数据输入、文字注记方便快捷；

④600mAH 锂电池，支持长时间外业工作，可连续工作 12～16 小时，完全克服了便携机电池的不足。

2. 野外数据采集模式

野外数据采集的模式有很多。目前，国内常用的有两种模式。

(1)数字测记模式

数字测记模式俗称草图法。采用数字测记模式作业时，每个作业小组一般需要仪器操作员 1 人，绘草图员 1 人，扶棱镜 1 人(若采用 RTK 存储模式则不需要)等，绘草图人员一般还负责协调和指挥。

这种方法是将采集数据存储到存储设备的同时绘制测区草图，记录采样点的相关信息，然后在室内将测量数据传输到计算机，绘图员参考测区草图对测量数据进行编辑和处理，直至生成数字地图。

数字测记模式通常又分为有码作业和无码作业。有码作业需要在现场存储采样点的同时输入属性编码，也就是空间位置和属性信息直接存储到存储器中，而连线信息辅以草图；无码作业方法是存储器仅存储采样点的空间信息，属性信息和连线信息则由草图记录。无论采用有码作业还是无码作业，野外绘制的草图都是内业编辑数据和数字成图的关键信息，因此草图绘制要遵循清晰、易读、相对位置关系正确的原则。同时，为了保证草图的正确性，绘制草图的人员必须跟随司镜员在现场绘制，并且随时和测站保持联系，确保碎部点点号的一致性。

在一个测站上，当所有碎部点观测完毕后，必须找一个已知点检查，以确定在测量过程中没有出现因误操作、仪器碰动或其他原因造成的错误。

(2)电子平板模式

全站仪测量数据通过 RS-232 接口直接进入便携机(或掌上电脑，俗称 PDA)，便携机内装有测图软件，在现场可进行展点、编辑，调用符号库可直接显示所测地物图形，真正实现了内外业一体化数字测图。由于这一数字测图模式在自动成图的基础上，同时也体现了传统平板仪测图现场成图的特点，人们习惯上也将这种数字测图系统称为电子平板。电子平板测图软件既有与全站仪通信和数据记录的功能，又在测量方法、数据处理和图形实时编辑方面有了突破性的进展，完全取代了图板、图纸、铅笔、橡皮、三角板和复比例尺等平板仪测图绘图工具。高分辨率的显示屏可清晰准确地显示图形，实现了所显即所测。数字测图的成果质量和作业效率全面超过了传统手工测图，使数字测图技术走向了实用化，数字测图系统实现了商品化。1993 年以后，内外业一体化的数字测图系统相继问世。具有代表性的产品主要有清华大学的 EPSW 系统和南方测绘仪器公司的 CASS 系统等。

采用电子平板模式测图时，每个作业小组一般需要观测员 1 名，电子平板操作员 1 名，司镜员 1 名。测图时，全站仪传输到电子平板的数据与测图软件有关，有的软件直接传输三维坐标，有的软件则传输水平距离、水平角和垂直角，计算坐标的任务交给电子平板完成。

5.5 水下地形测量

水下地形测量分为内陆水域测量(主要指江、湖、河、水库等)和海域测量。测量坐标系统和高程系统，应与陆域测量的坐标系统和高程系统一致。否则，应求出两者换算关系。当同时进行陆域测量和水下地形时，应以陆域测量为主，布设统一的控制网。当测图比例尺小于 1∶500 时，平面控制网最弱点相对于起算点的中误差不大于 10cm；当测图比例尺为 1∶500 时，平面控制网最弱点相对于起算点的中误差不大于 5cm。测深点的平面定位中误差，不应大于图上 1.5mm；当测图比例尺小于 1∶1 000或水域浪大流急、水深超过 20m 时，不应大于图上 2mm。水深测量可采用回声测深仪(单波束、多波束)、测深锤或测深杆等测深工具。测深点定位可采用 GPS 定位法、交会法、极坐标法等。

水深测量方法应根据水下地形情况和设备条件合理选择。测深点的深度中误差，不应超过表 5-9 的规定。

表 5-9 **测深点深度中误差**

水深范围(m)	测深仪器或工具	流速(m/s)	测点深度中误差(m)
0~4	宜用测深杆	—	±0.10
0~10	测深锤	<1	±0.15
1~10	测深仪	—	

续表

水深范围(m)	测深仪器或工具	流速(m/s)	测点深度中误差(m)
10~20	测深仪或测深锤	<0.5	±0.20
>20	测深仪	—	H×1.5%

注：①H为水深，单位为米；

②水底树林和杂草丛生水域不宜使用回声测深仪；

③取排水口等复杂的地段，测深宜加强复测。

水下地形测量开始前必须了解测区的礁石、沉船、水流、险滩等水下情况。作业中，如遇有大风、大浪，应停止水上作业。

测深点宜按横断面布设，断面方向宜与岸线(或主流方向)相垂直。当采用单波束测深仪时，主测深线应垂直于等深线的总方向；当采用多波束测深仪时，主测深线原则上应平行于等深线的总方向。测深线间隔，原则上应为图上1~2cm，辐射线的间隔最大为图上1cm。测点间隔，一般为图上1cm，根据水下地形变化情况、比例尺和用途可适当加密或放宽。

水尺的设置应能反映全测区水面的瞬时变化，测区范围不大且水面平静时，可不设置水尺，但应于作业前后测量水面高程；水尺的位置，应避开回流、壅水、行船和风浪的影响，尺面应顺流向岸；一般地段1.5~2.0km设置一把水尺。河床复杂、急流滩险河段及海域潮汐变化复杂地段，300~500m设置一把水尺；河流两岸水位差大于0.1m时，应在两岸设置水尺；当测区距离岸边较远且岸边水位观测数据不足以反映测区水位时，应在测区增设水尺。

水位观测时，水尺零点高程的联测，应不低于图根水准测量的精度；作业期间，应定期对水尺零点高程进行检查；水深测量时的水位观测，宜提前10分钟开始、推迟10分钟结束；作业中，应按一定的时间间隔持续观测水尺，时间间隔应根据水情、潮汐变化和测图精度要求合理调整，以10~30分钟为宜；水面波动较大时，宜读取峰、谷的平均值，读数精确至厘米；当水位的日变化小于0.2m时，可于每日作业前后各观测一次水位，取其平均值作为水面高程。

水深测量宜采用有模拟记录的测深仪进行作业，工作电压与额定电压之差，直流电源不应超过10%，交流电源不应超过5%；实际转速与规定转速之差不应超出±1%，超出时应加修正；电压与转速调整后，应在深、浅水处作停泊与航行检查，当有误差时，应绘制误差曲线图予以修正；测深仪换能器可安装在距船头1/3~1/2船长处，入水深度以0.3~0.8m为宜。入水深度应精确量至1cm；定位中心应与测深仪换能器中心位于同一条铅垂线上，其偏差不得超过定位精度的1/3，否则应进行偏心改正；每次测量前后，均应在测区平静水域进行测深比对，并求取测深仪的总改正数。比对可选用其他测深工具进行。对既有模拟记录又有数字记录的测深仪进行检查时，应使数字记录与模拟记录一致，二者不一致时以模拟记录为准；测深过程应实测水温及水中含盐度，并进行深度改正；测量过程中船体前后左右摇摆幅度不宜过大。当风浪引起测深仪记录纸上的回声线波形起伏值，在内陆水域大于 0.3m、海域大于 0.5m 时，宜暂停测深作业。测深点的水面高程，应根据水位观测值进行时间内插和位置内插，当两岸水位差较大时，还应进行横比降改正。

GPS 定位宜采用 GPS-RTK、GPS-RTD 或 RBN-DGPS 方式；当定位精度符合工程要求时，也可采用后处理差分技术，参考站点位的选择和设置应符合相关规定，作业半径可放宽至 20km；船台的流动天线，应牢固地安置在船侧较高处并与金属物体绝缘，天线位置应与测深仪换能器位于同一条铅垂线上，否则应进行偏心改正；流动接收机作业的有效卫星数不宜少于 5 个，PDOP 值应小于 6；GPS-RTK 流动接收机的测量模式、基准参数、转换参数和数据链的通信频率等，应与参考站相一致，并应采用固定解成果；每日水深测量作业前、结束后，应将流动 GPS 接收机安置在控制点上进行定位检测；作业中，发现问题应及时进行检测和比对；定位数据与测深数据应同步，否则应进行延时改正。

当采用 GPS-RTK 定位时也可采用无验潮水深测量方式，但天线高应量至换能器底部并精确至 1cm。

当使用交会法和极坐标法定位时，测站点的精度不应低于图根点的精度；作业中和结束前，均应对起始方向进行检查，其允许偏差应小于 1′；交会法定位的交会角宜控制在 30°~150°之间，个别角亦不应小于 20°。

测深过程中或测深结束后，应对测深断面进行检查。检查断面与测深断面宜垂直相交，检查点数不应少于 5%。检查断面与测深横断面相交处，图上 1mm 范围内水深点的深度较差，不应超过表 5-10 的规定。

表 5-10　**深度检查较差**

水深 H(m)	$H \leqslant 20$	$H > 20$
深度检查较差 Δ(m)	$\Delta \leqslant 0.4$	$\Delta \leqslant 0.02\,H$

5.6　海洋测绘

海洋测绘是测绘学的一个分支学科。从这个分支学科的名称，我们就可以清楚地知道，海洋测绘的对象是海洋。尽管大海一片汪洋，由于海洋是由各种要素组成的综合体，因此海洋测绘的对象可以分解成各种现象。这些现象可分成两大类，即自然现象和人文现象。自然现象是自然界客观存在的各种现象，如曲曲折折的海岸，起伏不平的海底，动荡不定的海水，风云多变的海洋上空。用科学名词来说，就是海岸和海底地形，海洋水文和海洋气象。它们还可以分解成各种要素，如海岸和海底的地貌起伏形态、物质组成、地质构造、重力异常和地磁要素、礁石等天然地物，海水温度、盐度、密度、透明度、水色、波浪、海流，海空的气温、气压、风、云、降水，以及海洋资源状况等。人文现象是指经过人工建设、人为设置或改造形成的现象，如岸边的港口设施——码头、船坞、系船浮筒、防波提等；海中的各种平台，航行标志——灯塔、灯船、浮标等；人为的各种沉物——沉船、水雷、飞机残骸，捕鱼的网、栅；专门设置的港界、军事训练区、禁航区、行政界线——国界、省市界、领海线等，还有海洋生物养殖区。这些现象，包含有海洋地理学、海洋地质学、海洋水文学和海洋气象学等学科的内容。

海洋测绘不仅要获取和显示这些要素各自的位置、性质、形态，还包括它们之间的相互关系和发展变化，如航道和礁石、灯塔的关系，海港建设的进展，海流、水温的季节变化等。

由于海洋区域与陆地区域自然现象的重要区别在于分布有时刻运动着的水体，使它的测绘方法与陆地测绘方法有明显的差别，因此陆地水域江河湖泊的测绘，通常也划入海洋测绘中。

海洋测量的对象是海洋，而海洋与陆地的最大差别是海底以上覆盖着一层动荡不定的、深浅不同的、所含各类生物和无机物质有很大区别的水体。

由于这一水体的存在，海洋测量在内容、仪器、方法上有明显不同于陆地测量的特点，主要包括以下几个方面：

由于这一水体，使目前海洋测量只能在海面航行或在海空飞行中进行工作，而难以在水下活动。因而在海洋水域没有居民地，也没有固定的道路网，除浅海区外，也没有植被。因此海洋测量的内容主要是探测海底地貌和礁石、沉船等地物，而没有陆地那样的水系、居民地、道路网、植被等要素，而且海底地貌也比陆地地貌要简单得多，地貌单元巨大，很少有人类活动的痕迹。但这并不是说海洋测量比陆地测量要简单得多，相反，海洋测量在许多方面要比陆地测量要困难。

首先，水体具有吸收光线和在不同界面上产生光线折射及反射等效应，在陆地测量中常用的光学仪器，在海洋测量中使用很困难，航空摄影测量、卫星遥感测量只局限在海水透明度很好的浅海域。海洋测深主要使用声学仪器。但是超声波在海水中的传播速度随海水的物理性质，如海水盐度和温度等的变化而不同，这就增加了海洋测深的困难。

其次，由于水体的阻隔，肉眼难以通视海底，加上传统的回声测深只能沿测线测深，测线间则是测量的空白区，海底地形的详测需要进行加密，或采用全覆盖的多波束测深系统，这就会大量地增加测量时间和经费。

再次，由于海水是动荡不定的，这为提高海洋测量的精确性造成极大的困难。

最后，目前海洋测量的载体主要是船舶，而船舶的续航力很有限，出测又受到天气和海况的限制，全球海域又如此广大，因此详测全球海域需要漫长的时日。

在航海图上，不以平均海面时的海陆交界线作为海岸线。因为这条线在高潮时淹没在水中，低潮时虽露出水面，但其痕迹被大潮高潮时的海水所冲刷，在实地上很难判别其位置。而海岸线上的某些特征，如岬角、特殊颜色等又是航海时确定船位和方向的重要目标。确定有明显痕迹的位置作为海岸线，对航海是极有用处的。根据分析研究得知，平均大潮高潮时的海陆交界线，常常有明显的痕迹。如在陡岸上，一般都留有海水侵蚀过的痕迹；有植被的海岸地段，有不被海水浸泡的陆地植被的生长界线；平坦海岸上，有海浪活动的最上痕迹和水生植物枝叶的堆积；通常海水浸泡和冲刷过的岩石和沙土的颜色不同于未经海水浸泡过的颜色等。根据上述种种痕迹，首先在实地上确定海岸线的位置，然后用地形测量的方法，就可将其测绘在图上。

使用侧扫声呐、浅地层剖面仪等设备探测工程海区的海底微地貌起伏的高度、水深、形状特征或范围；探测海底浅层地层分布特征和不良地质现象；以及工程海区的海底礁石、沉船等障碍物的位置、高度、大小和范围。调查工程海区的海底微地貌情况，以及影响工程海区的海底微地貌的变化因素。

(1)侧扫声呐

使用侧扫声呐探测，侧扫探测之前，应全面了解工程需要。调查搜集工程海区的水深、海底地形及特征、海底障碍物情况、海流的流速和流向、风向和风速、水温层变化情况；侧扫的测线应设计成直线，测线方向应平行于工程海区的海流方向；根据测线间距选择合理的声呐扫描量程，在工程海区内要求 100%覆盖，相邻测线要有 20%～30%的重叠覆盖；当水深太浅时可适当降低重叠覆盖率；侧扫声呐工作频率为 50～500 kHz，水平波束角小于(或等于)1°，脉冲长度小于或等于 0.2ms，作用距离大于(或等于)200m；具有水体移去、航速校正、倾斜距校正等功能。探测开始前，应在测区或附近选择有代表性的海域进行仪器设备调试，确定仪器的最佳工作参数；声呐拖鱼入水后，勘察船只不得停船或倒车，应尽可能保持航向稳定，不得使用大舵角修正航向；换测线转向应使用小舵角大回旋圈方法；声呐拖鱼离海底高度应是扫描量程的 10%～20%；声呐记录仪记录为经水体移去、航速校正与倾斜距校正的图谱时，应用电子媒质记录储存未经校正的原始资料；用合适的定位设备对声呐拖鱼进行自动定位，也可采用人工计算进行声呐拖鱼位置改正；现场进行声呐图谱记录的初步判读，根据需要对可疑目标在其周围增设不同方向的补充测线作进一步探测；对下列情况应进行补充探测：测线段漏测、航迹偏离设计测线大于测线间距 20%、记录图谱质量不合格导致无法进行正确判读。

侧扫声呐探测资料解释时，应结合海底取样、钻孔取芯和浅地层剖面探测成果，进行海底面状况判读：辨别并剔除声呐图谱记录上的干扰信号和噪声及不具有工程意义的回声信号；识别海底沉积物类型，确定各类沉积物与海底裸露基岩分布范围；分析海底微地貌；进行海底障碍物识别和定位。对识别出的海底面特征和海底障碍物，应进行航速、倾斜距和拖鱼位置校正，确定它们的真实位置、分布范围、大小形状，并标绘于航迹图上。具垂向起伏的海底面特征，应根据声呐记录图谱上声学阴影长度确定其近似高度和深度。判读出的海底明显起伏的不规则性应补充进水深图中。

侧扫声呐成果图件，应根据侧扫声呐探测资料编绘成海底面状况图，该图以航迹图作底图，并包括海底取样、钻孔岩芯等方面的地质资料和岸线，周围陆域与主要地物标志等。按任务委托方的要求，根据声呐探测资料完成测区声呐镶嵌图，可采用计算机自动数字镶嵌或人工镶嵌方法。

(2)浅地层剖面探测

使用浅地层剖面探测时，浅地层剖面探测获得海底以下 30m 深度内的地层分布特征和不良地质现象，地层分辨率不小于 30cm；记录剖面图像清晰，没有强噪声干扰与图像模糊、空白、间断等现象。

浅地层剖面探测使用浅穿透地层剖面仪，换能器入水深度不小于 0.5m；海上探测开始以前在测区内进行试验，获得最佳的地层穿透深度和分辨率从而确立探测作业参数，同时将噪声和干扰降低到最低程度；海上探测中对勘察船航行的要求同侧扫声呐探测；水深变化时，应及时调整记录仪扫描时间及时间延迟；记录剖面图像应完整，中间漏测或缺失部分不大于50m，累计漏测段小于2%的测线总长度；初步分析记录剖面图像，发现可疑目标时应增设补充测线以确定其性质、圈定其范围。

浅地层剖面资料解释时，用复制地层剖面记录资料进行解释，主要包括下列内容：

①识别剖面记录上的各种干扰信号；

②进行剖面地层序划分，并与测区的地质钻孔分层资料相对比；分析各层序的空间形态及各层序间的接触关系，确定各层序的地质特征与工程特性；

③识别下列不良地质现象：浅层气、古河谷、滑坡、塌陷、断层、泥丘、盐丘、海底软夹层、侵蚀沟槽、活动沙波等。确定它们的性质、大小、形态与分布范围。

制作浅地层剖面成果图，应根据地层剖面探测资料和测区地质资料编制地层剖面图和浅部地质特征图；地层剖面图根据需要选择测线编制；其平面比例尺一般与其他解释图相同，垂直比例尺根据要反映的剖面深度而定，纵横比例尺要合理。图中包括剖面线位置的水深、地层分界面、各层岩性、浅层气分布界面、断层等重要特征，并标有所经过的主要地物标志和海底取样与钻孔岩芯的位置及相应海底沉积柱状图、岩芯的分层描述与测试结果。多种地层剖面探测同时进行时，可分别解释编制地层剖面图，也可合编为一种地层剖面图；浅部地质特征图主要包括以下内容：重要地层层次的厚度等值线或顶面埋深等值线；重要的地形、地貌及浅部地质现象；主要不良地质现象分布及它们的成因、形态、性质、规模等。测区内主要地物标志、海底取样站位、钻孔位置、地质取样结果描述和沉积物测试结果。浅部地质特征图内容较少时可与海底面状况图合编；地层剖面探测资料解释成图的时深转换根据测区内和测区附近海域的声速测井资料或其他声速资料进行。没有实际声速资料时，可采用1 500m/s 的假设声速进行时-深转换，但应在图上注明。

◎ 思考题

1. 何谓数字地图？数字地图的特点有哪些？

2. 极坐标法测碎部点，在 A 点架设仪器。已知 X_A = 234 753.89，Y_A = 190 374.04，H_A = 57.42 m，仪器高为 1.52m，仪器照准 1 号点的棱镜读得垂直角为+3°20′08″、斜距为 173.21m、方位角为 184°24′38″，棱镜高为 2.00m，计算 1 号点的坐标。

3. 叙述数字测图的主要步骤。在数字测图中野外信息包括哪些内容？

4. 什么是等高线？等高线有哪些特性？

5. 叙述数字测记法测绘数字地图的基本过程。

第6章 核电厂施工控制测量

本章适用于核电厂及其附属设施的施工测量，不包括设备安装施工的测量。

作业前，应搜集有关的测量资料，熟悉施工设计图纸，明确施工要求，制定施工测量方案，并对工程设计文件提供的测量资料进行复核。施工测量的平面坐标应采用独立的施工坐标系，并与规划设计阶段采用的坐标系统有确定的换算关系。施工高程系统宜与规划设计阶段的高程系统一致。

核电厂施工控制可分为初级网、次级网、厂房微网。主厂区以外其他独立子项工程的施工测量，在满足精度要求的前提下，可充分利用规划设计阶段施测的初级平面、高程控制成果，但必须进行复测检查。新建的施工控制网，宜布设为独立网。控制网的观测数据，不得进行高斯投影改化，宜将观测边长归算到核电厂区的主施工高程面(或核反应堆底板设计标高)上。各级施工控制网测设，应根据网点的目标精度要求，结合所采用的测量仪器设备，合理选取各观测项中误差先验值，按最小二乘法进行精度估算，优化观测方案。核电厂的施工测量，特别是厂房内部的微网观测、施工测设以及设备构件安装的定位和检查等项精密测量工作，宜在同等气象条件下进行。当环境因素变化显著时，应考虑温度、气压等的影响。

6.1 施工控制网投影变形的处理

目前，核电厂施工控制网多采用GPS控制网，GPS控制网是整个厂区地理空间数据的定位基础，是“数字核电”的坚强后盾。现代空间技术特别是GPS技术的发展为厂区控制网的建设、扩建与改造提供了一种崭新的技术手段，使控制测量发生了巨大变革，极大地提高了控制点的点位精度和作业效率。但由于许多厂区或远离国家3°带中央子午线，造成GPS控制网的边长尺度与地面实际测量的边长尺度不一致，产生所谓的长度投影变形。若投影变形过大，其成果不能满足1：500比例尺测图和施工放样以及设备安装的精度要求。因此，合理处理投影变形对坐标成果的影响已成为GPS测量后处理的一项重要内容。

6.1.1 处理GPS控制网投影变形的理论依据

GPS测量得到的是空间三维直角坐标，需经过坐标变换、高斯投影后才能得到所需的参考椭球面上的高斯平面直角坐标。经过了高斯投影，它必然产生两种变形，即高程归算变形和高斯投影变形。

将GPS地面观测的长度归算到参考椭球面上产生的变形称高程归算变形，可按式(6-1)计算：

$$\Delta s_1 = -\frac{H_m}{R_A}D \tag{6-1}$$

式中：R_A——长度所在方向参考椭球面法截弧的曲率半径；

H_m——观测边的平均大地高；

D——实地测量的水平距离。

再将参考椭球面上的长度投影到高斯平面上产生的变形称高斯投影变形，可按式(6-2)计算：

$$\Delta S_2 = \frac{y_m^2}{2R_m^2}S \tag{6-2}$$

式中：R_m——测线两端平均纬度处参考椭球面的平均曲率半径；

y_m——测线在高斯平面上离中央子午线垂距的平均值；

S——参考椭球面上的长度。

这样，地面上一段距离经过两次改正，被改变了真实长度，这种高斯投影面上的长度与地面真实长度之差称为长度综合变形，可按式(6-3)计算：

$$\Delta S = \frac{y_m^2}{2R_m^2}S - \frac{H_m}{R_A}D \tag{6-3}$$

为了实际计算方便，又不损害必要的精度，取 $R_m = R_A = 6\ 371\text{km}$，又取不同投影面上的同一距离近似相等，即 $S = D$，将式(6-3)写成相对变形的形式为：

$$\frac{\Delta S}{S} = \frac{y_m^2}{2R_m^2} - \frac{H_m}{R_m} \tag{6-4}$$

公式(6-4)表明：采用国家统一坐标系统所产生的长度综合变形与厂区所处投影带内的位置和厂区平均高程有关，利用式(6-4)可以方便地计算出已知厂区内长度相对变形的大小。

厂区控制网不仅要满足大比例尺测图的需要，同时还要满足一般工程施工放样、设备安装等测量的精度要求。一般规定，长度综合变形的容许值为1/40 000，当大于容许值时，必须采取措施限制长度投影变形。

6.1.2 处理厂区GPS控制网投影变形的技术方案

1. 边长尺度强制约束法

基本思路是：在GPS控制网二维约束平差时，以两个点位精度可靠的国家点坐标成果作为平差条件输入，则计算得到的厂区控制网坐标成果的边长尺度即为两已知点之间的边长尺度，如能合理控制两已知点之间的边长尺度，即可控制整个厂区控制网的边长尺度。具体计算方法是：首先用高精度的全站仪实测两已知点之间的距离，并将其化算到测区平均高程面上。然后取离测区较近、精度可靠的一个已知点为起算点，以该点至另一个已知点的方位为起算方位，利用两点间实测的边长计算另一个已知点的起算坐标，再以两已知点的坐标为约束条件，在54椭球下进行约束平差，最终求得整个厂区GPS控制网各点的坐标平差值，平差后整个控制网的边长尺度为 1(即高斯平面上坐标反算的距离与实地距离相等)，投影变形得到有效消除。

2. 抵偿投影带法

不同投影带的出现是因为选择了不同经度的中央子午线的缘故，如果我们合理选择中央子午线的位置，使长度投影到该投影带所产生的变形恰好抵偿这一长度投影到椭球面上产生的变形，则高斯平面上的长度也能够和实际长度保持一致，避免长度变形。我们称这种能够抵偿长度变形的投影带为“抵偿投影带”。令 $\Delta S/S$ 为零，可以计算出新投影带中央子午线离开测区中央的距离：

$$y_m = \sqrt{2R_m H_m} \tag{6-5}$$

设某厂区平均大地高为 100m，则 $y_m = \sqrt{2 \times 6371 \times 100/1\,000} = 36\text{km}$，经推证，它能控制的测区最大范围可按式(6-6)计算：

$$y_{\max} = \sqrt{2R_m H_m + 2R_m^2 \Delta S/S} \tag{6-6}$$

设 $\Delta S/S = 1/40\,000$，$R_m = 6\,371\text{km}$，$H_m = 100\text{ m}$，则 $y_{\max} = 58\text{km}$。

即当厂区平均大地高为 100m，不改变投影高程面，只要将中央子午线设在离测区中央 36 km 的位置，就可保证测区中央长度投影变形为零，且东西各距 11 km 的范围内长度综合变形小于1/40 000。

新的中央子午线选定后，将平面已知点坐标进行换带计算，然后以换带后的已知点坐标为条件进行二维约束平差，这样求得的整个厂区 GPS 控制网各点的坐标成果，在一定范围内投影变形可以满足要求。

3. 抵偿高程面法

根据长度变形相互抵偿的性质，如果适当选择参考椭球的半径，使长度投影到这个椭球面上减少的数值恰好等于这个面投影到高斯平面上增加的数值，那么高斯平面上的距离和实地距离就保持一致，这个适当半径的椭球就称为“抵偿高程面”。令 $\Delta S/S$ 为零，可以计算出抵偿高程面低于测区平均高程面的距离：

$$H_m = \frac{y_m^2}{2R_m} \tag{6-7}$$

设某厂区中心离 3°带中央子午线的距离 $y_m = 90\text{ km}$，利用式(6-7)计算出 $H_m = 650\text{ m}$。

即选择低于测区平均高程面 650 m 的“抵偿高程面”为投影面，可使测区中央长度投影变形为零。利用式(6-6)可以计算 $Y_{\max} = 102\text{ km}$。即厂区东西跨距 12 km 范围内长度综合变形小于1/40 000。

抵偿高程面选定后，计算出新的椭球参数，将作为厂区 GPS 控制网起算点的国家坐标系坐标转换到新的椭球面上，以新坐标为约束条件进行平差计算求出各待定点的坐标成果，在一定范围内长度变形得到有效消除。

4. 中央子午线设在厂区中央，长度归化到测区平均高程面上

这种方案既可使厂区中央投影变形为零，又可保证在离中央子午线 45 km 以内的地区相对投影变形小于1/40 000，即厂区东西跨度可达 90km，完全可以满足一般厂区的要求。

6.1.3 关于各种解决方案的讨论

①方案一实质上是在国家坐标系平差中固定边长尺度，算出的成果为近似于54北京坐标系的厂区独立坐标，该坐标与国家坐标相差很小，这些点展绘在1∶10 000国家基础地形图上是相互吻合的，可以满足国家规范管理的要求，只要测区内保存有两个以上的可靠控制点，均可在此基础上进行控制网的恢复和扩展。这种方案的缺点是：新的坐标成果所对应的参考椭球参数不明确，不方便使用RTK进行后续的定位测量。至于已知点之间实际长度的获取，最好用全站仪直接测量，如果厂区没有条件，也可按投影变形公式用无约束平差后WGS-84椭球面上的边长反求测区平均高程面上的长度，但精度不如用全站仪直接测量理想。

②方案二实质上就是用选取中央子午线最佳位置的方法来限制长度变形，不仅保持国家统一的椭球面作投影面不变，也不需计算新椭球参数，从而避免了复杂的计算。但经换带计算后，同一个点的高斯平面坐标值面目全非，与小比例尺图脱节，使用起来非常不便，同时为了使整个测区范围内的投影变形均小于1∶40 000，厂区面积受到较大限制。

③方案三不仅有效地处理了投影变形，而且使GPS控制网坐标与原厂区已有国家坐标相差不大，这是一种可行的处理变形的方法。值得注意的是，这种方法只考虑了长度投影变形，而方向仍采用WGS-84椭球面上的方向，显然没有进行方向改化。因此，从理论上讲这种方法是不严密的，但若厂区不大，却也不影响成果的使用。但用这种方法处理投影变形，厂区范围同样受到限制，且因需要计算新椭球参数，计算相对复杂。

④方案四是既改变投影带又改变投影面来限制长度变形，目的是为了克服方案二、方案三测区面积受限的缺点。在厂区东西跨度小于90km的情况下，完全可以满足核电厂建设的需要。但厂区GPS控制网坐标成果与周围国家点坐标很难建立联系，不利于"数字核电"和"数字区域"的兼容。

在核电厂GPS控制网数据后处理过程中，对长度投影变形的处理不可回避。在选择处理投影变形方案时，一般应遵守以下几个原则：一是深刻理解各种工程的精度要求，保证长度投影变形不超过容许值；二是经长度投影变形处理后的区域坐标最好与原国家坐标的差值在1∶10 000国家基础图上可以忽略不计，方便后续工作的进行；三是与国家坐标有明确的联系，便于空间数据的交流与共享；四是避免地面网坐标的固有误差使GPS相对图形产生扭曲变形，从而保持GPS网应有的高精度；五是处理方法简便易行，避免进行复杂的计算。

6.2 施工控制测量方案

6.2.1 初级网测量

初级网平面控制应根据所收集的测区平面起算点和地形图等资料，并结合现场踏勘情况进行综合分析，宜布设成GPS网或三角形网等形式。初级网点位应选在通视良好、质地坚硬、便于施测、利于长期保存的地点。初级网平面控制精度的基本要求：最弱点点位中误差应不超过 2cm。

初级网平面控制测量时，当采用三角形网时，其主要技术要求应符合表 6-1 的规定；当采用 GPS 网时，其主要技术要求应符合表 6-2 的规定。

初级网高程控制，应根据测区高程起算点、地形图等资料以及现场踏勘情况按水准网要求布设成闭合环线、附合路线或节点网。初级网水准点，宜单独布置在场地相对稳定的区域。水准点间距宜小于 1km，距离建构筑物不宜小于 25m，距离回填土边缘不宜小于 15m。初级网高程控制精度的基本要求：最弱点高程中误差应不超过 1cm。初级网高程控制等级，应根据水准路线长度及最弱点高程中误差精度要求合理选择，但不应低于四等水准。

表 6-1　　**初级三角形网测量的主要技术要求**

等级	平均边长（km）	测角中误差（″）	测边相对中误差	最弱边边长相对中误差	水平角观测测回数		三角形最大角度闭合差（″）
					DJ1	DJ2	
初级网	1.0	1.8	≤1/150 000	≤1/70 000	4	6	7

表 6-2　　**初级 GPS 网的主要技术要求**

等级	平均边长（km）	固定误差 A（mm）	比例误差系数 B（mm/km）	最弱边相对中误差
初级网	1.0	≤5	≤2	≤1/70 000

6.2.2　次级网测量

次级网点位应采用有强制对中装置的钢筋混凝土观测墩，其基础应建立在基岩上。新建观测墩，应达到稳定后方可开始观测。观测墩型式，按有关规范执行。

次级网点宜分为基准点和工作基点。基准点数量不应少于 3 个，点位应选在主厂区周边、变形影响区域之外、稳固可靠的位置；工作基点数量宜为 6~8 个，应选在核岛和常规岛等主要厂房周围、相对稳定且方便使用的位置；基准点和工作基点的布设应整体考虑，并进行一次布网。

次级网点位，应根据核电厂总平面布置图和施工总布置图，结合施工场区内外的地形条件布设，并满足主厂区内建筑施工测设的需要。次级网平面控制，宜布设成三角形网或 GPS 网等形式。网形设计应充分顾及精度、可靠性和灵敏度等指标。次级网平面控制在第一次测定时，宜合理选用初级网中通过检测的一个点的坐标及一条边的方位角作为平面起算数据。次级网平面控制的主要技术要求应符合表 6-3 的规定。

表 6-3 **次级网平面控制的主要技术要求**

等级	平面点位中误差(mm)	相邻点相对点位中误差(mm)	平均边长(m)	测角中误差(″)	测边相对中误差	水平角观测测回数		三角形最大角度闭合差(″)
						DJ05	DJ1	
次级网	2.0	2.0	200	1.8	≤1/150 000	4	6	3.5

注：①次级网点的平面坐标中误差，是相对于初级网中作为次级网平面起算的基准点而言的；
②DJ05 为一测回水平方向中误差不超过±0.52″的全站仪或电子经纬仪；
③GPS 次级测量控制网，不受测角中误差和水平角观测测回数指标的限制；
④实际平均边长对比表列规定数值相差较大时，宜重新进行验算。

当采用三角形网作为次级网时，应满足下列要求：

①水平角观测，宜采用全站仪全圆方向观测法。每半测回每方向宜 3 次照准读数，各方向值取多测回的平均值。其技术要求应符合表 6-4 的规定。

表 6-4 **水平角方向观测法的技术要求**

等级	仪器型号	两次照准目标读数差(″)	半测回归零差(″)	一测回内 2C 互差(″)	同一方向值各测回较差(″)
次级网	DJ05	1.5	4	8	4
	DJ1	4	6	9	6

注：当观测方向的垂直角超过±3°的范围时，该方向 2C 互差可按相邻测回同方向进行比较，其值应满足表中一测回内 2C 互差的限制。

②边长观测应采用电磁波测距方法，并符合表 6-5 的规定。

表 6-5 **电磁波测距的主要技术要求**

等级	测距仪精度等级	每边测回数		一测回读数较差限值(mm)	单程测回间较差限值(mm)	气象数据测定最小读数		往返或时段间较差限值(mm)
		往	返			温度(℃)	气压(Pa)	
次级网	≤2mm 级仪器	3	3	1.5	2	0.2	50	$2(a+b\cdot D\cdot 10^{-6})$
	≤5mm 级仪器	4	4	3	4			

注：①测回是指照准目标一次，读数 2~4 次的过程；时段是指测边的时间段，如上、下午和不同的白天；
②测量斜距，须经气象改正和仪器的加、乘常数改正后才能进行水平距离计算；
③计算测距往返较差的限差时，a、b 分别为所使用测距仪标称精度的固定误差和比例误差。

③垂直角观测宜每半测回 3 次照准读数，并取多测回的平均值。其主要技术要求应符合表 6-6 的规定。

表 6-6　　　　垂直角观测的技术要求

等级	仪器型号	测回数	指标差较差(″)	测回较差(″)
次级网	DJ05	2	4	4
	DJ1	4	6	6

④电磁波测距，水平距离计算和测边精度评定按有关规范执行。

当采用GPS网作为次级网平面控制时，应采用双频测量型GPS接收机；应采用配备抑径板(或扼流圈)的GPS天线，其相位中心的变化应稳定。使用前宜对GPS天线进行相位中心偏差检定和稳定性测试；应选择卫星PDOP值较小、电离层相对稳定的时段进行观测。同时应避免施工影响，特别是点位上空旋转塔吊横臂的干扰；同步观测仪器数量不宜少于5台，且每条基线的同步观测时间不应少于120分钟；应获得高精度的地面起始点坐标。可与具有精确WGS-84坐标的基准台站或等级控制点进行联测，也可通过长时间的观测数据进行单点定位；远距离坐标联测、单点定位的数据解算，宜采用精密星历；在进行GPS测量数据处理时基线解算前应进行数据编辑，修正相位观测值的周跳、剔除粗差；卫星高度角设置不宜低于15°；平差后最弱边相对中误差应不低于1/100 000。

次级网高程控制应采用精密水准测量方法，其网形宜布设成闭合环线、节点网或附合水准路线等形式。次级网高程控制点，一般采用在次级网观测墩下部一侧设置一水准点标志来表示。高程基准点宜与平面基准点共墩设置。当受地形或其他条件限制时，也可在主施工场区外围相对稳定的区域单独埋设，并应满足下列要求：

①高程基准点应选设在施工变形区以外、基础稳定、易于找寻和长期保存的地方。点位附近应交通便利(但应避开交通干道主路)，以便于各高程控制点间进行水准联测；

②布设在建筑区内，其点位与邻近建筑物的距离应大于建筑物基础最大宽度的2倍，其标石埋深应大于邻近建筑物基础的深度；

③可根据点位所处的不同地质条件，选埋在裸露基岩上，或在原状土层内采用深埋式标志。

高程基准点，在检测稳定时，宜固定选用其中的一个作为施工高程起算依据，而将另外两个用作参考和检查之用。次级网高程控制每千米高差全中误差2mm，其他主要精度指标应符合表6-7的规定。

表 6-7　　　　次级网高程控制的主要技术要求

等级	水准点高程中误差(mm)	相邻点高差中误差(mm)	每站高差中误差(mm)	与已知点联测、附合或环线观测次数	往返较差、附合或环线闭合差(mm)	检测已测高差较差(mm)
次级网	1.0	0.5	0.13	往返各一次	$0.30\sqrt{n}$	$0.5\sqrt{n}$

注：表中 n 为测站数。

次级网水准观测的主要技术要求应符合表 6-8 的规定。

表 6-8 水准观测的主要技术要求

等级	水准仪型号	水准尺	视线长度（m）	前后视较差（m）	前后视累积差（m）	视线离地面最低高度（m）	基本分划、辅助分划读数较差（m）	基本分划、辅助分划所测高差较差（m）
次级网	DS05	钢瓦	25	0.5	1.5	0.5	0.3	0.4

注：①视距长度小于 5m、观测至 1m 以上高的混凝土标墩墩面等特殊情况下，视线高可适当放宽；

②数字水准仪观测，不受基、辅分划读数较差指标的限制，但测站两次观测的高差较差，应满足表中相应等级基、辅分划所测高差较差的限值。

核电厂施工建设期间，次级网应定期复测。建网初期宜每 3 个月复测一次，点位稳定后宜每半年复测一次。当受到爆破、地震等外界环境影响时，应及时复测，并对网点的稳定性、可靠性进行评估。次级网每期复测的结果均应与前期成果进行较差分析，当点位较差不超过 2 倍较差中误差（$2\sqrt{2}M_p$）时，宜采用原测量成果。次级控制网如因工程需要，可同级加密、扩展。其施测方法和技术要求应与次级网测量相一致，观测数据宜与原次级网点统一平差，形成一个整体。

6.2.3 厂房微网测量

厂房微网点，应根据各厂房内部结构、形状、各楼层设备的分布情况以及施工方法布设，并满足厂房内建筑物施工测设等需要。微网平面控制点一般为预埋于楼板混凝土基础面上的一块不锈钢板，表面刻画以“十”字线，交点处冲一小孔代表点位中心，孔心直径不宜超过 1mm。微网高程基准点应为预埋在厂房内或结构中心附近基础上的一个水准标志。厂房内部底板微网，由 2~3 个高程控制点和多个基本平面控制点组成。底板以上各楼层微网布设，每个独立厂房内部宜设置一个高程控制点，平面加密点数量可根据施工需要布设。同一楼层内，各厂房微网之间的平面、高程控制相对独立。

一般在微网平面点正上方楼板上预留专用垂直通视孔，并在同层微网点间连线上以及浇筑墙体的合适高度处，预埋适量的水平圆管，作为测量通视之用。核反应堆等厂房内部，底板微网基本平面点及上层楼板内对应垂直通视孔位置的选择，应保证投测至厂房最高层时至少还有 3 个互相通视的平面控制点。

厂房微网应根据各厂房的施工进度，提前做好方案设计，分区分层建立。在厂房施工初期，微网测量应选择在标志稳定之后的适宜时段内进行。底板微网平面控制，宜就近选用次级网中一个点的坐标及一条边的方位角作为平面起算数据。底板以上各楼层微网的控制，应由底板平面基点进行传递和引测。厂房内部微型平面控制网宜采用完全的边角联测，观测所有可见的边长和方向。宜采用自由测站法加设临时点，使观测网形尽可能构成三角形、大地四边形、多边形、折线形和中点多边形等基本图形。

厂房微网精度指标应根据各厂房内部设备构件安装定位、施工和检查测量的最高点位精度要求确定，除有特殊精度要求的须经专门设计论证外，对于一、二级厂房微网，其主要技术要求应符合下列规定：

①厂房微网的主要技术要求应符合表 6-9 的规定。

表 6-9　　厂房微网测量的主要技术要求

微网等级	平面点位中误差（mm）	相邻点相对点位中误差（mm）	仪器、棱镜及觇牌对中误差（mm）	测角中误差（″）	水平角观测测回数		三角形最大角度闭合差（″）
					DJ05	DJ1	
一级	1.0	1.0	≤0.1	2.5	4	6	9
二级	2.0	2.0	≤0.3	5	4	6	15

注：①核电厂厂房内部微网中相邻点间距离一般在 5~30m，平均边长约为 20m；

②影响短边测角中误差的主要因素是仪器与觇标的对中误差，当所使用仪器与觇标的实际对中误差与表列值相差较大时，应重新进行验算。

②水平角观测宜采用全圆方向观测法，每半测回每方向宜 3 次照准读数，各方向值取多测回的平均值。其观测限差应符合本章表 6-4 的规定。

③边长测量，当采用精密电磁波测距时，测距仪精度等级应不低于 2mm 级，主要技术要求按本章的表 6-5~表 6-7 的有关规定执行。

④当采用因瓦线尺、钢尺丈量时，应符合表 6-10 的规定。

表 6-10　　距离丈量的技术要求

等级	尺别	作业尺数	丈量总次数	读数次数	最小估读值（mm）	定线最大偏差（mm）	尺段高差较差（mm）	最小温度读数（℃）	同尺各次或同段各尺的较差（mm）	成果取值精确至（mm）	经各项改正后的各次或各尺全长较差（mm）
一级	因瓦尺	2	4	3	0.1	≤20	≤3	0.5	≤0.3	0.1	$2.5\sqrt{D}$
二级	因瓦尺	1 2	4 2	3	0.1	≤25	≤5	0.5	≤0.5	0.1	$3.0\sqrt{D}$
	钢尺	2	8	3	0.5	≤30	≤5	0.5	≤1.0	0.1	

注：①表中 D 是以 100m 为单位计的长度；表列规定所适应的边长丈量相对中误差为：一级 1∶200 000，二级1∶100 000；

②钢瓦尺、钢尺在使用前应进行检定。各等级边长测量应采用往返悬空丈量方法。使用的重锤、弹簧秤和温度计，均应进行检定。丈量时，引张拉力重量应与检定时相同；

③丈量结果应加入尺长、温度、倾斜改正，钢瓦尺还应加入悬链线不对称、分划尺倾斜等改正。

厂房微网采用多联脚架法施测时，照准目标使用精密觇牌，电磁波测距使用精密棱镜，觇牌及棱镜支撑使用精密支架；点上光学对中使用精密基座和天底仪（光学垂准仪），其对中器应严格校正准确；仪器安置应采用电子水准器精确置平，转动照准部时宜匀速平稳，保证观测过程中仪器补偿器处于正常工作状态；测站观测中应尽量避免二次调焦。当相邻方向的边长相差悬殊、方向目标成像模糊需调焦时，宜完全采用正倒镜同时观测法；选择良好的观测时段，尽可能缩短每测回观测时间。

厂房微网平面精度估算宜根据预先埋设的网点位置及点位间的通视状况，以目标精度作为约束条件，对网形结构和观测量进行优化，并合理配置测角、测边精度。

厂房微网的高程控制，应采用精密水准测量方法，宜布设成闭合水准路线。底板微网的高程控制，宜就近从次级网水准点引测至各厂房内部的底板水准基点。底板以上各楼层微网的高程起算，应由底板水准基点进行传递和引测。底板微网应定期复测。布网初期宜1~3个月复测一次，点位稳定后宜每半年复测一次。复测时，一般不再与次级网联系，只作微网内部相对位置的调整。复测结果应与前期成果进行较差分析，同时对点位的变化趋势作出判断。底板以上各楼层厂房微网内的加密控制点，使用前应进行检测。

6.2.4 厂房微网传递测量

核电厂房内部底板微网平面基准的竖向投测、水准标高的垂直传递，宜选择在无施工干扰、阴天、风力较小的条件下进行。底板微网平面基准的竖向投测宜采用天底准直法，其竖向投点误差应不超过1mm。通过天底仪竖向投测的底板平面基点，应与该楼层新加密微网点一起，重新构成另一独立微型平面控制网，并采用多联脚架法进行边、角组合观测。

厂房内部水准标高的垂直传递，宜采用悬吊钢尺、水准观测读数的方法，由底板微网的水准基点传递高程至其他楼层面。悬吊钢尺法竖向高程传递计算公式为：

$$H_2 = H_1 + a + (c - b) - d \tag{6-8}$$

式中：H_1、H_2—— 为别为底层已知、上层未知高程值；

a、b —— 分别为底层水准尺、钢尺读数；

c、d —— 分别为上层钢尺、水准尺读数。

采用悬吊钢尺法进行高程传递测量时，楼上和楼下安置的两台水准仪应同时读数，并应在钢尺上悬吊与钢尺检定时质量相一致的重锤。使用钢尺传递高程时，应满足下列条件：

①水准仪观测，每一测站的前后视距差不大于1m；

②每次应独立观测三个测回，测回间应变动仪器高度；

③楼上、楼下水准点的测回高差较差应小于0.5mm；

④观测高差应进行温度、尺长改正(温度应取上下两层读数的平均值)。

6.3 数据处理及成果提交

施工测量的资料整理，应包括所有原始观测资料的整理与检查、内业数据分析及计算、观测成果汇总和相关资料归档等内容。单项工程完工后，应连同委托书、技术设计书、测量技术总结、检查验收材料及设计图纸等一并整理归档。每项测量工作的原始观测记录应填写齐全，内容包括角度、距离和高程测量的观测数据，以及仪器、观测、记录、日期、天气、仪器高、温度、气压、相对湿度、水准路线等有关的记事项目，均应现场采用钢笔或铅笔记录在规定格式的手簿中。手工记录时，实际测量数据的平均值应在现场即时算出。当采用电子记录时，观测完毕后应及时将原始测量数据输出备份，编辑打印后还应加注必要的说明。所有原始记录均应经过检查校核后方可使用。

平面控制网的内业处理应采用"最小二乘法"软件进行严密平差。平差计算结果应表示出验后单位权中误差、观测值的改正数和平差值、点位坐标成果、点位坐标中误差和点间误差等数据。高程控制网的内业处理，应采用条件观测平差或间接观测平差，并按最小二乘法原理进行平差计算。平差计算结果应表明点位高程、点位高程中误差、每千米高差全中误差、每千米高差偶然中误差等数据。次级网的点位精度远高于初级网，一般采用独立网形式施测。在第一次整体测定时，宜采用必要的起算数据，即初级网中一个点的坐标和一条边的方位，并用经典自由网平差方法进行计算。

次级网复测，当基准点组成的基本控制网单独进行复测时，宜采用秩亏自由网平差方法处理。当基准点和工作基点一起构成独立网形式进行复测时，宜将基准点选作拟稳点，将其余点视为非拟稳点，整体进行拟稳平差。

各厂房的底板微网，在第一次测定时，宜采用必要的起算数据，即次级网中一个点的坐标和一条边的方位，并用经典自由网平差方法计算。复测时，一般不再与次级网相联系，只作微网内部调整，宜合理选取拟稳点和非拟稳点，采用拟稳平差方法进行处理。

底板以上的其他各楼层内部微网，平面控制起算来源于通过天底仪竖向投测的底板平面基点，其点数一般都多于 3 个。宜将投测点选作拟稳点，坐标近似值取自对应底板基点的已知坐标，将该楼层新加密点视为非拟稳点，采用拟稳平差方法计算。

平差计算软件、计算模型、使用方法和处理过程以及成果、图表和各种检验、分析资料应完整清晰、准确无误。计算过程及最终成果均应有有关责任人签字，提交最终成果应加盖施测单位正式的成果专用章。放样工作完成后，应及时进行测量资料整理，向业主、监理或施工方移交现场点位并提交施工放样成果。单项工程放样结束后，应将记录手簿、放样数据和计算资料、自检记录和放样草图底稿等分类整理归档。核电厂及其附属工程的变形监测，内业资料整理应包括原始资料的整理与检查、监测网的平差和变形观测点的成果汇总等内容。点位位移的平差计算可采用动态平差法或静态平差法。每个观测周期采用的平差方法应相同。施工测量内业计算和分析中的数字取位应符合表 6-11 的规定。

表 6-11　**观测成果计算和分析中的数字取位要求**

类别	角　度(″)			边　长(mm)			坐　标(mm)	高　程(mm)
	观测值	改正数	平差值	观测值	改正数	平差值		
控制点	0.1	0.01	0.01	0.1	0.1	0.1	0.1	0.1
观测点	0.1	0.1	0.1	0.1	0.1	0.1	0.1	0.1

施工控制测量的各项工作完成后，还应提交经审定的技术设计书、控制网展点图(水准路线示意图)、外业测量原始记录(复印件)，各种测量仪器和工具的检验资料，各项

内、外业计算资料，精度评定及成果表，检查、验收报告和测量技术报告等。

6.4 田湾核电站控制测量案例分析

6.4.1 田湾核电站测量控制网

1. 初级控制网布设

(1)测量控制点

初级平面控制网为了限制误差的累积和传播，保证测图和施工的精度及速度，测量工作必须遵循"从整体到局部，先控制后碎部"的原则，即先进行整个测区的控制测量，再进行碎部测量。控制测量的实质就是测量控制点的平面位置和高程。测定控制点的平面位置工作，称为平面控制测量；测定控制点的高程工作，称为高程控制测量。

田湾核电站初级平面控制网采用1954年北京坐标系，中央子午线经度为120°的三度带，在联测国家一、二级平面控制网点的基础上，于1997年在核电厂区周围15平方千米范围内布设了14个D级GPS点组成初级平面控制网，如图6-1所示。

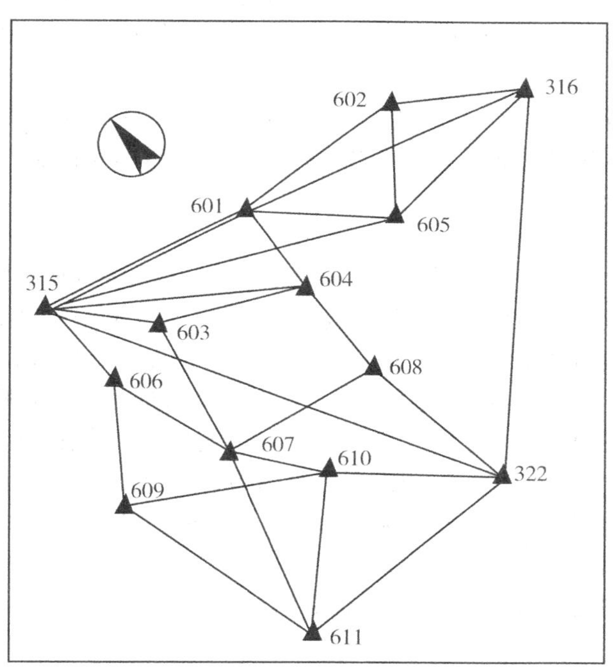

图6-1 田湾核电站初级平面控制网

(2)初级高程控制网

城市和工程建设水准测量是各种大比例尺测图、城市工程测量和城市地面沉降观测的高程控制基础，又是工程建设施工放样和监测工程建筑物垂直形变的依据。

水准测量的实施，其工作程序主要包括：水准网的图上设计、水准点的选定、水准标石的埋设、水准测量观测、平差计算和成果表的编制。水准网的布设应力求做到经济合理，因此，首先要对测区情况进行调查研究，搜集和分析测区已有的水准测量资料，从而拟定出比较合理的布设方案。如果测区的面积较大，则应先在 1：25 000 ~1：100 000 比例尺的地形图上进行图上设计。

水准网图上设计应遵循以下原则：①水准路线应尽量沿坡度小的道路布设，以减弱前后视折光误差的影响。尽量避免跨越河流、湖泊、沼泽等障碍物。②水准路线若与高压输电线或地下电缆平行，则应使水准路线在输电线或电缆 50m 以外布设，以避免电磁场对水准测量的影响。③布设初级高程控制网时，应考虑到便于进一步加密。④水准网应尽可能布设成环形网或节点网，个别情况下亦可布设成附合路线。水准点间的距离为一般地区 2~4km；城市建筑区和工业区为 1~2km。⑤应与国家水准点进行联测，以求得高程系统的统一。⑥注意测区已有水准测量成果的利用。

在实地选线和选点时，除了要考虑上述要求外，还应注意使水准路线避开土质松软地段，确定水准点位置时，应考虑到水准标石埋设后点位的稳固安全，并能长期保存，便于施测。为此，水准点应设置在地质上最为可靠的地点，避免设置在水滩、沼泽、沙土、滑坡和地下水位高的地区；埋设在铁路、公路近旁时，一般要求离铁路的距离应大于 50m，离公路的距离应大于 20m，应尽量避免埋设在交通繁忙的岔道口；墙上水准点应选在永久性的大型建筑物上。

田湾核电站初级高程控制网是在以厂区四周围的马高 11、马高 12、马高 13 国家Ⅲ等水准点的基础上加密Ⅳ等水准网而建立的，采用 1956 年黄海高程系。

2. 次级控制网布设

(1)次级平面控制网布设

次级平面控制网是在初级控制网的基础上布设的，也称为加密控制网。该核电站在核岛常规岛周围以初级点 605 和 316 为起算数据，先期布设了 9 个次级平面控制点。待高边坡完工后又在高于核岛高度的山坡上增加了 3 个次级平面控制点 010、011、012，增加后的 12 个次级平面控制点重新联测整体平差，形成一个边角网。后期补做的这 3 个次级平面控制点是特别重要的，第一是因为后期两个核岛均已高出地面标高，其他 9 个点已难以互相通视，可起到定向、检查的作用；第二是因为这 3 个点在山上可以非常好地永久保存，供二期、三期利用。次级平面控制网设计方案如图 6-2 所示。

(2)次级高程控制网布设

次级高程控制网是在初级高程控制点(高边坡上的点除外)上布设一系列高程点组成的水准网。

3. 微型控制网布设

(1)微型平面控制网

如图 6-3 所示田湾核电站 1 号核反应堆厂房在+0. 00m 层布设了 16 个微型平面控制网点，尽管各层建构筑物不相同，各层的埋件、各种管网的架设、各种设备的安装位置等原因，经各层建构筑物间的传递引测。到最高层时仍保证了 3 个微型平面控制网点，在土建时期，在预应力廊道设置的由 20 个，间隔 20 格的点构成的参考点。其微网点的点位精度

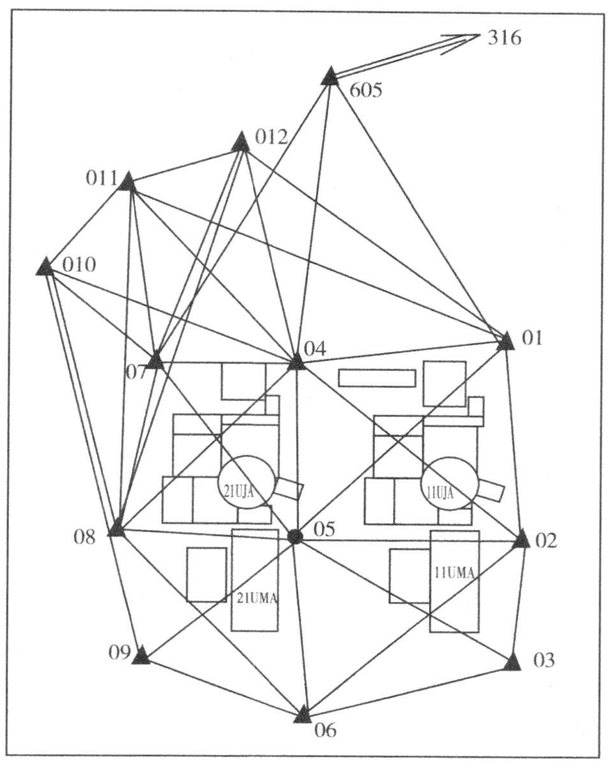

图 6-2 次级平面控制网

为+1mm，测角采用高精度经纬仪(或全站仪)，边长测量时采用(全站仪或)监定过的钢尺及进行标准拉力和温度改正。

微型平面控制网采用的标志有：

- 在地面或墙面冲凿的点标志：⚒；
- 地面钢板标志：▩；
- 墙面钢板标志：◨；
- 强制归心板：⊗；
- 临时地面钢板标志：◪。

钢板点标志是刻制在已焊接固定牢的钢板或是土建时期埋设的钢板上所做的点标志，点位设置要求：①地面点位应离墙 0.7~1.0m(地面上的钢板可埋设在水泥桩上，并做防护盖)；②墙上的点离地面 1.0m(墙上的钢板可用钉枪钉牢)；③用直径 200mm 不锈钢圆板焊接在水泥池的不锈钢衬里上，作为水池地面钢板点标志。

(2)微型高程控制网

微网高程控制点的高程是采用精密水准从次级高程控制网引测至各厂房内部底板水准基点。由若干水准点构成精密水准闭合环，并由各厂房底层传递至各层建构筑物上高程控制点。

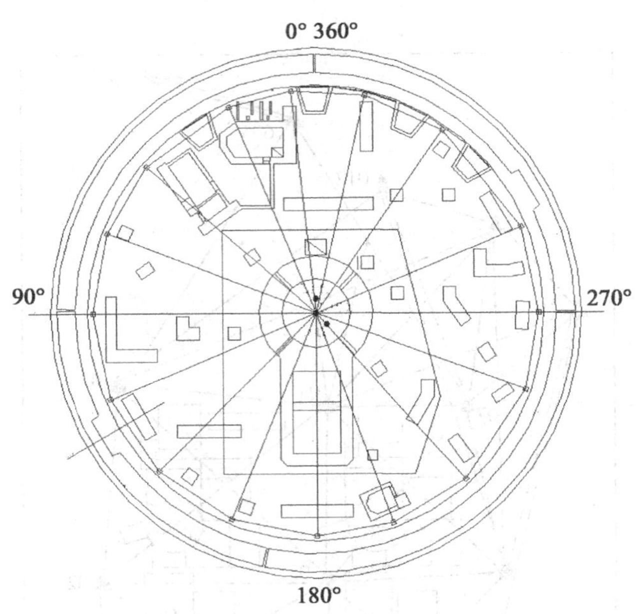

图 6-3　田湾核电站微型平面控制网

微型高程控制网采用的标志有：

- 地面水准点：ȣ；
- 墙面水准点：⧗；
- 临时地面水准点：⑧。

(3) 专用平面控制网布设

反应堆厂房的控制网首先应于反应堆厂房+20.000m 层位展开。利用测量专用钢架，在反应堆中心，通过光学投点仪将中心原点坐标投影至+20.000m 平面。然后使用全站仪，依据+20.000m 层位微网点 106、107 交会测设出图 6-4 所示 2001～2008 点的+20.000m层位初级控制网点。同时，为了将反应堆厂房平面系统引入燃料厂房，于换料水池底部及传输管道口处测设出图 6-4 所示 809、843、845 三个传递点，如此反应堆厂房+20.000m 层位初级控制网则被建立，然后再利用初级控制网点 2001～2008 建立用于设备安装的专用控制网。

然后，开始测设+8.000m 与+4.000m 层位的控制网。由于这两个层位同时承担堆芯设备与主回路设备的安装，并且主管道与主设备在设计上要求要围绕堆芯平均而对称分布。从而在核电站运行时，可相互抵消主管道中高压水流动而产生的各种冲力及主设备工作时所产生的各种应力，以保证核电站运行的安全。因此，主回路的主管道、主设备及其基础设施的相对位置在安装过程中是否达到上述要求及如何检验就是一个尤为重要的问题。众所周知，一回路的 1、2、3 环路在运行时是 3 个相互独立，互无前后关系的，同时，房间设计上也是如此遵循着这一原则，从而给这两个层位控制网的建立造成一定的困难。但经过我们现场踏勘后发现，在每个蒸发器间均有一个点位可直接观测到其余两个蒸发器房间内，如图 6-5 所示。于是建立+4.000m 和+8.000m 控制网的构想如下：以厂房中

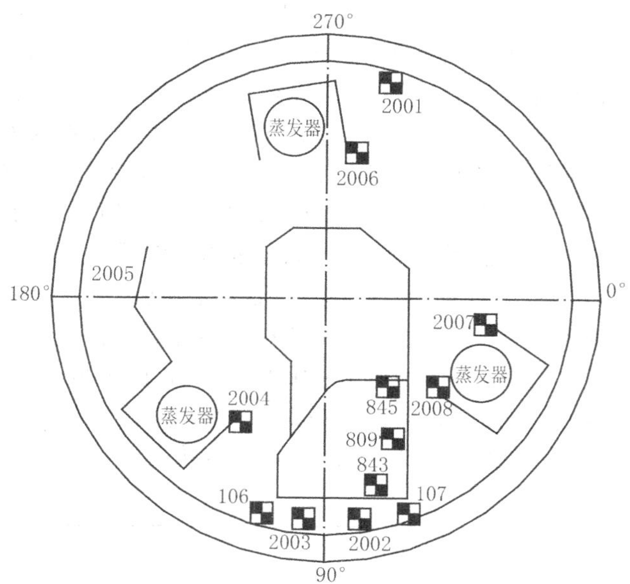

图 6-4　+20.000m 层位初级控制网点

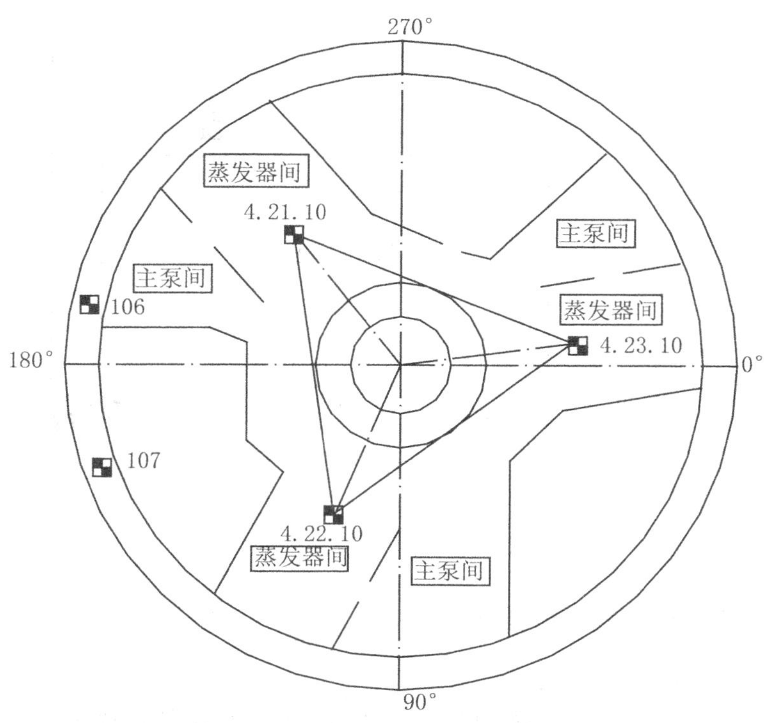

图 6-5　反应堆厂房的堆芯设备与主回路设备图

心为原点中心，建立一个等边中心点三角形网，厂房中心与三角形中心重合，来消除边角不等带来的影响。三角形的 3 个顶点作为次级网的中心，来建立各环路的控制网。同时还应特别指出，+4. 000m 和+8. 000m 的初级控制网建立应同时展开，避免因时间的不同造成观测条件的不同，甚至相差过大，给控制网的等精度带来困难。因此，根据厂房的特点，+8. 000m层位控制网主要集中在厂房 x、y 轴线，换料水池传输轴线及 6 条主管道轴线附近。在+8. 000m层位附近形成以核岛原点为中心，平均分布于主回路及燃料系统的控制网。而+4. 000m 层位控制网则是以 4. 21. 10，4. 22. 10，4. 23. 10 三点所组成的独立三角形，在该三个位置分别埋设控制板，并且满足三点互相通视的要求。然后，以这三点为中心，建立平均分布于各环路的次级控制网，用于安装主泵、蒸发器及其他设备。+4. 000m 与+8. 000m 层位控制网要进行各站联测和平差，平差分析同+20. 000m 相同。燃料厂房的控制网则是以图 6-4 所示点 809、843、845 三点，及反应堆厂房+20. 000m 层位上 2006 点在燃料厂房建立初级控制网后，再测放出分布于厂房四壁、+28. 000mPMC 吊车轨道两端的控制点及乏燃料水池底部的次级控制网点，用于水池内设备的安装，如图 6-6 所示。

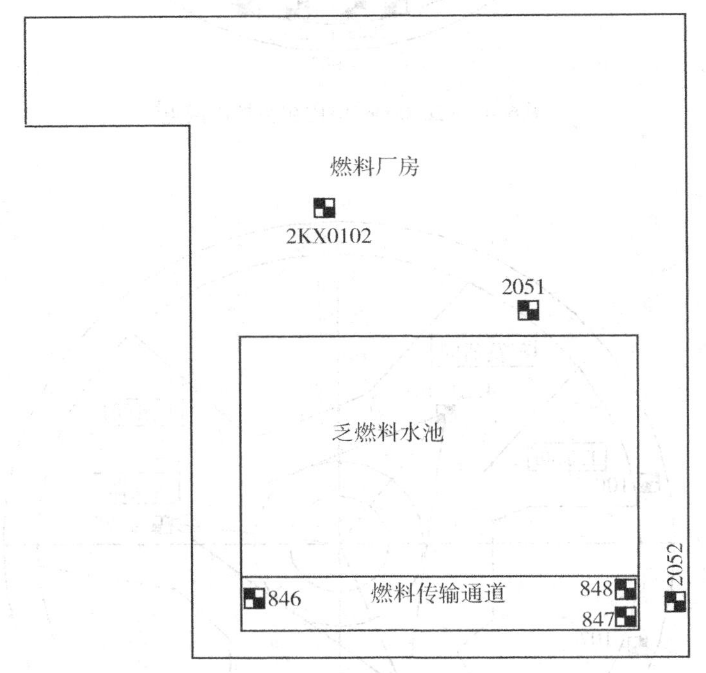

图 6-6　次级控制网点

6. 4. 2　田湾核电站控制测量精度分析

1. 初级控制网施测与精度分析

在进行 GPS 网布设时，采用观测边构成闭合图形，以增加检核条件，提高网的可靠性，其相邻点健基线向量的精度应分布均匀，GPS 网应尽量与原有地面控制点相结合。

重合点一般不少于3个(不足时应联测)，且在网中分布均匀，以可靠地确定GPS网与地面之间的转换参数，为了便于GPS测量观测和水准联测，减少多路径影响，GPS网点一般应设在开阔和交通便利的地方。在外业采集数据时，GPS网中各待测点的设站次数应相同，优先测量点间距离较近的点，同时沿着最短距离迁站，应该联测相距较远的高等级已知点，GPS网中各待测点每次重复设站都使用不同的接收机。以同等级扩展四等GPS控制网，采用中点多边形的图形结构，用边连式的方法进行施测。边连式是通过一条公共边将两个同步图形之间连接起来。边连式布网有较多的重复基线和独立环，有较好的几何强度。

在数据记录时，当确认各项连接完全无误后，方可启动接收机，接收机在开始记录数据后，应注意查看有关观测卫星数量及其变化，在观测过程中要特备注意供电情况，除在观测前认真检查电池容量是否充足外，作业中观测人员不要远离接收机，听到一次的低电压报警要及时予以处理，否则可能会造成内部数据的破坏或丢失。对观测时段较长的观测工作，建议采用太阳能电池板或汽车电瓶进行供电。一个时段观测过程中，不允许进行以下操作：

- 关闭又重新启动；
- 进行自测试(发现故障除外)；
- 改变卫星高度角；
- 改变天线位置；
- 改变数据采样间隔。

按动关闭文件和删除文件等功能键。仪器高一定要按规定始末各量测一次，并及时输入仪器及计入测量手簿中。观测站的全部预订作业项目，经检查均已按规定完成，且记录与资料完整无误后方可迁站。

基线解算时，采用随机软件包求解，基线解算采用消电离层的双差因固定解或加点离层改正的双差整数解，其主要技术参数如下：卫星截止高度角≥15°、电离层模型为Stangdard模型、对流层模型为Hopfiled模型。

初级GPS控制网的平差计算应用软件在WGS-84空间直角坐标系下进行三维无约束平差，以检查本次GPS网的内符合精度。同时，为将WGS-84坐标系下的GPS基线观测值投影到高斯平面上，并转换到1980西安坐标系或1954北京坐标系中(或地方独立坐标系)，采用相关软件进行二维约束平差。网平差后，点位中误差最大为±2.06cm，最弱边边长中误差为1/20.4万，施测精度良好。

2. 次级控制网施测与精度分析

次级控制网点位标志采用高出地面1.2m的强制对中的观测墩。一般观测墩直接坐落在基岩上，其钢筋锚入基岩。对于不能直接做在基岩上的，均打桩至基岩，最深的桩深14m。次级控制的平面坐标使用徕卡TC2003全站仪测量角度与边长。

次级控制网平差后方向值中误差为：±0.92″；最大点位中误差为：±1.9mm；最大测距中误差为：±0.76mm。

次级网水准测量以马高12为起始点，次级高程网内布设成节点网。水准网观测采用NA2型水准仪，根据“技术规格书”的要求按《工程测量规范》二等水准要求施测，每测段往返各一次测定。其各项精度如下：往返测较差最大为0.42mm，每千米高差偶然中误差为±0.26mm，每千米高差全中误差为±0.19mm，平差后最大高程中误差为±0.2mm。次级控制网施测均满足需求。

3. 微型控制网施测与精度分析

-3.5m微网底板平面控制点的观测是用TC2003全站仪两个测回测边测角，其平差后相对于次级网点坐标中误差小于±2.0mm。

其他各层微网平面控制点通过预埋各楼层的专用垂直圆管，采用徕卡天底仪从-3.5m微网底板平面控制点将其投设到各个层面上。再将微网底板反应堆中心点提升至各层，各层微网点与-3.5m微网底板平面控制点联测检核。

微网高程控制点可通过悬吊钢尺传递高程到各个层面上，作为该厂房定位放线的高程控制依据。在楼层间传递高程时使用日产50m的YAMAYA钢卷尺，观测时悬挂标准重量的锤球，用N2直接水准方法观测钢尺读数，并进行温度和尺长改正，往返高差小于±0.5mm。

6.4.3　核电精密工程控制系统的探讨

1. 精密工程控制网的等级及其划分

从田湾核电精密工程控制网的测量实践中，对精密核电工程控制网的等级及其划分进行了系统研究。这类精密工程控制网的特点是：精度要求高，控制点按工程需要布设，并对部分点位及相互位置提出特殊要求。因而可能出现点位分布不均匀，边长、角度相差悬殊。在实际工作中，局部点位精度要求特别高，而边长相对又比较短，显然边长相对中误差就偏大，与现行规范要求相差甚远。有必要对核电精密工程控制网的等级及其划分进行单列，其等级的划分主要应以网的功能和点位精度来确定。例如：点位精度要求达到1~2mm的局部建构筑物内部控制网为微型控制网，平面座标中误差小于±2.0mm。高程中误差小于±0.5mm的局部建构筑物外部控制网为次级控制网，若点位精度要求为1/100mm的为专用级控制网。对边长相对中误差不应作具体要求。

2. 精密工程控制网的网形与观测方法

精密工程控制网是为工程建设服务的，往往受到精密工程建筑物的形状、精度要求和安装测量方法以及某些点位特殊要求的影响。对于初级网，采用GPS相对静态定位技术测量，对网形无特殊要求。对于次级网和微型控制网，虽采用常规几何测量，但对网形有一定的特殊要求。在条件许可下，可布设不受施工环境和图形等因素影响的等边等角的全等三角形或大地四边形的理论网。这种网形结构坚强，密度均匀。但如今高精度全站仪，测角与量边的精度都是非常高，且测距与角的精度对整个网和点位精度的影响甚小，故也不应对核电精密工程控制网的网形及边长、角度作严格要求。在满足工程需要的前提下，应充分体现精密工程控制网的灵活性和服务性。

3. 精密工程控制网的数据处理和精度评定

精密工程控制网与国家网在数据处理和精度评定的方法、内容和要求上均有所不同。平差计算一般在特定投影带和建筑工程的高程平面上进行，所需评定的精度元素不是网中的最弱点或最弱边，而是直接用于工程建设放样或变形监测的重要点或重要边，应专门制定评定精度的指标。

田湾核电站大型精密工程控制测量系统建设实践证明这种系统是行之有效的，完全可以满足工程建设要求，为核电站的高质安全建设提供了可靠基础。

这种系统的各层次控制网网形都是按需要自由设计的，比单纯采用方格网的方法灵活有效，而且这种系统有不同的层次，较好地将施工中的绝对和相对的定位要求协调一致起来。

本书所述的控制测量体系是经过实践检验的，可作为一种“参考模型”在核电站建设中应用。

6.4.4 田湾核电站测量控制点标志的编号

核电厂主要以反应堆的种类相区别，有压水堆核电厂、沸水堆核电厂、重水堆核电厂、石墨水冷堆核电厂、石墨气冷堆核电厂、高温气冷堆核电厂和快中子增殖堆核电厂等，其工程建设复杂，涉及核电站建设的承包商和测绘公司达几十家，测量队伍就更多，各工程项目、建筑物、构筑物以及安装所用的测量标志繁多，为了不造成混乱，必须系统和规范地对田湾核电站施工过程中所涉及的各类测量控制点进行编号。施工、安装前编号如下：

1. 业主统一规定的测量控制点

业主统一规定的测量控制点包括初级控制网点、次级控制网点、厂房内微网点和监测系统的监测网点四个部分。初级控制网点：在厂区未动土之前(即原形地貌)，为满足地形测量、工程地质勘察、厂区及临建工程的总体布置以及土石方工程施工定位放线，在国家基准点(平面、高程)的基础上，在厂区及周围一定范围内布设的一定数量和密度的控制点，它包括平面控制点和高程控制点。次级控制网点：在厂区范围内并在主要建筑物周围，为满足建筑物施工过程中的定位放线、变形观测等需要，在初级控制网点的基础上布设的由一定数量控制点组成的独立网，它包括平面控制点和高程控制点。厂房内的微网点：为满足建筑物内部施工放样以及设备安装的定位和检查工作的需要，在次级控制网的基础上，在主要厂房内部底板上布设的一组平面控制点和至少两个高程控制点以及以上各层布设的高程控制点。平面控制点可通过天底仪将其提升到其上的各个层面上，作为该厂房定位放线的控制依据。监测系统的监测网点：为监测特定的建筑物或构筑物的变形(平面位移和沉降)而布设的变形观测监测点，它包括一组平面位移监测点和沉降观测点。

2. 承包商施工过程中需增加的其他测量控制点

承包商在施工过程中除上述业主统一规定的几类控制点以外还需要增加其他控制点，包括：承包商通常在承建的主要建筑物周围，在次级网的基础上加密的具有强制对中的控制点，是次级控网的延伸和必要补充。承包商为了方便施工所引测的在厂房周围的使用时间较长的控制点，包括平面控制点和高程控制点。承包商在施工过程中，在厂房内部依据微网加密的其他控制点，包括平面控制点和高程控制点。

3. 具体编号

具体编号如下：

(1)初级控制网点的编号

初级控制网点的编号仍按原有资料由地名或代号编号，具体如下：

如：扒山

再如：马高 12

(2)次级控制网点的编号

次级控制网点编号以“0”字开头，从 01、02、03 ……这样一直编下去。

(3)厂房内的微网点的编号

平面控制点：机组号+三个字母组成厂房代码+1+两位的点序号，如 1UJA101、1UKA102。

高程控制点：机组号+三个字母组成厂房代码+4+两位的点序号，如 1UJA401、1UKA402。

(4)监测系统的监测点的编号

平面控制点和高程控制点统一编号，具体如下：

机组号+三个字母组成厂房代码+2+两位的点序号，如 1UKA201、1UJA202。

(5)承包商需增加的其他控制点的编号。

①承包商加密的具有的强制对中控制点编号。

施工单位两位拼音缩写+0+点序号，如 HX01、HX02。

②承包商引测的厂房周围的使用时间较长的半永久性的控制点编号。

平面控制点：施工单位两位拼音缩写+P+点序号，如 HXP1；

高程控制点：施工单位两位拼音缩写+H+点序号，如 HXH1。

③承包商在厂房内部，在微网基础上加密的其他控制点编号。

平面控制点：机组号+三个字母组成厂房代码+3+两位的点序号，如 1UJA301、1UKA303。

高程控制点：机组号+三个字母组成厂房代码+5+两位的点序号，如 1UJA501、1UKA502。

(6)说明

上述编号程序中所提及的两位点序号从 01 开始，一直往上提升。单位拼音的两位缩写见表 6-12。

表 6-12　**控制点编号表**

单位名称	两位拼音缩写
核工业　华兴公司田核项目经理部	HX
核工业　二二公司田核项目经理部	EE
核工业　二三工公司田核项目经理部	ES
省　电建一公司田核项目经理部	DS
省　电建三公司田核项目经理部	DS

以后如其他单位参与施工，在上表中依次增加单位的缩写拼音。为了有效管理，各承包商测量标志的编号受监理和业主的监督和检查。

◎ 思考题

1. 精密工程控制网的基本特点是什么？
2. 核电站测量与常规地形测量的控制网布设有什么异同点？
3. 精密工程控制网布设应该遵循哪些原则？
4. 什么叫次级控制网和微型控制网？
5. 核电厂控制点的编号应注意什么问题？

第7章　核电厂土建施工测量

7.1　概述

施工测量(测设或放样)的目的是将图纸上设计的建筑物的平面位置、形状和高程标定在施工现场的地面上，并在施工过程中指导施工，使工程严格按照设计的要求进行建设。

施工测量与地形图测绘都是研究和确定地面上点位的相互关系。测图是地面上先有一些点，然后测出它们之间的关系，而放样是先从设计图纸上算得点位之间的距离、方向和高差，再通过测量工作把点位测设到地面上。因此，距离测量、角度测量、高程测量同样是施工测量的基本内容。

核电厂建筑施工放样，应具备下列技术资料：

①施工图纸，包括土石方开挖图、总平面图、厂房基础图、各楼层平面图、结构模板图、设备基础图、设备安装图及技术条件、管网图等；

②建筑物或设备的设计与说明，特别是限差的要求；

③设计变更；

④次级网及厂房微网控制点资料。

放样前，应对建筑物施工平面控制网和高程控制点进行检核，且必须依据设计图纸和说明编制作业计划。施工放样可根据限差要求采用不同的方法，主要包括基准线法、弦线支距法、距离或方向交会法等方法。当已有的次级网和微网的布置不利于施工放样时，可适当建立加密控制网点和临时加密点，加密网的施测方法、技术要求应与次级网和微网相同，观测数据宜与已有控制网统一平差。

施工测量控制基准的选择原则：

①对于基坑开挖土石方工程及独立的建构筑物，即与其他建筑物无强制性尺寸联系的建筑物或装置，其施工测量基准为初级网或次级网；

②对于相互联系的建筑物，即与其他建筑物或设备有强制性尺寸联系的建筑物，其施工测量基准为次级网或该区域厂房微网；

③对于某一建筑物内部结构或设备，施工测量基准采用该区域微网；

④每个厂房应只有一个高程点，作为本厂房结构施工、设备安装的高程起算点。高程传递必须采用精密水准测量。各厂房高程点的高程确定后，不作改变。

大型设备基础浇筑过程中，应进行看守观测，当发现位置及标高与设计要求不符时，应立即通知施工人员，及时处理。放线后，应进行检查，并编制测量定位和检查记录。施工放样的测量技术及精度要求应满足设计技术要求。混凝土工程及普通预埋件施工放样的允许偏差，不应超过表 7-1 的规定。

表 7-1　　混凝土工程及普通预埋件施工放样允许偏差

项　　目	内　　容	允许偏差(mm)
垫层、墙、柱、基础、楼板	平面位置控制线	±10
	标高线	±10
各施工层上放线	轴线位置	±10
	墙、梁、柱边线	±10
预埋件	位置、标高	±10
预埋螺栓	中心线位置	±5
预埋管	中心线位置	±5
预留洞	中心线位置	±15

构件安装测量的精度应分别满足表 7-2 的要求。

表 7-2　　构件安装测量允许偏差

项　　目	内　　容		允许偏差(mm)
钢衬里	衬里平整度		±15(2m 长度最大起拱值小于 5mm)
筒体	径向位置(半径)		±50
截锥体	径向位置(半径)		±50
环形吊车牛腿	位置		±25
	顶面标高		0～−8
支承环	平整度		±3
柱	中心线对轴线位置		±5
	上下柱接口中心线位置		±3
	垂直度	$H\leqslant5$m	±5
		5m< H <10m	±10
		$H\geqslant10$m	H 1/1 000 且≤20
	牛腿上表面和柱顶标高	$H\leqslant5$m	0～−5
		H >5m	0～−8
梁或吊车梁	中心线对轴线位置		±5
	梁上表面标高		0～−5

核岛主要设备安装允许偏差，应符合表 7-3～表 7-13 的规定。

表 7-3　**核岛主系统设备预埋件安装允许偏差**

预埋件分类	允许偏差(mm)		
	平面	平整度	标高
蒸汽发生器下部水平支撑预埋件	±10	5	±3
蒸汽发生器上部水平支撑预埋件	±10	5	±3
主管道过渡段支架预埋件	±10	10	±5
阻尼器埋件	±10	10	—
稳压器垂直支撑预埋件	±10	—	0～10
稳压器水平防甩支架预埋件	±10	10	—
主管道穿墙套管	±10	—	±5
蒸汽发生器和冷却剂泵垂直支撑预埋件	±10	10	±3

表 7-4　**反应堆压力容器环形支承在二次灌浆前后的允许偏差**

序号	项　目		允许偏差(mm)
1	平面位置尺寸	X 方向	±0.5
		Y 方向	±0.5
2	标高 Z 方向		±1
3	平整度		0.5

表 7-5　**反应堆压力容器安装允许偏差**

序号	项　目		允许偏差(mm)
1	平面位置尺寸	X 方向	±0.5
		Y 方向	±0.5
2	标高 Z 方向		±0.5
3	平整度		0.16
4	侧向间隙		(0，+0.1)

表 7-6　　　　**堆腔密封环安装允许偏差**

序号	项　目	允许偏差(mm)
1	上部支承环平行度	≤2
2	上部支承环内径	±5
3	凸缘上表面与密封环槽底间的距离	±2

表 7-7　　　　**蒸汽发生器垂直支撑基板在二次灌浆前后的允许偏差**

序号	项　目		允许偏差(mm)
1	垂直支撑底板标高		±3
2	垂直支撑底板平整度		1
3	垂直支撑基板	位置尺寸	±2
		角度	±30″
4	垂直支撑	位置尺寸	±2
		角度	±30″
5	垂直支撑垂直度(热态)		±5

表 7-8　　　　**蒸汽发生器水平支撑安装允许偏差**

序号	项　目		允许偏差(mm)
1	下部水平支撑最终安装位置		±5
2	下部水平支撑最终安装标高		±5
3	下部水平支撑档架与档块的间隙	前端	±4
		两侧	±2
4	蒸汽发生器上部支撑环安装标高		±10
5	上部滑板与蒸汽发生器支撑环间间隙(二次灌浆前、后进行检查)	主泵对面侧(30mm)	±5
		主泵侧(30mm)	±5
6	阻尼器基板平面度(到货接收检查及二次灌浆后检查)		0.15mm/800
7	阻尼器基板安装标高(二次灌浆前、后检查)		±10
8	阻尼器基板安装垂直度(二次灌浆前、后检查)		±2
9	阻尼器支座中心标高		±15

表 7-9　　蒸汽发生器安装允许偏差

序号	项　目	允许偏差(mm)
1	设备垂直度(约 9m 高处测量)	±5
2	蒸汽发生器热段入口管嘴中心标高	±2

表 7-10　　主泵泵壳安装允许偏差

序号	项　目	允许偏差(mm)
1	泵壳上表面标高	±1
2	泵壳上表面平整度	2

表 7-11　　稳压器支撑安装允许偏差

<table>
<tr><th>序号</th><th colspan="2">项　目</th><th>允许偏差(mm)</th></tr>
<tr><td rowspan="3">1</td><td rowspan="3">稳压器支撑环板</td><td>平整度</td><td>≤1</td></tr>
<tr><td>标高</td><td>±2</td></tr>
<tr><td>位置尺寸</td><td>±7</td></tr>
<tr><td>2</td><td colspan="2">水平档块标高</td><td>±20</td></tr>
<tr><td rowspan="2">3</td><td rowspan="2">水平档块安装</td><td>轴线角向</td><td>±20</td></tr>
<tr><td>径向</td><td>±1</td></tr>
</table>

表 7-12　　稳压器安装允许偏差

序号	项　目	允许偏差(mm)
1	稳压器安装垂直度(8m 高处测量)	±5
2	稳压器安装位置偏移量(角向)	±7

表 7-13　　反应堆堆坑贯穿件安装允许偏差

序号	项　目	允许偏差(mm)
1	反应堆堆腔贯穿件安装位置	±1
2	主回路管道热段中心线标高	±4
3	防甩限位器与主回路管道间间隙	±15

汽轮机基座预埋件定位测量允许偏差，应符合表 7-14 的规定。

表 7-14 汽轮机基座预埋件定位测量的允许偏差

序号	项　目	允许偏差(mm)
1	标高及中心轴线	≤2
2	水平倾斜度	≤1/2 500
3	垂直面相对机组中心线的垂直度	≤1/2 500
4	中轴线与机组中心线的平行度(准直度)	≤1/10 000
5	汽门台板中心线与机组中心线的平行度	≤1/500
6	直埋的地脚螺栓或钢套管铅垂偏差	<L/450

注：L 为预埋长度，单位为 mm。

现场各种控制点、线、部件的测量放线标识应清楚、准确，迹线清晰耐久。轴线或基础画线时，线宽度不得大于 1.5mm。测量结束后，应及时整理、检查所有成果和计算是否符合各项允许偏差及技术要求，当超过安装的允许偏差或不符合技术要求时，首先检查资料整理过程和计算是否正确，当发现资料整理过程和计算是正确的，应进行复测。对重要的和精度要求高的结构、设备及构件，包括反应堆压力容器、主泵、蒸汽发生器、主管道、装卸料机、稳压器、安注箱、检查井、人员闸门、设备闸门、水封门、环吊、牛腿、钢衬里、汽轮机。在施工放样测量后，宜进行同等精度的检查测量。所有的检测应做出检测结论和检测报告。土建承包商的主要测量工作内容包括常规的土建施工测量定放线。在这里主要叙述较特殊的双层安全壳贯穿件同心度控制、穹顶制作和吊装测量以及排风塔安装测量等。

7.2 海水隧洞贯通测量

核岛、常规岛用水是指安全厂房用水和冷却水泵房用水，两者均为海水。一台机组的用水量总和为 $50m^3/s$，其中冷却水泵房 $49m^3/s$，安全厂用水 $1m^3/s$。这些海水主要是通过 2.8km 隧洞从高公岛取水。取水隧洞的直径为 6.0m。该工程的关键测量工作主要是贯通测量。

根据海水取水隧洞的标段划分和施工方案，在三个作业面同时施工，即由两端向中间掘进，同时在中间通过斜井向两端掘进。另外隧洞是两条平行的曲线，这给贯通测量增加了难度。

7.2.1 海水隧洞贯通测量控制点的测设

田湾核电站厂一期两个机组的厂外海水引水隧洞共有两条，如图 7-1 所示，两条隧洞的中心距离为 23 m，建成后的断面为直径 6 m 的全圆形。两条隧洞平均长为2 800余米，分 3 个标段。中港三航五公司承担了海水取水头部工程施工，中国水电十四工程局承担了进水构筑物与厂外引水隧洞工程施工，中铁十三局集团第一工程公司承担着两条隧洞出口方向的施工任务。在这里主要介绍由中铁十三局的测量技术在两条遂道出口施工中的应用，其中 1 号机隧洞长1 218. 51m，2 号机隧洞长1 245. 31m。隧道出口位于将要施工的厂区前池内，为避免相互干扰，需要开挖一条支洞作为进洞的辅助隧道，支洞与正洞大致呈垂直方向，支洞口至 1 号机隧洞相交点约 210m。引水隧洞附近地区的山体上，有业主提供的用以控制引水隧洞和厂区内各建、构造物的高等级 GPS 控制点。贯通测量控制点的布设如图 7-2 所示。在隧洞两端已知点的基础上布设一个边角网，该边角网在三个作业洞口各设置进井点。整个网按四等边角网的精度施测。并从进井点引测至支洞口埋设两个点，两个点均直接看到支洞与正洞的交叉处。将洞外控制测量成果传递到这两个点上，两条隧洞采用狭长四边形导线环组成的导线网进行洞内控制测量。而一个隧洞内有四边形导线环组成的导线网的好处是可以互相检查，从而提高了精度的可靠性。高程控制利用原有高程控制点以四等直接水准施测到各进井点和隧道中的一级导线点上。以上述一级导线点的平面位置和高程作为基础控制隧道掘进。

图 7-1　田湾核电站厂外海水引水隧洞图

7.2.2　贯通精度的评定

如图 7-3 所示，由于施工是隧洞两端向中间掘进，同时又从中间向两端掘进的，这样每条隧道就有两个贯通面，共 4 个贯通面。经复测检查，各个贯通面的贯通精度见表 7-15。

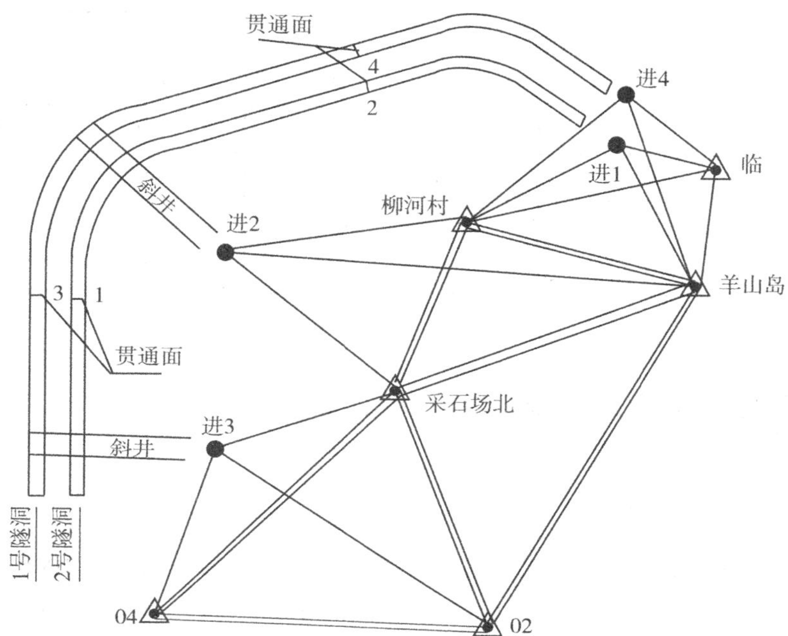

图 7-2 取水洞施工测量控制网及贯通面布置图

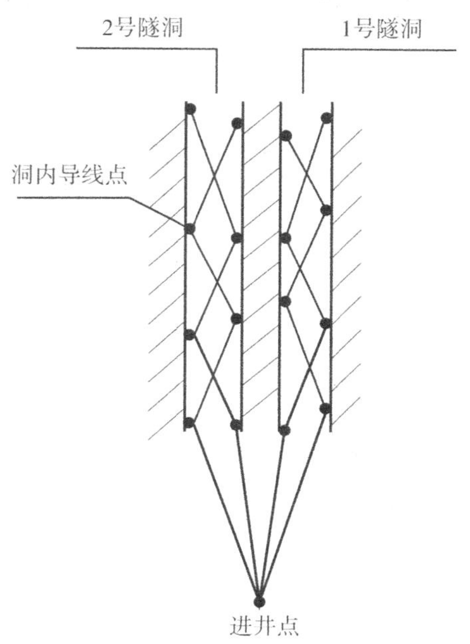

图 7-3 四边形导线环组成的导线网布置图

表 7-15　　**取水隧洞贯通精度表**

洞号	贯通面号 (mm)	横向误差 (mm)	纵向误差 (mm)	竖向误差 (mm)	贯通面位置
1	1	12	19	10	K0+320m
1	2	33	57	6	K1+600m
2	3	1	15	22	K0+350m
2	4	5	15	4	K1+573m

7.3　反应堆厂房施工测量

7.3.1　双层安全壳施工测量

田湾核电站反应堆厂房采用双壳结构，如图 7-4 所示。内壳筒墙的内侧半径为 22m，其厚度为 1.2m，外壳筒墙厚度为 0.6m，内外筒墙间有 1.8m 的环廊，包括人员和设备闸门在内，内壳筒墙上分布有 286 个贯穿件，外壳筒墙分布有 77 个贯穿件，并且每个外壳贯穿件与其对应的内壳贯穿件间的同心度容许偏差要求在 3mm 以内。在实际施工中，内壳筒墙的施工又先于外壳筒墙，并且在外壳施工前，有的内壳筒墙上的贯穿件内已预先放入管芯，这给内、外壳筒墙上贯穿件的同心度控制带来了不少困难。下面介绍在实际施工中解决这个问题的方法。

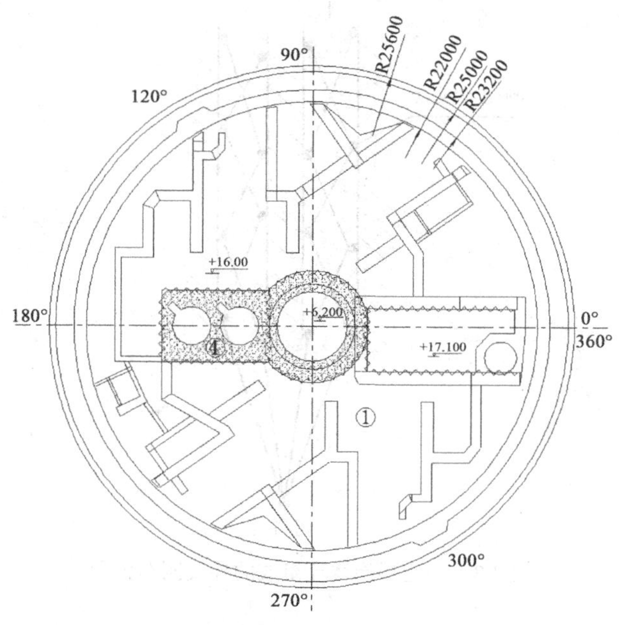

图 7-4　UJA 反应堆厂房内部结构楼板图(+16.000)

如图 7-5 所示，贯穿件 AB 是已施工的内壳筒墙上的贯穿件，CD 是外壳上将要施工安装的贯穿件，现要求两贯穿件同轴。由于施工中存在误差，贯穿件 AB 的实际位置与设计位置有一定的偏差，假如将贯穿件 CD 的位置按设计的数据直接在现场放出那就很难保证同心；假如用全站仪测定贯穿件 AB 两端的实际坐标，再根据该坐标修改贯穿件 CD 位置的设计参数，那么会给具体的测量增加很多工作量，而且由于筒墙内外无法通视，很难保证观测精度；假如直接延伸贯穿件 AB 的中心线来确定贯穿件 CD 的位置，那么 AB 中心线的 10mm 偏差会引起 CD 中心线的 30mm 的偏差，另外，怎样延伸也不好解决。为解决该问题，在实际施工中，采用了折中的办法，具体原理如下：

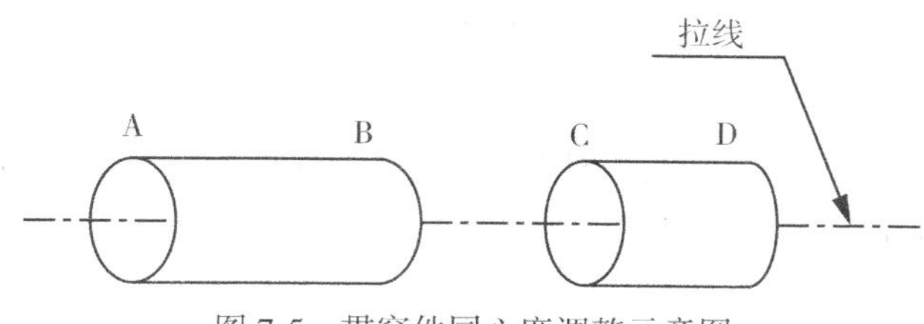

图 7-5　贯穿件同心度调整示意图

①先在现场放出 CD 贯穿件的设计位置并就位；

②通过贯穿件的 A 端和 D 端中心拉线(用直径 0.5mm 钢丝拉一直线)；

③测量拉线到贯穿件 B 端和 C 端管壁的横向尺寸(距离)和竖向尺寸(距离)；

④调整贯穿件 CD 的 D 端位置，使得拉线到贯穿件 B 端中心的水平方向和铅垂方向偏差在 2mm 内，并偏向于贯穿件设计位置。

⑤保持贯穿件 CD 的 D 端不动，调整 C 端位置，使拉线到 C 端中心的水平方向和铅垂方向偏差在 2mm 内。

根据上述原理，在施工中具体实施则比较简单。先用胶合板加工两把“十”字形尺子(图 7-6)，并以一角点为原点，在其侧面标上以毫米为单位的刻度线(可以剪一段钢卷尺贴上)。对于没有预先放入管芯的贯穿件，只要将“十”字形尺子贴在贯穿件 A、D 端移动，并观测两侧尺子上的刻度，使刻度原点 O 在贯穿件中心，稳住尺子，再通过原点 O 拉线，就可以检查贯穿件 B、C 端的偏差，反复上述步骤就可以完成。对于事先放有管芯的贯穿件，由于管芯与贯穿件之间有一定的间隙，只要用水平尺使 A、D 两端的“十”字形尺子在水平方向或铅垂方向同向移动相同的偏移量即可。

7.3.2 反应堆钢衬穹顶制作和吊装测量

田湾核电站反应堆钢衬里穹顶形状是半球冠，其内侧半径为 22.000m，设计容许偏差为±40mm。钢衬里的厚度为 6mm，上面有 200 多块预埋件，内侧有四层喷淋管道及支架。加工完成后穹顶总重量达 300 多吨。穹顶的底标高为 + 48.600m，内侧顶标高为 +70.600m。穹顶分两部分制作：以+58.868m 标高线为界，上半部分称球冠，下半部分称球带。在穹顶的制作和吊装过程中，测量控制工作贯彻始终，是保证其符合设计要求的基础工作。在一号机组，球带和球冠是在一起拼装的，只是球带和球冠之间留一条焊缝，对

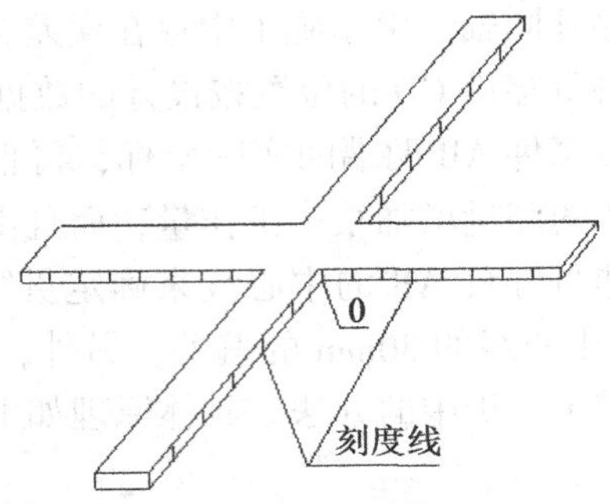

图 7-6 “十”字形尺子示意图

测量控制工作影响不大，在下面的叙述中就不分球带和球冠而通称为穹顶。下面详细介绍穹顶制作和吊装过程中的测量控制。

1. 坐标系的建立

根据《穹顶制作和吊装方案》确定穹顶在现场的位置，在现场定出穹顶中心和中心轴线的位置，并做好永久性的标记。以该中心和中心轴线分别为坐标原点坐标轴，以轴线Ⅱ方向为 X 轴正向和起始方位方向，以Ⅰ轴方向为 Y 轴正向，建立平面坐标系。再根据穹顶加工支座顶标高为48.600m，确定高程基准点的标高，建立独立高程系，如图7-7所示。

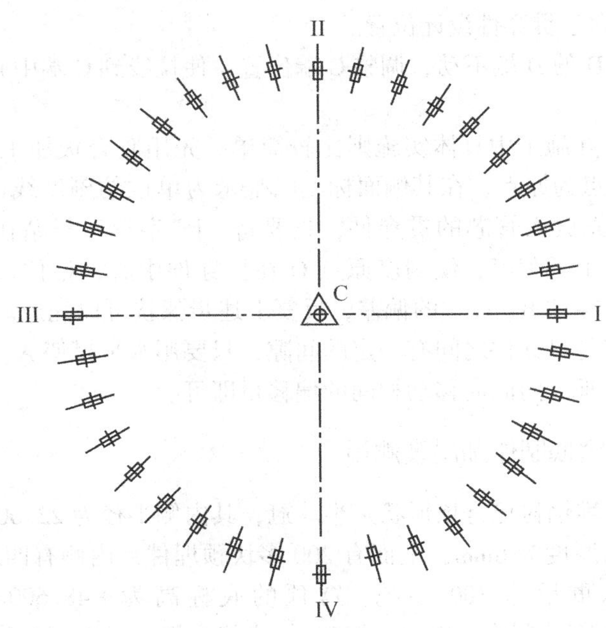

图 7-7 穹顶制作场地平面图

2. 加工支座的施工

将全站仪架设在中心，根据支座设计的半径和方位，放出其位置。在砼浇筑前调整支座顶面预埋件的标高，使其平整度在±2mm内。砼浇筑后，再在该预埋件上精确地放出方向线和22.006m的半径，并在该半径上焊上限位板，焊好后检查限位板的内侧半径，如图7-8所示。

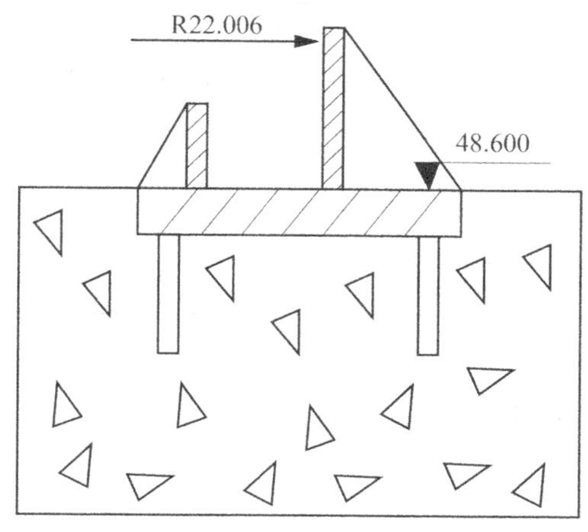

图7-8　支座示意图

3. 穹顶钢衬里拼装的测量控制

在中心架设全站仪，根据设计图纸将焊缝方位放到胎模的支撑横梁上，并在上面做好测量标记。将预制好的钢衬里板吊装就位，在此过程中，测定每块板的角点及四边线中点的三维坐标(X，Y，Z)，计算各点半径，如不符则调整使其半径符合设计要求后固定焊接后重新检查。

4. 预埋件安装的测量控制

图纸上预埋件(喷淋系统)的位置是按(X，Y，Z)三维坐标标注的。由于在穹顶制作过程中，其内侧要搭制满堂的支撑架，支撑架搭制后，再在中心点上测放预埋件，就会无法通视，因此要在场地准备后，先将每块预埋件的平面位置放到地面上，并做好标记，等在钢衬里制作完毕后用天顶仪将预埋件的中心线投到钢衬里上。在投点时，应注意钢衬里

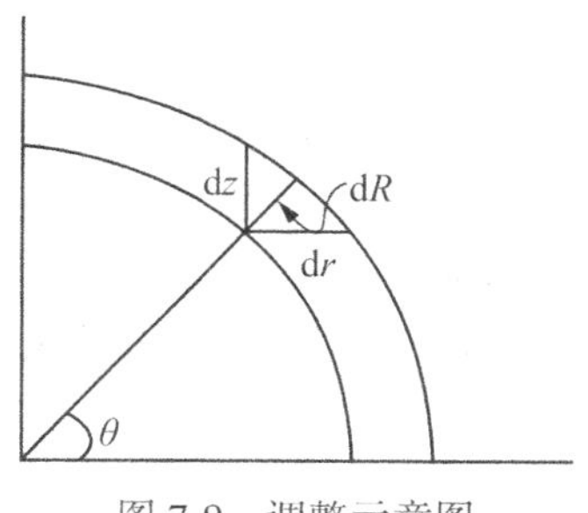

图7-9　调整示意图

半径的允许偏差对预埋件位置的影响，如图 7-9 所示：有 $dz=dR/\sin\theta$；$dr=dR/\cos\theta$。由此可见，θ 角越小，对标高 Z 影响越大，对半径 r 的影响越小；反之也然。为均匀这方面的影响，在 θ 角超过 45° 时，可直接上投，在 θ 角小于 45°时，上投后还应检查标高，如偏差较大，作适当调整，预埋件安装后检查结果统计见表 7-16。

表 7-16 预埋件安装后检查结果统计

观测项目	预埋件总数 270 个						
	分布	0~±10 mm	±10~±20mm	±20~±30mm	±30~±40mm	≥40mm	合计
高程	个数	265	1				267
	百分比	99.6%	0.4%				100%
半径	个数	136	39	37	19	24	255
	百分比	53.3%	15.3%	14.5%	7.5%	9.4%	100%

7.3.3 穹顶吊装的测量控制

1. 吊装前准备的测量控制

穹顶吊装后其下口要与筒墙钢衬里上口相接并要满足方位和标高的要求，在吊装前应做好以下两方面的工作：

①检查并调整穹顶下口和筒墙钢衬里上半径和周长；

②穹顶就位时的方位和标高控制。

首先，在反应堆厂房中心上架设全站仪，定向后从 0°起每 10°在钢衬里顶部标注出方向线并测定其内侧半径。沿钢衬里外侧每 30°用钢尺加弹簧称测量弧长。在穹顶的制作中心用同样的方法测定穹顶下口的半径和周长。比较两组尺寸，如较差超出容许偏差的要求，要进行必要的调整，反复测量直到符合要求。在这过程中，要注意温度对测量的影响，在量距时要测定温度进行温度改正。为提高测量精度，应考虑到太阳下钢材温度不稳定的影响，为此可以选择晚上或阴天作业。

其次，在筒墙钢衬里上口和穹顶下口尺寸调整好后，在钢衬里上口外侧和穹顶下口外侧标注中心轴线和标高控制线，并做好标记。为方便吊装时的准确就位，在轴线上安装导向装置能引导穹顶作微小的转动，并在标高控制线上安装限位板，如此则能保证穹顶吊装自动就位。

2. 吊装时的测量控制

吊装时的测量控制对保证施工安全和构件安全是十分重要的，其主要工作有调整吊钩的位置和穹顶下口的水平度。首先，在起吊前用两台全站仪指挥吊车的吊钩移动到穹顶中心的正上方，使吊钩的中心与穹顶中心在同一铅垂线上。其次，在穹顶起吊后，用水平仪检查穹顶下口的水平度，如超出容许差范围，指挥吊装工调整吊索长度，使穹顶下口水平。

3. 穹顶吊装后的验收

通过上述的测量工作，有效地控制了穹顶的尺寸。穹顶吊装并焊接后，对穹顶的尺寸和中心位置需要进行复测验收，验收结果见表 7-17。

表 7-17 穹顶尺寸和中心位置复测验收统计

复测的 43 个点半径偏差(mm)分布							中心坐标偏差	
-40 至-30	-30 至-20	-20 至-10	-10 至+10	+10 至+20	+20 至+30	+30 至+40	*A*(mm)	*B*(mm)
5	10	11	14	2	1	0	-4	1

7.4 排风塔施工测量

7.4.1 概述

田湾核电站的排风塔在自然地面以上的高度为 100m，是目前国内核电站中最高的，也是田湾核电站的最高构筑物。基础为钢筋砼，为内八字角形，共 4 条腿。每条腿有 8 个地脚螺栓，向中心倾斜 11°02′，主体结构为钢结构，总重量为 287.5t。排风塔的主体由塔架和管道筒身两部分组成。塔架从地面标高+8m 处截面尺寸为 16×16m 缩小到+37.0m 的 8×8m，再缩小到+63.0m 的 5×5m，直至+98.0m。塔架吊装分 4 段进行，分段数据见表 7-18。

表 7-18 排风塔塔架吊装分段数据

分段号	第一段	第二段	第三段	第四段
各段长度	+8.0m 至+27.0m	+27.0m 至+37.0m	+37.0m 至+63.0m	63.0m 至+98.0m
各段重量(t)	71.0	61.7	64.8	70.2

7.4.2 塔基施工测量控制

排风塔基础为对称的 4 条支腿，每条支腿与施工坐标系呈 45°夹角。为方便支腿上的 8 个螺栓精确定位，将为排风塔施工建立一个独立的坐标系，进行了两次坐标系转换。第一步平面上转换：以排风塔中心为原点，将坐标系旋转 45°；第二步在立面上转换，以支腿中心+8.0m 斜面与中心竖轴线的交点为旋转中心，逆时针旋转 11°02′。这样使得坐标轴平行于螺栓的轴线，可直接得到比较直观螺栓的坐标，便于在施工过程中调整。

7.4.3 塔架施工测量控制

塔架中心就是竖直排风管的中心。安装前在场地的中心坐标为原点，放出两条相互正交的并与施工坐标轴 *A*、*B* 平行的轴线，在每条轴线上至少测设 3 个基准点，作为塔架安装过程的控制点。具体控制方法为：在每次吊装时，首先将各吊装段下口中心线与已安装好的基础或塔架顶口中心线对齐，其次在上述两条控制轴线上架设全站仪，测定塔架吊装段上口的角点或横杆的中心坐标，并与设计坐标相比较，经反复测量比较，逐步调整塔架的位置，直到误差满足设计或规范(H/2500+10mm)要求为止。

7.5　特殊预埋件测量

在核电建造过程中，预埋件位置的控制是一个相当重要的环节，其位置的可靠性将直接影响着后续仪表及设备安装的质量。在核岛内部结构施工中，各种各样的预埋件上千个，仅甲供预埋件就有上百个，其核电质保等级为Q1级。因此，在核岛土建施工过程中，采用什么样的方法才能保证预埋件位置可控，从源头杜绝质量风险是测量工作需要解决的问题。

7.5.1　核岛内部结构预埋件测量定位特点

1. 公差要求高

预埋件由锚固筋和锚固板组成，埋设在浇筑的混凝土中，设备对预埋件位置的精确度要求非常高，如果预埋件位置不准确就会导致设备安装难度增加，甚至无法安装。二次改装预埋件是非常困难的，且不宜保证安装质量，有的预埋件(如螺栓孔)是无法改动的，在核岛内部结构施工中，有上千个预埋件，上百个为甲供预埋件，甲供预埋件为核岛主系统的设备基础，因此其位置公差要求非常高。例如，在核岛内部结构中堆心中子探测器预埋件定位公差为±3mm，标高要求±2mm，平整度要求0.8mm。

2. 测量定位影响因素多

在核岛内部结构施工中，各预埋件分布在不同的墙体或楼层板中，形状各异，体积普遍比较大，贯穿在绑扎的钢筋层之中，测量定位工作量大，况且现场是个动态的环境，各工种交叉作业，互相影响大，给测量定位造成不确定的质量风险。

3. 测量坐标传递难度大

在内部结构施工中，绕钢衬里壁板一周的8条测量控制方向线和中心测量三脚架对应的堆心中心点构成整个核岛内部结构的测量控制系统，但测量控制系统无法对全部预埋件位置测量定位全部覆盖，因此有些预埋件测量定位，还需要局部进行控制点加密，但是由于现场作业空间狭小，作业人员较多，钢筋等材料堆放占据大部分空间，造成加密点位置不易选择，坐标传递技术难度增大。

7.5.2　核岛内部结构测量定位

1. 核岛内部结构预埋件测量定位流程

核岛内部结构预埋件测量定位流程如图7-10所示。

2. 测量检查点的选择和理论值的计算

在内部结构预埋件测量定位之前，必须对预埋件的实际尺寸和图纸尺寸进行比对检查，确保预埋件加工尺寸正确，然后根据相关的施工图纸，在CAD绘图软件里绘制出预埋件翻版图，绘制的翻版图要与实际坐标值符合，根据现场实际测量的需要，在现场预埋

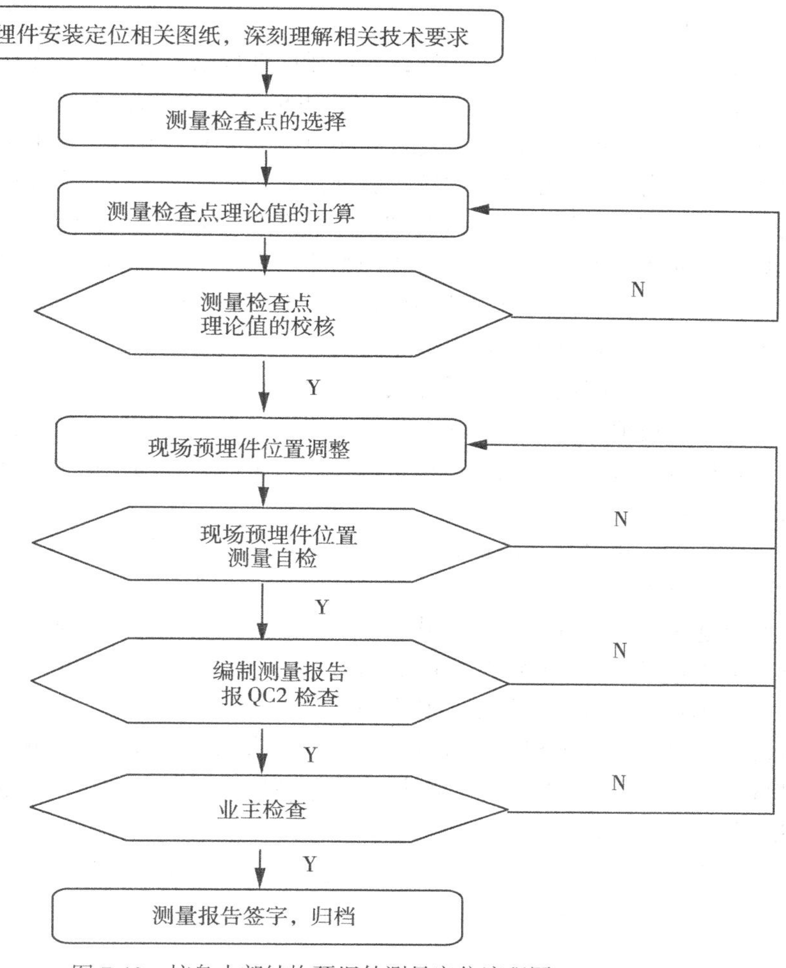

图7-10　核岛内部结构预埋件测量定位流程图

件上选择测量点，并将测量点位置进行标识，然后将现场选择的测量点位置放样在已绘制好的预埋件翻版图上，对其进行坐标标注，作为该测量点的理论值。

CAD绘图得出的测量点理论值必须进行验算，一般采取可编程计算器或Excel进行公式解算来对其理论值进行校核，在理论值的计算及校核上，要严格按照图纸所提供的尺寸来计算，确保计算结果的正确。

3. 预埋件测量检查

(1)平面位置检查

将堆心的测量塔架升降至合适的高度，在测量塔架上架设测量三脚架及仪器底座，利用天底仪及测量三脚架的升降功能对控制点进行精密对中及整平，再利用全站仪的精平功能对天底仪的对中及整平进行检查，反复多次，直至在仪器整平的状态下精密对中。然后架设全站仪，利用壁板上的8条测量控制线进行设站及定向，利用一条方向线进行定向，其余 7 条方向线进行检查，要求检查最少 4 条方向控制线，且方向线理论方向值与实测方向值差值小于阈值。

在设站及定向完成并检查无误后，对预埋件进行位置检查，首先在预埋件已选择好的测量点上架设棱镜，测出其实际位置坐标，再根据实测坐标与理论坐标在坐标轴上的差值，将其向理论轴方向进行调整，直至实测值与理论值差值在误差范围内为止。

但往往由于内部结构甲供预埋件一般都体积比较庞大，且贯穿在已绑扎完成的钢筋里面，调整难度比较大，且内部结构为圆形，将预埋件向理论值 *XY*（AB）坐标轴方向调整时，容易对方向辨识不清，因此会造成调整速率下降，给现场施工在进度上造成不可控的风险。针对此问题，我们要对预埋件检查方法及时进行调整，采用极坐标的方式进行，在预埋件模板图中，预埋件位置均以极坐标的方式进行标注，因此只需对预埋件进行分中，测量其中心位置，再将测量坐标反算成极坐标形式，这样就很清楚地反映出该预埋件在切向及径向上与理论值的差值，现场调整工人只需根据现场各构筑物之间的相互关系，判断出该预埋件的调整方向，不会出现由于方向辨识不清导致调整速率下降的情况。

(2)标高检查

核电站每个厂房高程基准点只有一个，在核岛反应堆厂房里面为 RX300，作为土建及安装的高程基准点。

高程传递一般采用在竖向测量孔或堆心测量塔架上悬挂钢尺加 10kg 配重的方法进行，采用 NA2+GPM3 仪器进行测量，在测量过程中严格按照二等水准要求进行操作，同时要记录上下尺测量时的温度，便于尺长和温度改正。

预埋件标高检查一般根据预埋件标高公差要求选择适当精度的测量仪器，当精度较高或有特殊要求时，采用 S1 级测量仪器进行标高检查，如无特殊要求或公差要求不高时，采用 S3 级测量仪器进行检查。

标高检查时，一定要对高程点进行复核，高程理论值要准确，对预埋件进行标高检查时要仔细认真，确保成果可靠。

4. 自检成果报送

所有预埋件经测量人员检查无误后才能对其加固，在加固完成后要对其位置和标高进行检查，确保加固完成后位置及标高满足公差要求。经检查无误后要求班组进行互检，经互检无误后编写测量报告，再报质检及业主检查。

7.5.3　安装问题及防控措施

1. 容易出现的问题

(1)理论值计算错误

在一般核电施工项目中，甲供埋件位置的理论值在现场作业之前由测量组内部计算，计算完成后进行现场的埋件位置调整，因此甲供埋件理论值的计算缺少及时的第三方验证，很容易出现计算错误。

在 1RX 内部结构 SG1、SG2、SG3 回路+19. 15m 处有 6 个侧向锚固件，编号为 191～196，在 1RX 内部结构标高+20. 00m 预埋件定位模板图标明预埋件标高轴线+19. 15m，在施工图中，还有甲供预埋件，如阻尼减震器，其标高标识也为轴线+19. 15m，但在阻尼减震器详图中，标高轴线即为减震器中心线，但侧向预埋件没有标示，测量人员按照以往思路，认为侧向预埋件中心标高也为+19.15m，而实际+19.15m为侧向预埋件轴线标高，即到预埋件顶部为750mm，至预埋件底部为790mm，从而导致了预埋件标高理论值计算错误。由于及时对剖面图进行检查时发现，没有造成太大的损失，但作为一名测量技术人员，出现如此错误，应该进行深刻反思。

(2)现场安装颠倒

有些预埋件内部有螺栓孔，螺栓孔不是对称形式的，因此在现场安装时，很容易安装颠倒，由于测量点位置一般选择在预埋件边角处，如果出现安装颠倒的情况，测量数据上是难以发现错误的。

在2RX内部结构标高+20.00m装卸区有一块预埋件，编号为961，以预埋件中心为轴线，在预埋件内部有8个螺栓孔，呈不对称型，一边孔距中心轴线距离为90mm，另一边孔距中心轴线距离为65mm。在进行预埋件检查时，如只检查预埋件中心或预埋件边角的话，是不能检查出安装颠倒的错误的。

2. 防控措施

(1)理论数据确认表

针对甲供埋件位置的理论值在现场作业之前由测量组内部计算，计算完成后进行现场的埋件位置调整，因此甲供埋件理论值的计算缺少及时的第三方的验证，很容易出现计算错误的风险，我们采取理论数据表进行风险防范。通过测量技术员，土建或钢结构技术员及工程公司技术代表的层层校核，降低了理论值出现错误的风险，为现场预埋件位置的可控提供了前提，此方法简单，便于操作。

(2)实际数据确认表

现场预埋件在安装之前，在土建技术交底中要详细对预埋件安装工艺进行交底，强调预埋件安装的位置、标高，对于不对称预埋件，交底中更要明确安装时注意预埋件安装的位置要求，在安装及测量位置调整过程中，测量技术员要对过程进行跟踪，养成一块预埋件一跟踪的习惯，在预埋件安装完成后，经测量人员对预埋件位置检查无误后，测量技术员要依据施工图纸，逐个对预埋件进行检查，确保预埋件安装正确，避免出现安装颠倒。

总之，在核岛内部结构预埋件测量定位中，测量作业之前跟踪现场进度，及时熟悉图纸及相关技术要求，对现场实际情况进行可靠分析，以安全，成果可靠，节约成本为出发点，制定切实可行的测量方案，这样做可以使资源利用最大化。根据不同预埋件公差要求，配置合适的测量仪器，在满足精度要求的情况下，要有效节约成本。测量检查点的选择要合理，能够体现预埋件位置特征的点，还要考虑便于测量工作。理论值的计算要仔细认真，经自检无误后提交施工队技术人员和工程公司现场代表进行校核，确保理论值的正确。在测量工作之前同施工队技术人员、工程公司现场技术代表及时沟通，就测量技术方案，技术指标达成一致。在核电建造中，工程公司的测量检查及监督是非常重要的。因此，要及时就工程进度、测量规划及计划进行及时沟通，以保证施工的进度。在平时施工测量中，与技术部及核岛队技术人员及时沟通，保证后续工作的连续性。

在安全方面，核岛内部结构施工是个动态环境，随着时间的变化，现场是个时刻变化的过程，因此摸清作业场地，做到熟悉现场，对现场风险进行合理评估，采取合理的切合实际的作业方案，在安全技术交底中明确风险点，做到每个作业人员对现场风险的了解，对预见安全风险及时采取措施，风险排除后才作业。

但在实际测量定位过程中，仍存在一些问题，主要体现在预埋件位置检查数据接近限差，导致预埋件在混凝土凝固后有可能公差超限；测量控制点受现场施工的影响，控制点容易被破坏等，这些都是核岛内部结构预埋件测量定位作业需要克服的难点。

◎思考题

1. 施工测量的控制基准如何选择？
2. 什么是贯通测量？有哪些特点？
3. 简述施工平面控制网的特点？
4. 施工放样有哪些方法？
5. 核岛内部结构预埋件测量定位的特点是什么？

第8章　核电厂安装施工测量

安装测量在核电站建造期间是一个精密、繁杂的测量工作，其特点是精度高，点位相对误差不大于2mm，设备安装的平整度不大于0.5mm。繁杂是指设备型号、种类、形状大小各不相同，安装测量并不仅是指土建定位和放线等，而且还要考虑到各部件的组装和各种设备的安装、组装、焊接等之间的相互关系和相互影响的测量，因此这将给测量带来较大的复测检查工作量，经常一台设备从检查外型尺寸、组装、安装到调试全部合格需要反复测量检查，所有的这些检查工作不仅仅要有高精度的测量仪器，而且必须是由具有丰富核电工程测量经验的专业技术人员和熟练的测量技术工人来操作。由于安装测量内容太多，此章主要阐述安装施工测量中最重要的两部分工作：一是为设备安装必不可缺少的精密测量控制网(微网)；二是介绍对一件单体(设备)安装必须进行的测量工作内容，但具体如何操作只能略作简述。

8.1　反应堆厂房内的安装测量精密控制微网的建立

田湾核电站房间众多，仅核岛厂房则有1 100多个房间，该厂房有4层，9个标高段，45个房间。在这厂房里布置了许多核电站主设备，如8m层的捕集器液面计、16m层的卸压箱、4个环路的主管道、19m的压力容器、22.5m层有稳压器、4台主泵和4台蒸发器、34m层的装卸料机和4个安注箱以及48m标高段的环吊等设备，要使各层、各标高段的设备组装成一个整体则需要有一个整体的精密测量控制微网。

首先，利用土建承包商在核反应堆厂房+8.00m层以竖井圆心为中心周边有16个点组成的微网标志，再以+16.00m层和+34.00m层各选定不少于2个点而组成的一个为安装服务的测量控制微网。这个由三层标高组成的微网，观测时仪器设置在8m层竖井中心并以此点为起算点，同时以土建测定的一个点做定向点并以此边为起算方位角，观测所有的方向值和边长，然后将仪器搬置适当的高度(如+19m)，仍以反应堆圆心为测站观测所有能观测到的方向值和边长，最后再在各点设站进行观测。这样就完成了反应堆厂房从上到下布设的高精度的、整体的、相对独立的测量控制微网，如图8-1所示。

反应堆厂房共有9个标高段，8m层设置的微网点可控制住8.15m房间的标高和12.5m的人员闸门标高段。+34.00m层满足29.10m上部组件检查井的需要和42.60m(稳压器房间上)以上及48m环吊的检查、校正。剩下的各标高段仅靠+16.00m层的两个微网点显然是不能控制住其他标高段的需要，其原因如下：

①16.10m和19.10m有压力容器的热段口、冷段口共8个方向线，同时还有22.50m标高的主管道的热段N1、N2、N3、N9口，20.70m标高主管道的冷段N4、N5、N6口和

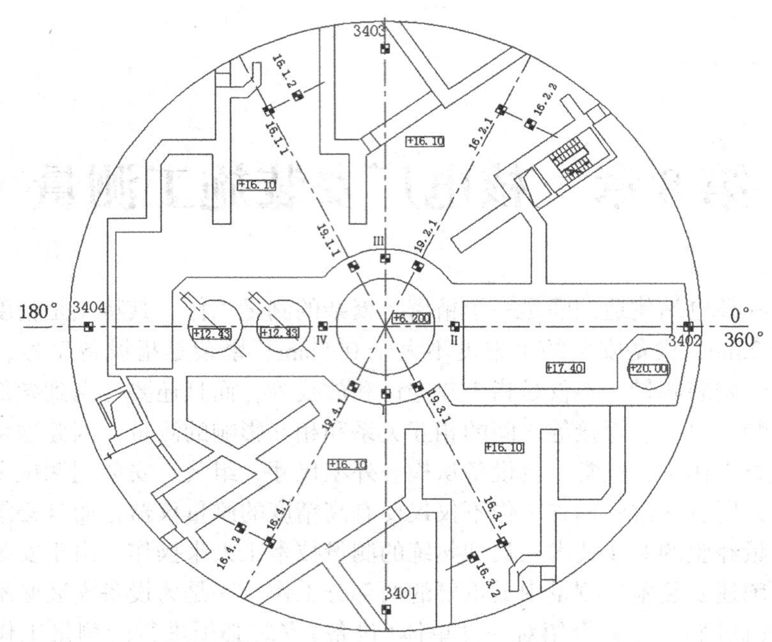

图 8-1　UJA 厂房内安装主要控制轴线

17.45m 标高的主管道过渡段 N7、N8 口，而这些焊口都要测三维坐标。

②22.50m 标高段主要测定 4 台蒸发器定位，测定蒸发器支撑环中线及标高。

③22.50m 标高层需要测定 4 台主泵在焊 N6、N7 口时主封面不同时段的平整度，每一台要测 17 个时段(次)。

④根据+16.00m 层的两个微网点再做一个包括 19.10m、22.50m 标高段和 22.50m 标高层的微网是必不可少的。这个微网的布设就是要满足安装各设备的需要，微网点布设的具体位置要根据每台设备的位置而精心设计。高程控制点一般每台设备附近要有两个，所有平面和高程微网点位置的确定应同负责安装这台设备的技术员商定，并注意能长期保存(在调试没有发电之前一直在用)，需要注意的是，各标高层的高程点在观测传递时，无论何时挂吊锤都要“零点”在下，而不要倒挂，更不要正挂与倒挂交替进行，这样可防止记错算错，养成良好的习惯和作风是非常重要的。观测时楼上与楼下各设置一台水准仪，用对讲机统一指挥同时观测可大大提高观测精度，且省时省力。高程控制点对于安装是非常重要的基础资料，编号要准确统一，不能乱编，数字要整齐整洁，数据、精度要可靠。反应堆厂房安装测量微网点统计见表 8-1。

表 8-1　**反应堆厂房安装测量微网点统计**

标高段	平面微网控制点		高程微网控制点	
	点号至点号	个数	点号至点号	个数
6.2m 捕集器			UJA0601、06A1 墙	3

续表

标高段	平面微网控制点		高程微网控制点	
	点号至点号	个数	点号至点号	个数
8.0m 人员闸门	UJA100 —UJA116	17		
	UJA0801—UJA0809	9	UJA08N01	1
13.8m 上部组件、内部构件检查井			UJA13N01—UJA13N02	2
16.0m 主管道冷段方向线	UJA1601—UJA1616	16		
	UJA16.1 —UJA16.4	4	UJA16N01—UJA16N05	5
18.8m 乏燃料水池			UJA18N01	1
19.0m 压力容器支撑环	UJA1901—UJA1908（方向 4）	8	UJA19N01—UJA19N02	2
21.5m 换料井			UJA21N01	1
22.0m 蒸发器	UJA08N01—UJA2215	15	UJA22N05—UJA22N08	4
22.5m 主泵	UJA2202—07、11—15	11	UJA22N01—UJA22N04	4
24.5m 止推桁架			UJA24N01—UJA24N02	2
30.6m 上部组件检查井			UJA30N01	1
34.0m 安注箱	UJA3401—UJA34016（方向 4）	16	UJA34N01—UJA34N03	3
34.0m 装卸料机	M1—M4	4		
48.0m 牛腿、环吊	UJA4801—UJA4804	4	UJA48N01	1

8.2 核岛安装主回路测量

8.2.1 概述

在核电站核岛的安装工作中，测量体系的建立完善与否、测量工作质量的高与低，将直接影响到后续设备安装工作的质量、进度和施工工期。这对整个核电站的质量和安全可靠性具有极大的影响，特别是主回路设备的安装定位精度和施工质量。因此，要求做到现场测量工作必须准确、可靠；必须对核岛安装测量工作的各个环节进行严格和有效的控制与管理，采取行之有效的测量技术、测量方法，配备高精度的测量仪器以及合格的测量人员，以确保核岛设备安装测量工作的准确性、可靠性。

本节主要叙述核电站核岛安装主回路测量的组织保障、安装测量控制网建立、主回路设备安装定位测量、测量仪器设备配备。

①主回路测量工作范围：设备测量、检查和放线，包括预埋板、设备安装、设备尺寸等；主回路设备的定位和调整；核查土建移交的建筑和房间等；获取和放样加密控制点及厂房控制轴线标定等；设备安装后的随机控制。

②主回路测量工作的先决条件：核岛安装施工坐标体系；核岛安装基准点设计图；核岛微网点坐标；测量文件准备齐全；测量仪器检验合格；测量人员经过相关培训，并通过资格评定；土建结构和施工区域允许进入，可开展测量工作。

8.2.2　核岛安装主回路测量控制网的建立

(1)建立测量控制网的作用

核岛测量控制网的精度要求高，布网环境复杂(空间小，层位多)，能否建立稳定、统一、符合精度的安装控制网具有重要的意义，其主要作用在于：

①控制网是进行各项测量工作的前提，对于核岛安装工程来说，是各种设备放样、调整和检测的基础。

②控制网具有控制全局的作用，可以保证各种设备的定位精度，从而满足设计和安装的要求。

③控制网具有减小测量误差的传递和积累的作用，通过分级布网逐级控制的原则，将测量误差的传递和积累限制在要求以内。

(2)基本工作内容

①测量控制网布设按照测量工作“从整体到局部，先控制后碎部”的原则进行，采取分级布网，逐级控制的作业方法，有足够的精度，足够的密度，有统一的方案和细则。将各厂房的土建测量微网数据进行复核检查后，作为各厂房布设安装控制网的基准，然后，利用测量微网建立根据安装平面图纸需要分布于厂房各层位的安装控制网。

②土建控制微网一般建立在厂房的底层，根据厂房的布置特点及各网点的通视情况和向上传递的需要，布置在无遮盖、稳定、通视良好并满足测量要求有控制意义的位置，必要时可在地面或墙面设计通视孔进行传递，并在厂房底层墙体浇筑之前由土建单位完成网布设和测量工作。安装控制网的布设主要采用插网或插点的方法进行。插网就是在高等级的三角网内，布设次一级的连续三角网。插点就是在高等级的三角网的一个或两个三角网内插入一个或两个低等级的新点。

(3)作业方法和各种精度指标

①平面控制点测量采用导线、小三角和极坐标等方法测定，测量精度为±1mm。

a. 导线测量。选定几点通视好的控制点，组成导线，以微网点为起止点。在起始边起点上架设天顶天底仪，通过观测孔对准微网点，在另一点上架设棱镜。将天顶天底仪从机座上取下，换上全站仪，按设计坐标定出第一个控制点的点位，并测定其角度和距离。再将全站仪和棱镜换位，确定出第二个控制点，同时测定其角度和距离，依次类推。最后，在终点上架设天顶天底仪，通过观测孔对准微网点，终点边另一点上架设棱镜，将天顶天底仪从机座上取下，换上全站仪，进行角度和距离观测。观测精度要求±1mm，导线闭合差要求±2mm。

b. 对于某些控制点，可以采用前方交会法测定，即以微网点为参照点，按设计方位交会出所测控制点。交会结束后，重新测定角度和距离，并进行平差和归化。

c. 对于其他特殊位置的控制点，以微网点、导线点和交会点为参照点，用极坐标法测定，并重新进行角度和距离观测，精度要求±1mm。

d. 轴线控制点十字轴线的 4 个 90°角精度应高于±15″，十字轴线的边长精度应高于±2mm。

②标高控制点测量，采用吊钢卷尺法进行高程传递，并加温度和尺长改正。用往返施测或复合测量来保证测量成果的可靠性，闭合差应小于±2mm。

③临时控制点用铅笔、记号笔、油漆标记，或选用特征点，观测精度为±1mm。

④为保证测量结果的精度和可靠性，采用多次观测求平均值、运用闭合导线和附合导线的方法施测。对于现场的测量结果，要经过平差来削减各种误差；运用闭合导线和附合导线是为了使施测的结果有检核；对观测的结果进行平差是为了平均分配各种误差的影响，使平差的结果更接近它的真值。

(4)主回路测量控制网的建立

①核电站核岛安装测量控制网根据施工内容及施工重点可以分为两部分：a. 反应堆厂房和部分燃料厂房的控制网；b. 其他厂房和燃料厂房的控制网。这两部分相对独立，在建立与管理上可单独对待。由于其他厂房和燃料厂房房间设计比较规则，基本以网格布局为主，在测量控制网的建立、管理方面与一般的民用和工业建筑施工测量相似，按照施工设计的平面图纸要求采用两级布网的方案将土建微网施测至所需房间或主要设备处即可满足要求。核岛安装测量控制网的建立、管理工作的重点与难点在反应堆和部分燃料厂房的控制网的测量工作上。

②核岛主设备系统主要包括压力容器、蒸发器(4 个环路)、主泵(4 个环路)和稳压器，各设备之间通过管道相连，组成一个统一的、相互关联的动态循环系统。由于存在相互关联关系，主设备之间的相对定位精度要求高，需要建立统一的、较高精度的安装测量控制网。压力容器作为主回路的中心设备，它的安装结果直接关系到蒸发器、主泵、堆内构件及燃料系统的安装精度。因此，主回路安装控制网首先就是必须要保证压力容器的安装精度。而对于与堆芯设备相连接的燃料系统来讲，又有很大的不同点：燃料厂房与反应堆厂房都包含有燃料系统，它们属于同一燃料系统，在平面位置上都属于同一反应堆厂房系统，高程部分则可相对独立。因此，燃料系统的平面控制网都根据反应堆厂房的控制网施测，而高程安装控制网则可根据各自区域内的微网布设。考虑到反应堆厂房与燃料厂房存在着系统差，因此，在这里为了保证传输装置的高程一致性，对于燃料厂房中燃料传输轨道的安装使用反应堆厂房的高程系统，从而保证传送轨道的安装同一性。

③主回路安装控制网从反应堆厂房+19.50m 层位展开。在反应堆中心，+19.50m 层位通过光学投点仪将中心原点坐标反映至+19.50m 平面。然后架设全站仪，利用+19.50m 层位微网点测设出+19.50m 层位安装控制网点，主要包括反应堆厂房轴线点和蒸发器安装轴线点，同时为了将反应堆厂房平面系统引入燃料厂房，在换料水池底部及传输管道口处测设出 3 个传递点。进行联测及平差结果分析，确定安装控制网的精度是否满足要求。

④布设+5.00m 层位的安装控制网。该层位同时承担堆芯设备与主回路设备的安装，

主设备之间密切相连，主回路的主管道、主设备及其基础设施的相对位置在安装过程中必须满足相应的尺寸要求。遵循着这一原则，在每个蒸发器间均有一个主控制点可直接观测到相邻两个房间内的控制点，组成围绕厂房中心的多边形测量控制网，数据平差满足精度要求后，以各环路的主控制点为核心，来建立各环路的控制网。与此同时，布设堆芯压力容器 x、y 控制轴线点，换料水池传输轴线，及 8 条主管道安装轴线。

⑤燃料厂房的加密控制网是以在换料水池底部及传输管道口处测设的三点，及反应堆厂房+19. 50m 层位上的点在燃料厂房建立安装控制网。应用建立的安装控制网测放出分布于厂房四壁、+19. 5m 和+28. 00m 新乏燃料吊车轨道两端的控制点及乏燃料水池底部的安装控制网点，用于水池内设备的安装。

⑥高程安装控制网的建立。反应堆厂房最低层位三个水准点为高程基准点，其中一个为高程测量原点，用悬挂钢尺法将高程传递至各主设备层位。燃料厂房以同样方法将高程基准传递至各层位及 PMC 吊车轨道层位上。在这些过程中，钢尺传递往返差不大于±0. 3mm，注意尺长及温度改正。同样要注意的是水准点的选择：必须要满足各回路相互连接及各层位相互连接。

⑦分布于反应堆厂房各层位的安装控制网，用于指导反应堆厂房主设备的精确定位，为反应堆厂房主回路安装建立安全可靠的工作基础和检查、监测标志，确保核电站安全、可靠、长期地运行。

(5)影响测量控制网精度的主要因素

①仪器误差。测量仪器的精度指标及制造和校正的不完善等因素会导致观测值的精度受到一定的影响，产生测量误差。但是，如果我们根据控制网的要求及特点，选用合适的仪器可以达到所需精度的要求，甚至可以将测量精度控制在最高的范围。例如：

a. 建立控制网之前选择合适的测量仪器来提高测角和测边的精度。目前测角和测边精度较高的测量仪器是全站仪 TC2003：测角精度为±0. 5″，测边固定误差为 1mm+1ppm，作为建立反应堆厂房平面控制网的首选仪器。

b. 注意测量仪器的相对固定。由于在同一测量过程中使用不同仪器之间存在着系统差，将导致降低高精度控制网的精度甚至平差失败，因此在同一测量过程中，必须固定测量仪器的使用。

②外界条件。反应堆厂房结构特点、现场的施工情况、环境及温度都会对控制网的测设精度产生影响。选择适合厂房特点的最佳控制网形、选择适当的施测时间、环境及温度等可以降低外界条件的影响，提高控制网的精度。

③观测误差。在使用测量仪器时，照准和读数等人为因素都会产生误差。控制和降低照准误差、提高操作人员的业务水平是减少观测误差的主要方法。

④网形选择。在核电站反应堆厂房中应用最广泛的就是采用小三角测量的方法建立三角网。其原因是三角形结构简单、图形强度高，同时还具有计算方便、校核条件多等特点。采用小三角测量，可以提高安装控制网的精度，也利于现场测量工作的适时校核，以保证准确性。

8.2.3 主回路设备安装测量方法

1. 压力容器安装测量

(1)支撑环安装测量

①反应堆中心+5.00m 层位架设全站仪，利用+5.00m 压力容器安装测量控制轴线点，后方交会出测站点位坐标，然后采用测站点位实际值分别放样出与厂房相平行的0°、90°、180°、270°的方向线。在支撑环轴线标志点上水平放置刻度尺，刻度尺的零值与标志点重合，左为负，右为正，全站仪瞄准支撑环就位时，轴线不符合值不得大于±0.5mm。

②在支撑环中间使用精密水准仪，进行两次以上精确测量支撑环承重面高程。同时，在堆腔内架设三站精密水准仪，每站观测次数不得少于两次，精确观测支撑环承重面高程。数据处理，计算得到支撑面8个点位的高程值，以压力容器内堆内构件支撑面高程为基准，结合支撑环高程值算出压力容器安装所需垫板厚度。

③高程、平面及轴线标志点重合性应同时观测，直至全部符合精度要求。压力容器支撑环二次灌浆48小时后，重复上述测量工作，以监测灌浆后支撑环的位移和沉降及其各项偏差值。

(2)压力容器安装测量

①压力容器高程由支撑环和垫板厚度控制，压力容器就位时需进行方位调整。利用+5.00m层位压力容器安装控制点，在各轴线点上架设全站仪，定好视线，压力容器就位过程中，瞄准压力容器轴线标志，引导压力容器降落与定位，测量其轴线偏离值，偏离值不得大于±1.0mm。

②压力容器就位后，利用+5.00m 层位高程控制点测量压力容器内部支撑面高程和水平度，以确认压力容器的安装准确度。

2. 蒸汽发生器安装测量

(1)垂直支承基板安装测量

以一环路蒸发器垂直支承基板安装为例，图8-2为蒸汽发生器垂直支承基板安装示意图。以反应堆堆芯为原点，一环路冷态轴线为 X 轴建立独立测量坐标系，利用全站仪放样出两贯穿套管中心连线的定位轴线，并标记于地面。进行基板安装测量时，在基板上两相对孔中心轴线上沿板边缘分别选取4点，用精密水准仪观测4点高程，调节基板，直至达到高程和水平度精度要求。然后以蒸发器房间已知控制点为基准，依据基板中心及孔中心位置设计值利用全站仪调整基板位置，直至满足公差要求2mm。以同样方法调整基板Ⅱ、基板Ⅲ和基板Ⅳ。基板点焊后及二次灌浆前后，均应对基板各项安装技术指标复测，以保证基板满足各项技术要求。

(2)垂直支承安装测量

以Ⅰ号垂直支承为例，将Ⅰ号垂直支承安装轴线分别刻画在基板表面和Ⅰ号垂直支承底面。注意偏转方向，再以基板安装轴线为基础安装垂直支承，使垂直支承底面安装轴线

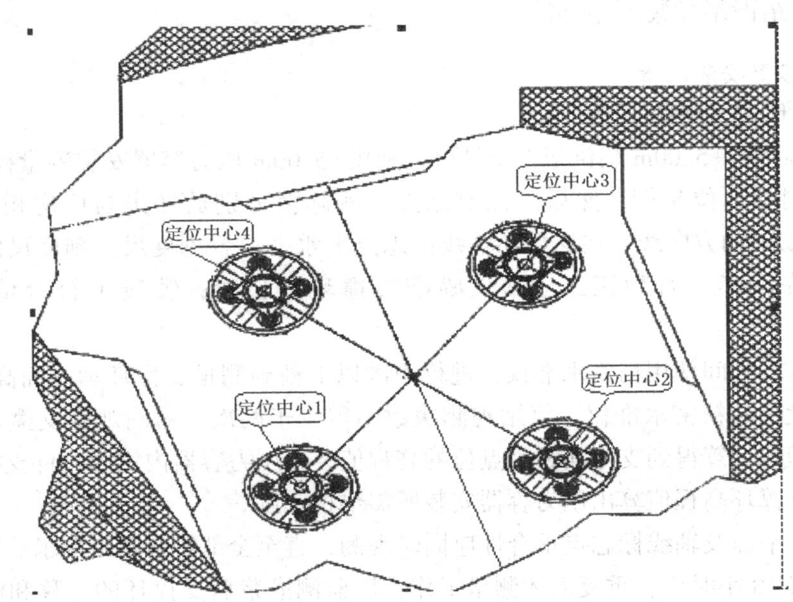

图 8-2　蒸汽发生器垂直支承基板安装示意图

与之相吻合。安装就位后，检查确定垂直支承位置的正确性。再调整垂直支承的承重面水平度，要求水平度不大于 0.5mm。然后，精确测量支撑面实际高程，测量蒸汽发生器热段管口中心点与 4 个支撑面的垂直距离，通过计算求出蒸汽发生器与垂直支承之间的垫铁厚度。

(3)蒸汽发生器横向支承安装测量

①下部横向支承安装测量：以安装图纸所示尺寸测量放样出下部横向支承的安装轴线位置，调整横向支承至理论位置，直到符合设计要求方可进行下一步工作。

②上部横向支承安装测量：在+19.5m 反应堆大厅蒸发器安装轴线点上安置全站仪，以安装图纸尺寸测量施放出上部支承的安装轴线，调整支承至理论位置，直到符合设计要求方可进行下一步工作。

(4)蒸汽发生器安装测量

蒸汽发生器就位后，调整其中心位置、方位、垂直度至限差以内。测量蒸汽发生器热段口中心点高程，以确认其实际高程满足设计要求。

3. 主泵安装测量

(1)基础板和垂直支承安装测量

主泵基板、垂直支承的安装测量方法与蒸汽发生器基板、垂直支承的安装测量方法是一致的。

(2)垂直支承上部间距调整

主泵的垂直支承在下部安装完成后，还需要进行上部的调整。在主泵壳就位前，按照

3个垂直支承上部中心至热态轴线的理论尺寸调整垂直支承至设计要求，如图8-3所示。

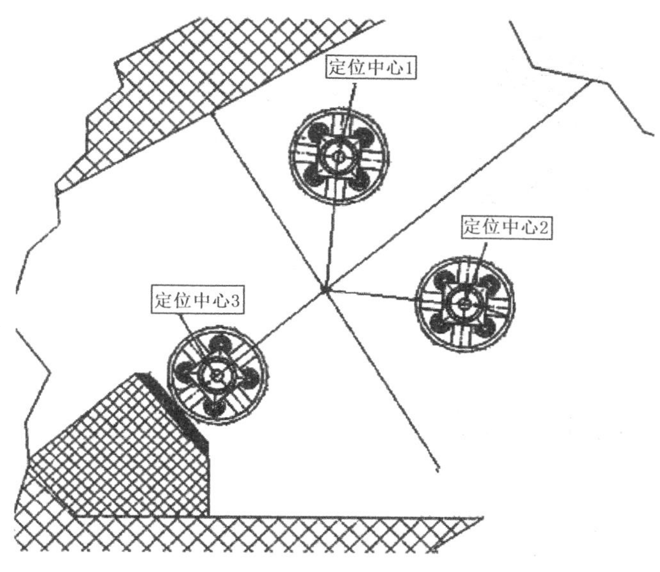

图8-3　主泵垂直支承安装示意图

(3)垂直支承水力配合面的标高和水平度测量

主泵垂直支承平面位置调整完毕后，进行主泵壳的安装与调整，测量泵壳水力部件支撑面的标高及水平度，满足设计要求后，方可进行下一步工作。

4. 主设备及主管道三维测量

由于采用窄间隙自动焊，需对主管洞长度与坡口尺寸进行严格控制，以满足自动焊对口间隙1mm、错边1.5mm的要求。主设备及主管道测量流程分为以下两个部分：

①主设备及主管道厂家竣工测量：

a. 设备制造厂家对压力容器、蒸发器、主泵及各管口进行三维几何测量，模拟各管口中心及端面参数。

b. 主管道三维测量：两端管口及垂直弯管处布设测量点，进行三维几何测量，利用工业三维测量软件模拟出管道几何尺寸与管口参数，用于管口的预制加工，热段与过渡段接蒸发器口除外。

②现场连接蒸发器主管道坡口加工测量，应具备以下条件：a. 主管道冷段与压力容器、主泵之间的焊口已焊接完成；b. 主管道热段与压力容器之间的焊口已焊接完成；c. 过渡段与主泵之间的焊口已焊接完成；d. 蒸汽发生器未吊装引入。

在核岛现场精密测量过渡段U1、热段H2管口数据，以蒸发器安装理论数据为基准，建立三维模型，导入蒸发器实际三维尺寸与相连接两管口数据，计算出与蒸发器相连主管道过渡段及热段切割长度，并根据蒸发器进出水管口参数确定出主管道坡口(U1、H2)参数，进行坡口加工，如图8-4所示。

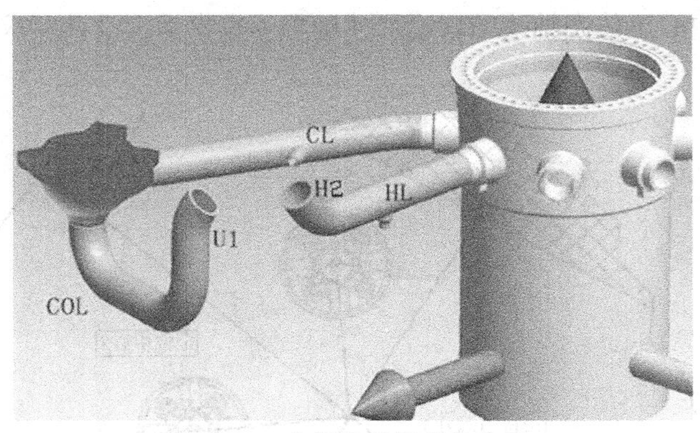

图 8-4　主设备及管道就位图

8.3　压力容器的精密检测

1. 概述

反应堆压力容器是核电站重要的设备构件，它是一个合金制成的下端封闭上端开口与上部结构相连接的圆柱体腔体，腔体上有 4 组一回路的管口。其重约 320t，外径为 4 535mm，壁厚为 210. 5~225mm。支承环平面应与压力容器竖向中心线正交。安装就位后，压力容器通过其上面的凸台支承在支承环上，并要求支承环水平度偏差在 ±0. 5mm内，压力容器上的轴线标志与支承环上的轴线标志应重合，其不符值应不大于 ±0. 5mm。另外，压力容器底部与下面的保温层的间隙应满足一定要求。为满足安装后达到上述要求，首先应对到货后的压力容器的几何尺寸和轴线间关系进行检查，检查内容如下：①压力容器凸台支承面平整度检查；②压力容器凸台支承面与竖向轴线的正交检查；③压力容器上标注的中心轴线是否正交的检查；④压力容器底部上各点到压力容器凸台支承面的距离。

由于压力容器体积大，重量重，调平和旋转起来很困难，为节约成本和缩短工期，测量检查只能在压力容器自然放置的情况下进行，这就给测量工作的实施增加了不少困难。

2. 控制点和观测点的布设及观测方法

在压力容器放置的场地周围适当的位置选择 4 个点，这些点连成导线，作为观测的控制点。在压力容器上观测点布置如下：在压力容器凸台支承面，每 45°布设一观测点；在侧面上，从凸台支承面起向下沿每条轴线每 1m 布设一个观测点；在底面中心和半径 1. 490m 处布置一些点，具体如图 8-5 所示。

观测仪器选用 TC2003 全站仪，为提高观测精度，在观测过程中保持架设在控制点上的三脚架及三脚底座不动(相当于强制对中)。

首先，任意假定设独立的坐标系(X，Y，Z)，不妨假设 K1 至 K2 为 X 正向，在同一水平面上与其正交的为 Y 轴，并以指向压力容器的方向为正向，以通过 X、Y 轴交点的铅垂线为 Z 轴，以向上方向为正向。为避免出现负值坐标，将 K1 点坐标假设为(X100，Y200，Z10)。在此基础上测定其他控制点的坐标。其次，在 4 个控制点上依次设站、定向，并用假设的高程确定仪器高后测出各观测点的三维坐标。

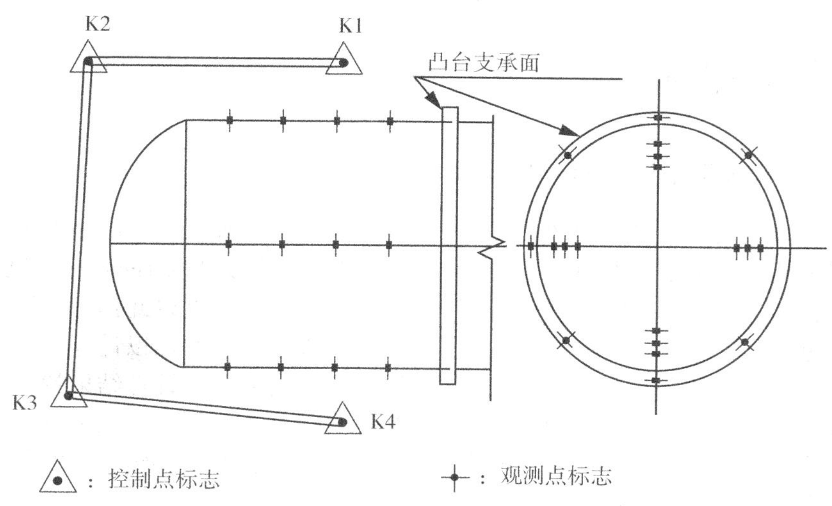

图 8-5 压力容器尺寸检查控制点和观测点布置

3. 数据处理

假设压力容器凸台支承面的方程为 $aX+bY+cZ=1$，由于这些观测点不可能完全共面，所以将每个点的坐标代入该平面方程会有一个微小的误差 $v_i=aX_i+bY_i+cZ_i-1$，则有

$$\boldsymbol{V}=XA-L \tag{8-1}$$

其中，$V=(v_1\quad v_2\quad\cdots\quad v_n)^{\mathrm{T}}$，$A=(a\quad b\quad c)^{\mathrm{T}}$，$L=(1\quad 1\quad\cdots\quad 1)^{\mathrm{T}}$

$X=\begin{pmatrix}X_1 & Y_1 & Z_1\\ X_2 & Y_2 & Z_2\\ \vdots & \vdots & \vdots\\ X_n & Y_n & Z_n\end{pmatrix}$，$n$ 为压力容器凸台支承面上观测点数。根据“最小二乘”原理 $V^{\mathrm{T}}V=\min$，有 $\boldsymbol{X}^{\mathrm{T}}\boldsymbol{X}\boldsymbol{A}-\boldsymbol{X}^{\mathrm{T}}\boldsymbol{L}=0$，即 $\boldsymbol{A}=(\boldsymbol{X}^{\mathrm{T}}\boldsymbol{X})-\boldsymbol{X}^{\mathrm{T}}\boldsymbol{L}$，则可确定压力容器凸台支承面方程的系数 a、b、c。再通过坐标变换，将观测点的坐标$(X,\ Y,\ Z)$转换到坐标系$(A,\ B,\ H)$上的坐标，其中 A、B 轴在压力容器的凸台支承面上，H 轴通过压力容器凸台支承面中并指向底部。通过上述转换，前述四项检查工作则变得较为容易，具体内容如下：

检查压力容器凸台支承面平整度：只要比较压力容器凸台支承面上各观测点坐标的 H 值即可。检查压力容器凸台支承面与竖向轴线的正交：将轴线上各观测点坐标换算成半径，比较同一轴线上的半径即可。检查压力容器上标注的中心轴线是否正交：将轴线标志上的观测点的 A、B 坐标反算 Ⅰ－Ⅲ、Ⅱ－Ⅳ 方位角，比较方位角即可。压力容器底部上各点到压力容器凸台支承面的距离：压力容器底部上各点坐标的 H 值就是该距离。

总之，核电站的精密安装测量因设备多而又各不相同，要求测量的方法也就不同。但核电站工作的场地面积非常窄小，精度要求高，大多是要测定三维坐标，属于精密测量范畴。值得注意的是，各设备之间有管道相连，动一发而牵动全身，就需要反复调整，反复检测，所以说核电站设备安装的质量是与测量工作密切相关的，因此要求测量人员要有较丰富的实践经验和认真负责的态度。

8.4　环吊安装测量

8.4.1　环吊梁或环形轨道梁的安装测量

环梁平面安装定位：将牛腿面上的方位线向牛腿前端延伸到环梁内侧下表面，并作标记；沿方位线测定牛腿前端与环梁内侧下边缘的间距，读数到 0.1mm，参考已测得的牛腿前端半径值，计算出各牛腿位置环梁内侧下边缘的半径值，并以此作为环梁是否需要再作调整的依据：环梁每调整一次，上述间距都必须重新测定，并加以计算，直到完全满足工程设计要求不再需要调整并固定为止：最后一次测得的间距的计算结果就是环梁调整完成后的最终半径测量结果。与此同时，是环形轨道面标高测量控制。以引测的一个标高点为基准，两次设站分别对各牛腿位置轨道面进行标高测量，并提供给机械安装人员作为调整的依据，要求观测精度为±0. 1m。

8.4.2　主梁安装测量

用铟钢钢盘尺进行小车双梁对角线和轨道跨距测量，施以标准拉力 10kg，并加尺长、温度和垂曲改正，读数至±0. 1mm，前者公差值应小于±5mm，后者公差值应小于±3mm。再用徕卡普通水准仪 NA828 等仪器测定主梁上双轨剖面标高，读数至±1mm，其差值应小于±10mm。

8.4.3　吊车试验测量

环吊吊车试验包括初始试验、空载试验、减载试验、载荷试验和疲劳试验等。在载荷试验中需要通过工程测量手段对主梁挠度进行监测，即在适当固定位置(如墙面等)设置水准参考点，测定主梁中心加载前和加载后的变形量，读数至±0. 5mm。在空载试验中则需要对吊钩的扭转变化进行监测，即在 90°交叉的方位上设定经纬仪测站来对吊钩上设置好的横向钢直尺进行测定，读数至±1. 0mm，过程如图 8-6 所示。

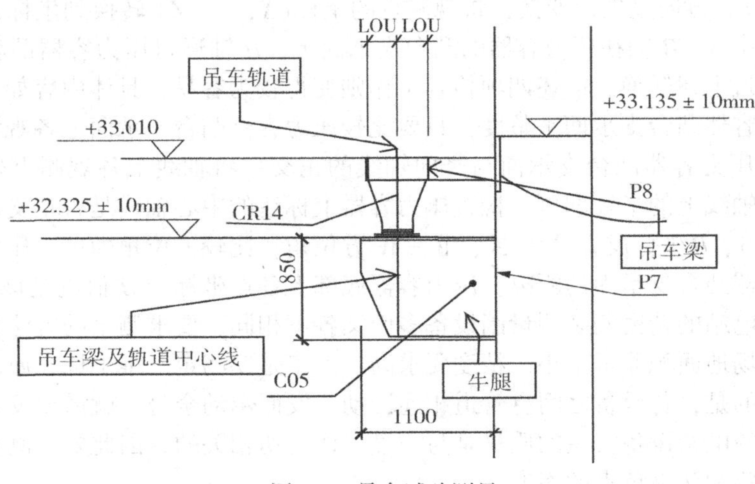

图 8-6　吊车试验测量

◎ 思考题

1. 精密工程控制网与常规控制网相比有哪些特点?
2. 核电工程控制网分为哪三个部分?
3. 核电站建造期间的安装测量有哪些特点?
4. 影响核岛安装主回路测量控制网的因素有哪些?
5. 压力容器的精密检测中控制点和观测点的布设以及观测方法有哪些?

第 9 章　核电厂变形监测

9.1　概述

变形监测就是利用专门的仪器和方法对变形体的变形现象进行持续观测、分析与预测。其任务是确定在各种荷载和外力作用下，变形体的形状、大小及位置变化的空间状态和时间特征。在精密工程测量中，最具代表性的变形体有大坝、桥梁、高层建筑物、边坡、隧道和地铁等，其变形监测的内容应根据变形体的性质和地基情况决定。对水利工程建筑物主要观测水平位移、垂直位移、渗透及裂缝，这些内容称为外部观测。为了了解建筑物（如大坝）内部结构的情况，还应对混凝土应力、钢筋应力、温度等进行观测，这些内容常称为内部观测，在进行变形监测数据处理时，特别是对变形原因做物理解释时，必须将内、外观测资料结合起来进行分析。变形监测的首要目的是要掌握建筑物的实际性状，科学、准确、及时地分析和预报工程建筑物的变形状况，这对工程建筑物的施工和运营管理极为重要。变形监测涉及工程测量、工程地质、水文、结构力学、地球物理、计算机科学等诸多学科的知识，它是一项跨学科的研究，并正向边缘学科的方向发展。

核电厂工程施工阶段变形监测项目主要包括厂区内核岛、常规岛等重要建构筑物、设备基础、建筑场地、地基基础、水工建筑物等的变形监测。核电厂变形监测的基准网，一般由次级网基准点和工作基点构成。变形监测点应埋设在监测体上且最能反映变形特征和变形明显的部位。监测前应对次级网基准点进行检查校核。核电厂变形监测的等级划分及精度要求应符合表 9-1 的规定。

表 9-1　　**变形监测的等级划分及精度要求**

等级	位移观测量中误差限值（mm）		适 用 范 围
	垂直位移	水平位移	
一级	0.5	3.0	核岛、常规岛等主体建筑物
二级	1.0	6.0	附属设施、边坡、水库坝体、码头等

注：①变形观测点的测量中误差是指相对于邻近基准点的中误差；

②特定方向的位移中误差，可取表中相应中误差的 $1/\sqrt{2}$ 作为限值；

③特殊情况下监测精度要求可根据实际情况在设计中确定。

核电厂每个重要的建构筑物或设备基础，均应有独立的变形测量监测系统。在工程设计时，应对变形监测内容进行统筹安排；在工程建造时，各项监测设施应随施工的进展及时埋设安装。首次观测（零周期）宜连续进行两次独立观测，当两次较差不超过两倍中误差时取其平均值作为变形监测初始值。不同周期的变形监测，应满足下列要求：

①选择良好的观测时段并尽量在较短的时间内完成；

②采用相同的网形（观测路线）和观测方法；

③使用经检校合格的同一测量仪器和设备；

④观测人员应相对固定；

⑤记录相关的环境因素（包括荷载、天气、温度、气压、相对湿度等）；

⑥采用统一基准处理数据。

每期监测结束后，应及时处理观测数据。当监测结果出现下列情况之一时，必须即刻通知业主和施工单位采取安全措施：

①变形量出现显著变化；

②变形量达到预警值或接近允许值；

③建筑物的裂缝快速扩大；

④地面的垂直位移量（沉降量）突然增大。

9.2 水平位移监测方法及原理

当要观测某一特定方向（如垂直于基坑维护体方向）的位移时，经常采用视准线法、小角度法等观测方法。但当变形体附近难以找到合适的工作基点或需同时观测变形体两个方向位移时，则一般采用前方交会法。水平位移观测实践中利用较多的前方交会法主要有两种：测边前方交会法和测角前方交会法。另外，还有极坐标法以及一些困难条件下的水平位移观测方法。

1. 视准线法

当需要测定变形体某一特定方向（如垂直于基坑维护体方向）的位移时，常使用视准线法或测小角法。

（1）原理

如图 9-1 所示，点 A、B 是视准线的两个基准点（端点），1、2、3 为水平位移观测点。观测时将经纬仪置于 A 点，将仪器照准 B 点，将水平制动装置制动。竖直转动经纬仪，分别转至 1、2、3 三个点附近，用钢尺等工具测得水准观测点至 A—B 这条视准线的距离。根据前后两次的测量距离得出这段时间内水平位移量。

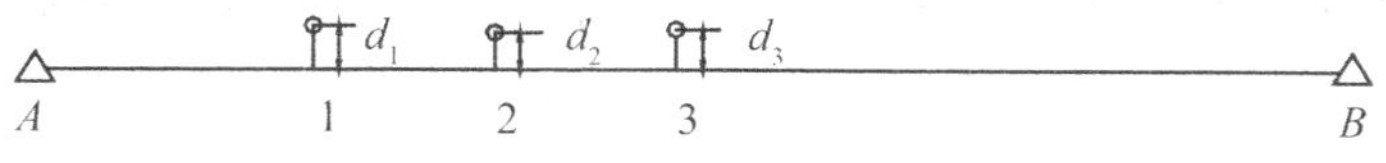

图 9-1 视准线法原理图

（2）精度分析

由基准线的设置过程可知，观测误差主要包括仪器测站点仪器对中误差、视准线照准误差、读数照准误差，其中，影响最大的无疑是读数照准误差。

此外，当基准线太长时，目标模糊，读数照准精度太差；且后视点与测点距离相差太远，望远镜调焦误差较大，无疑对观测结果有较大影响。另外，此方法还受到大气折光等因素的影响。

(3) 优点

视准线观测方法因其原理简单、方法实用、实施简便、投资较少的特点，在水平位移观测中得到了广泛应用，并且派生出了多种多样的观测方法，如分段视准线法，终点设站视准线法等。

(4) 不足

对较长的视准线而言，由于视线长，照准误差增大，甚至可能造成照准困难。精度低，不易实现自动观测，受外界条件影响较大，而且变形值（位移标点的位移量）不能超出该系统的最大偏距值，否则无法进行观测。

2. 测小角法

当需要测定变形体某一特定方向（如垂直于基坑维护体方向）的位移时，常使用视准线法或小角度法。

(1) 原理

如图 9-2 所示，如需观测某方向上的水平位移 PP'，在监测区域一定距离以外选定工作基点 A，水平位移监测点的布设应尽量与工作基点在一条直线上。沿监测点及基准点连线方向在一定远处(100 ~ 200m) 选定一个控制点 B，作为零方向。在 B 点安置觇牌，用测回法观测水平角 $\angle BAP$，测定一段时间内观测点与基准点连线与零方向间角度变化值，根据式(9-1) 计算水平位移。

$$\delta = \frac{\Delta\beta \cdot D}{\rho} \tag{9-1}$$

式中，D 为观测点 P 至工作基点 A 的距离，$\rho = 206265$。

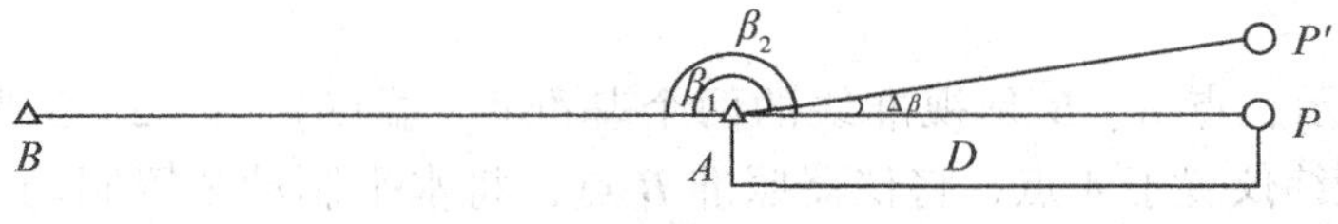

图 9-2 测小角法原理图

(2) 精度分析

由小角法的观测原理可知，距离 D 和水平角 β 是两个相互独立的观测值，所以由式(9-1) 根据误差传播定律可得水平位移的观测误差：

$$m_\delta^2 = \frac{1}{\rho^2} D^2 m_{\Delta\beta}^2 + \frac{1}{\rho^2} \Delta\beta^2 m_D^2 \tag{9-2}$$

水平位移观测中误差的公式表明：

①距离观测误差对水平位移观测误差影响甚微，一般情况下此部分误差可以忽略不

计，采用钢尺等一般方法量取即可满足要求。

②影响水平位移观测精度的主要因素是水平角观测精度，应尽量使用高精度仪器或适当增加测回数来提高观测度。

③经纬仪的选用应根据建筑物的观测精度等级确定，在满足观测精度要求的前提下，可以使用精度较低的仪器，以降低观测成本。

④优点：此方法简单易行，便于实地操作，精度较高。

⑤不足：须场地较为开阔，基准点应该离开监测区域一定的距离之外，设在不受施工影响的地方。

3. 测角前方交会

如果变形观测点散布在变形体上或者在变形体附近无合适的基准点可供选择时，人们常用前方交会法来进行观测，这时，基准点选择在面对变形体的远处。

(1) 原理

测角前方交会原理如图 9-3 所示。

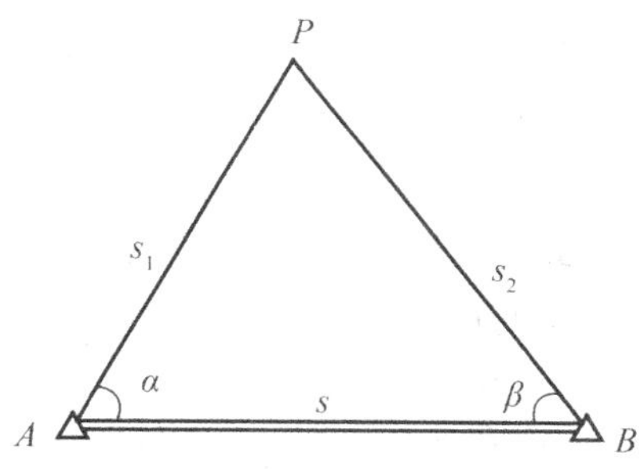

图 9-3　测角前方交会原理图

用经纬仪在已知点 A，B 上测出 α 和 β 角，计算待定点 P 的坐标。

(2) 精度分析

其前方交会点 P 的点位中误差的公式为：

$$m_p = \pm \frac{m_\beta \cdot s}{\rho'' \sin^2\gamma}\sqrt{\sin^2\alpha + \sin^2\beta} \tag{9-3}$$

式中，m_β 为测角中误差，$\rho'' = 206\,265$，S 为 A，B 间距离，$\gamma = 180° - \alpha - \beta$。对该式的进一步分析表明：当 $\gamma = 90°$ 时，点位中误差不随 α，β 的变化而变化；当 $\gamma > 90°$ 时，对称交会时的点位中误差最小，精度最高；当 $\gamma < 90°$ 时，对称交会时点位中误差最大，对精度不利。

4. 测边交会

(1) 原理

测边交会法原理如图 9-4 所示。

P 表示位移点，A_1，A_2 表示工作基点。设 A_1 坐标为 $(X_1,\ Y_1)$，A_2 坐标为 $(X_2,\ Y_2)$，P 坐标为 $(X_P,\ Y_P)$。观测 s_1，s_2 边，求交会点 P 的坐标。用测距仪在 A_1 点测得 A_1 到 P 点的

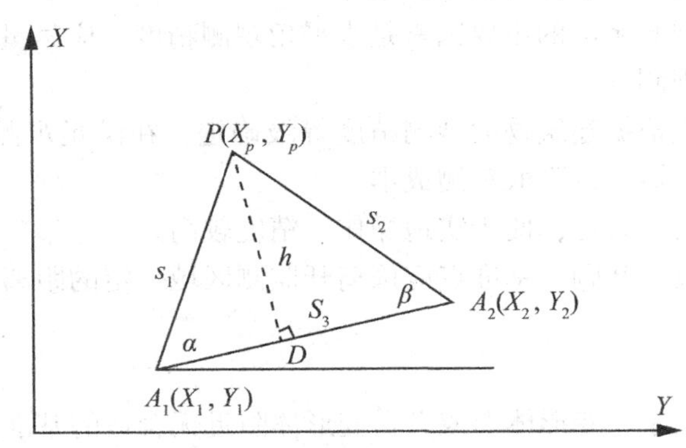

图9-4　测边交会原理图

平距为 s_1，在 A_2 点测得 A_2 到 P 点的平距为 s_2。基线平距 s_3 在首次观测后即可以将其固定。由图9-4可得：

$$X_P = X_1 + AD \cdot \cos\omega - h \cdot \sin\omega \tag{9-4}$$

$$Y_P = Y_1 + AD \cdot \sin\omega + h \cdot \cos\omega \tag{9-5}$$

式中，$AD = (s_1^2 + s_3^2 - s_2^2)/2s_3$，$h = \sqrt{(s_1^2 - AD^2)}$。

假设水平距离变化为 ΔS_1，ΔS_2，则 P 点的位移为 ΔX_P，ΔY_P，可用下式计算

$$\Delta X_P \approx \frac{\sin(\beta - \omega)}{\sin\gamma}\Delta S_1 - \frac{\sin(\alpha + \omega)}{\sin\gamma}\Delta S_2 \tag{9-6}$$

$$\Delta Y_P \approx \frac{\cos(\beta - \omega)}{\sin\gamma}\Delta S_1 - \frac{\cos(\alpha + \omega)}{\sin\gamma}\Delta S_2 \tag{9-7}$$

式(9-6)与式(9-7)中，$\gamma = \angle A_1PA_2$.

(2) 精度分析

设边长 s_1，s_2 的测距中误差为 m_{s_1}，m_{s_2}，则测边交会的点位精度可用下式表示：

$$m_p = \pm\sqrt{\frac{m_{s_1}^2 + m_{s_2}^2}{\sin\gamma}} \tag{9-8}$$

另外，$m_{\Delta s_1} = \sqrt{2}m_{s_1}$，$m_{\Delta s_2} = \sqrt{2}m_{s_2}$，可得 P 点方向水平位移中误差公式如下：

$$m_{\Delta X_p} = \pm\frac{\sqrt{2}}{\sin\gamma} \times \sqrt{[m_{s_1}\sin(\beta - \omega)]^2 + [m_{s_2}\sin(\alpha + \omega)]^2} \tag{9-9}$$

$$m_{\Delta Y_p} = \pm\frac{\sqrt{2}}{\sin\gamma} \times \sqrt{[m_{s_1}\cos(\beta - \omega)]^2 + [m_{s_2}\cos(\alpha + \omega)]^2} \tag{9-10}$$

位移点 P 的位移误差 $m_{\Delta p}$ 为

$$m_{\Delta p} = \pm\sqrt{m_{\Delta X_p}^2 + m_{\Delta Y_p}^2} = \pm\frac{\sqrt{2}}{\sin\gamma}\sqrt{m_{s_1}^2 + m_{s_2}^2} \tag{9-11}$$

(3) 优点

前方交会法相对于其他水平位移观测的方法如视准线法、小角度法等具有以下优点：

①基点布置有较大的灵活性。前方交会法的工作基点一般位于面向测点并可以适当远离变形体，而视准线法等方法的工作基点必须设置在位于变形体附近并且必须基本与测点在同一轴线上，所以前方交会法工作基点的选择更具灵活性。特别是当变形体附近难以找到合适的工作基点时，前方交会法更能显出其优点。②前方交会法能同时观测2个方向的位移。③观测耗时少。当测点较多，并分布在多条直线上时，前方交会法的耗时较视准线等方法少。

(4) 不足之处

前方交会法由于受测角误差、测边误差、交会角及图形结构、基线长度、外界条件的变化等因素影响，精度较低。另外，其观测工作量较大，计算过程较复杂，故不单独使用，而是常作为备用手段或配合其他方法使用。

特别的，对于边长交会法，由于测距仪的测距精度包含固定误差和比例误差，当距离增加时其误差也会增大。在选择工作基点时，除要满足通视和工作基点的稳定性外，还必须考虑工作基点与测点间的视距不要过长。

5. 极坐标法

极坐标法属于边角交会，是边角交会最常见的方法。

(1) 原理

如图9-5所示：在已知点A安置仪器，后视点为另一已知点B，通过测得$\angle BAP$的角度以及A点至P点的距离，计算得出P点坐标。设A点坐标为$A(X_A, Y_A)$，A—B的方位角为α_{A-B}，则P点坐标$P(X_P, Y_P)$的计算公式为：

$$X_P = X_A + s \cdot \cos(\alpha_{A-B} + \beta) \tag{9-12}$$

$$Y_P = X_A + s \cdot \sin(\alpha_{A-B} + \beta) \tag{9-13}$$

由微分公式可得：

$$\Delta X_p = \cos(\alpha_{A-B} + \beta) \cdot \Delta s - \sin(\alpha_{A-B} + \beta) \cdot s \cdot \Delta\beta/\rho \tag{9-14}$$

$$\Delta Y_p = \sin(\alpha_{A-B} + \beta) \cdot \Delta s + \cos(\alpha_{A-B} + \beta) \cdot s \cdot \Delta\beta/\rho \tag{9-15}$$

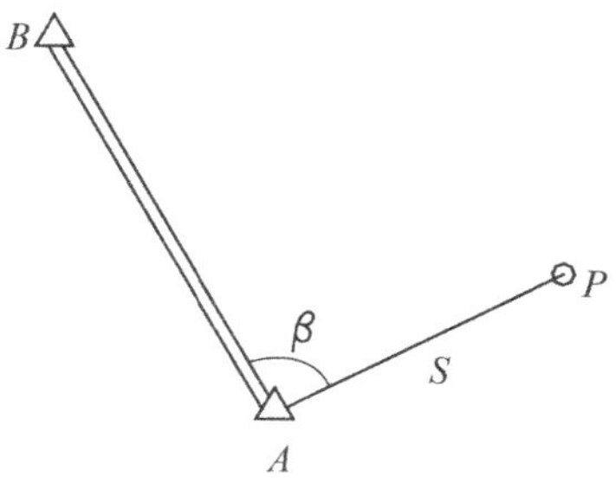

图9-5 极坐标法原理图

(2) 精度分析

待定点的点位中误差为：

$$m_p^2 = m_s^2 + s^2\left(\frac{m_B}{\rho}\right)^2 \tag{9-16}$$

两个方向的水平位移中误差为：

$$M_{\Delta X_p} = \sqrt{(m_s^2 \cdot \cos^2(\alpha_{A-B} + \beta) + \sin^2(\alpha_{A-B} + \beta) \cdot S^2 \cdot {m_\beta}^2/\rho^2)} \tag{9-17}$$

$$M_{\Delta Y_p} = \sqrt{({m_s}^2 \cdot \sin^2(\alpha_{A-B} + \beta) + \cos^2(\alpha_{A-B} + \beta) \cdot S^2 \cdot {m_\beta}^2/\rho^2)} \tag{9-18}$$

其中，m_s 为测距中误差，m_β 为测角中误差，α_{A-B} 为 A—B 边的方位角，$\rho = 206265$。

(3) 优点

使用方便，尤其是利用全站仪进行测量可以直接测得坐标，简单快速。

(4) 不足

精度较低，适用于精度不是很高的水平位移监测工作。

6. 反演小角法

(1) 原理

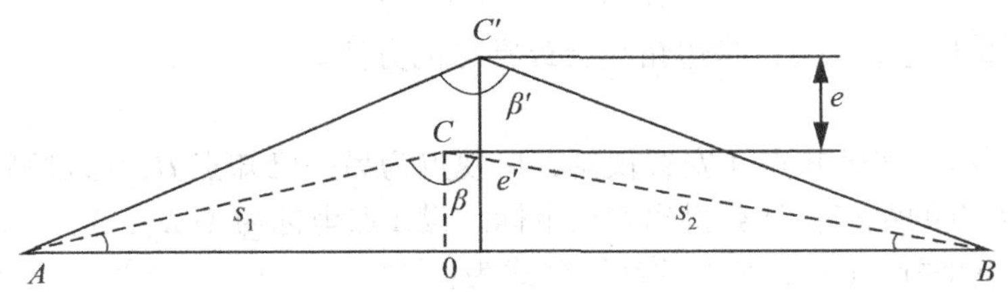

图 9-6　反演小角法原理图

如图 9-6 所示，C' 为工作基点(工作基点位移后 C 变为 C')，A，B 为选定的点，A，B，C 基本在一条直线上。在进行初始测量时，测定水平距离 AC，CB，在施工监测时，如需监测工作基点是否发生水平位移时，只需测出 $\angle AC'B$ 即可。若 $\angle AC'B$ 不等于上次测得的 $\angle ACB$，则说明工作基点发生了位移，根据公式

$$e = \frac{s_1 s_2}{s_1 + s_2} \cdot \frac{\Delta B}{\rho} \tag{9-19}$$

可以计算出其偏移量。在实际工作中，为了减少误差，通常使 AC 与 BC 的距离近似相等。

(2) 精度分析

由于距离测量的误差对水平位移测量精度的影响相对于测角误差带来的误差影响十分微小，故偏移量中误差的公式可以近似地表示为：

$$m_e \approx \pm \frac{s_1 s_2}{s_1 + s_2} \cdot \frac{m_\beta}{\rho} \tag{9-20}$$

在这里可以看出，可以近似地认为偏移量的精度与测角的精度成正比。因此，为了提高偏移量测量的精度，就要使用精度更好的仪器或者增加测回数。

(3) 优点

当施工条件限制时，特别是由于场地狭小限制基准控制网建立时，可以利用反演的小角法在可动的工作基点上观测自身的位移。特别是在一些不能建立稳定的基准点的

场地，可以利用其中的一个观测点作为不稳定基准，再用上述方法测得该点的位移之后，再利用该点对其他的观测点进行观测，最后加上该点的位移变化就可以得出其他点的偏移状况。

（4）不足

架设一次仪器仅能测得一个点的位移情况，即使以该点作为不稳定基准观察其他点的位移情况，在精度上会有所损失。

综上所述，对于以上的每一种方法，都有自己的特点，我们在选用水平位移测量方法的时候，既要考虑到精度，可行性，也要考虑到经济等方面的问题。在满足精度要求的前提下，尽量使用简单实用经济的方法。对于不同的现场，有不同的特点，不一定采用一种方法，可以采用两种或者两种以上的方法相结合来进行水平位移的监测。希望本章对当前使用较多的方法进行的分析比较和总结会对今后的水平位移监测工作起到一定的作用。

9.3 垂直位移监测方法与原理

对建筑物垂直方向的位移变化进行监测，用以了解建筑各种监测部位的垂直位移变化，从各监测点垂直位移变化情况了解有无不均匀垂直位移变化出现。垂直位移观测也是安全监测的重要项目。常用的方法有几何水准测量方法、三角高程测量法、液体静力水准法等。

（1）几何水准测量法

几何水准测量法是利用水准仪和水准尺从水准基点开始测量各点位高程的方法，通过各点位高程变化求得其垂直位移。

目前沉陷观测中最常采用的是水准测量方法（有时采用液体静力水准测量的方法）。对于中、小型厂房和土工建筑物沉陷观测可采用普通水准测量；而对于高大重要的混凝土建筑物，例如，大型工业厂房、高层建筑物以及混凝土坝，要求其沉陷观测的中误差大于1mm，因而，就得采用精密水准测量的方法。

（2）三角高程测量

三角高程测量往往在一些进行水准测量比较困难，监测精度相对较低的外部变形监测项目中使用。精确量取棱镜高和测站仪器的高度，同时控制最大视线长度，必须进行地球曲率和大气折光差改正。

（3）液体静力水准法

液体静力水准法是指利用连通管原理测量各点位容器内液面高差以测定各点垂直位移的观测方法，适用于混凝土闸坝基础廊道和土石坝表面垂直位移观测。由于用液体静力水准仪作业时，一定要在液面平衡后才进行读数，因而作业效率比较低。应用液体静力水准测量，两点不需要通视，精度高，对于解决所提出的任务，不仅能对设备位置进行遥测，而且还能实现自动调整。为保证对建筑物上观测点位置的长期观测，应用固定设置的液体静力水准仪是合适的。

核岛、常规岛等建筑物的垂直位移，一般采用精密水准测量方法进行监测，在变形较大或不便于立尺的地方宜可同时辅以静力水准法独立监测。单个构件可采用测微水准或机械倾斜仪、电子倾斜仪等测量方法。沉降观测点的布设应符合下列要求：

①能够反映建筑物、构筑物变形特征和变形明显的部位；

②标志应稳固、明显、结构合理，不影响建筑物（构筑物）的美观和使用；

③点位应避开障碍物，便于观测和长期保存。

垂直位移监测的主要技术要求应符合表9-2的规定。

表9-2　**垂直位移监测的主要技术要求**

等级	相邻基准点高差中误差（mm）	每站高差中误差（mm）	往返较差、附合或环线闭合差（mm）	检测已测高差较差（mm）
一级	0.5	0.15	$0.30\sqrt{n}$	$0.4\sqrt{n}$
二级	1.0	0.3	$0.60\sqrt{n}$	$0.8\sqrt{n}$

注：表中 n 为测站数。

水准观测的主要技术要求应符合表9-3的规定。

表9-3　**水准观测的主要技术要求**

等级	水准仪型号	水准尺	视线长度（m）	前后视较差（m）	前后视累积差（m）	视线离地面最低高度（m）	基本分划、辅助分划读数较差（m）	基本分划、辅助分划所测高差较差（m）
一级	DS05	因瓦	30	0.5	1.5	0.5	0.3	0.4
二级	DS05	因瓦	50	2.0	3	0.3	0.5	0.7
	DS1	因瓦	50	2.0	3	0.3	0.5	0.7

注：视距长度小于5m，观测至1.2m高的观测墩等特殊情况下，视线高可放宽。

建筑物、构筑物的沉降观测点，应按设计图纸埋设，建筑物四角或沿外墙每10~15m处或每隔2~3根柱基上；裂缝、沉降缝或伸缩缝的两侧；人工地基和天然地基的接壤处，建筑物不同结构的分界处；烟囱、水塔和大型储藏罐等高耸构筑物的基础轴线的对称部位，每一构筑物不得少于4个点。施工期间，建筑物的沉降观测周期按施工进度和荷载变化确定，沉降观测总次数不应少于5次。

水坝的垂直位移监测，其点位布设、精度和周期应符合下列要求：

①水坝坝体的变形观测点，应沿坝轴线布设在能反映坝体变形特征的部位；并宜与水平位移观测点合设在一个标墩上。

②坝体垂直位移的观测精度，相对于工作基点的高程中误差，中型混凝土坝不应超过1mm，小型混凝土坝不应超过2mm；中型土石坝不应超过3mm，小型土石坝不应超过5mm。

③水坝的垂直位移监测周期；变形监测的频率决定于变形值的大小和变形速度，以及观测的目的。通常需要观测的次数既能反映出变化的过程，又不遗漏变化的时刻。工程建筑物在施工过程中，频率应该大一些，一般有一个月，两个月，三个月，半年及一年等不同的周期。在施工期间也可能按荷载增加的过程进行观测，即从观测点埋设稳定后进行第一次观测，当荷载增加到25%时观测一次，以后每增加15%观测一次。竣工后，一般第一年观测四次，第二年观测两次，以后每年观测一次。在掌握了一定规律之后，可以减少观测次数。出现特殊情况的前后要进行紧急观测。

9.4　变形监测数据处理与变形分析

变形监测数据处理要求严密，由于变形量一般很小，要从含有观测误差的观测值中分离出变形信息，需要严密的数据处理方法。此外，观测值中经常含有粗差和系统误差，在估计变形模型之前要进行筛选，以保证结果的正确性。另外，变形模型一般是预先不知道的，需要仔细地鉴别和检验。对于发生变形的原因还要进行解释，建立变形和变形原因之间的关系。此外，变形监测资料可能是由不同的方法在不同的时间采集的，需要进行综合利用。再者，变形观测是重复进行的，多年观测积累了大量的资料，必须有效地管理和利用这些资料。

9.4.1　变形监测资料的预处理

变形监测资料处理的首要工作是分析观测值的质量，包括观测值的精度和可靠性。测量中的误差分类：粗差、错误、奇异值、系统误差、偶然误差和随机误差。

变形监测检核的方法有很多，应依据实际观测情况而定。包括野外检核和室内检核。

室内检核工作具体有：①原始记录的校核；②原始资料的统计分析，如粗差检验法；③原始资料的逻辑分析：根据监测点的内在物理意义来分析原始实测值的可靠性，主要包括：一致性分析、时间-效应量分析、原因-效应量、相关性分析、空间点位的相关性。

对于任何一个监测系统，其观测数据中或多或少会存在奇异值，在变形分析的开始有必要将该奇异值剔除。考虑到系统的连续、实时和自动化，最简便的方法是用“3σ 准则”来剔除奇异值。其中，观测数据的中误差 σ 既可以用观测值序列本身直接进行估计，也可根据长期观测的统计结果确定或取经验数值。另外，实测资料出现“断链”，然而监测数据处理方法要求等时间间隔，以得到时间序列，主要方法有：按内在物理联系进行插补、按数学方法进行插补（线性内插法、拉格朗日内插法、多项式曲线内插法、周期函数曲线拟合法、多面函数拟合法）。

监测点变形过程线也是变形资料预处理的一种，即某观测点的变形过程线是以时间为横坐标，以积累变形值（位移、沉陷、倾斜和挠度等）为纵坐标绘制成的曲线。由于观测是定期进行的，所得成果在变形过程线上仅是几个孤立点。直接连接这些点得到的是折线形状，加上观测中存在误差，就使实测变形过程线常呈明显跳动的折线。为更确切地反映建筑物的变形规律，需将折线修匀成圆滑的曲线。

变形体的变形可描述为随时间或空间变化的信号，变形监测所获取的变形信号，包含了有用信号和误差（即噪声）两部分。目前，一般采用数据平滑或Kalman滤波的方法在时域内进行处理。又例如，对于动态变形监测（如桥梁、高层建筑等工程的监测），变形的频率和幅值是其主要特征，我们通常采用频谱分析法将时域内的数据序列通过Fourier级数转换到频域内进行分析。由于这些方法的本身所限，对于非平稳、非等时间间隔观测信号的变形特征提取存在局限性。小波变换的基本思想是用一族函数去表示或逼近一信号或函数。这族函数称为小波函数系，由一基本小波函数通过平移和伸缩构成的。小波变换在变形分析中的作用有：观测数据滤波、变形特征提取、不同变形频率的分离、观测精度估计。小波变换对观测数据序列进行消噪的基本步骤主要包括：小波分解；小波分解高频系数的阈值量化处理；小波重构；对于复杂变形信息的分离，采用小波包进行分解和重构，可以得到各个相应频段的变形信息。

9.4.2 监测网的参考系和稳定性分析

1. 变形监测网

变形监测的方法有很多种，根据使用性质的不同可以选择不同的方法。如进行大地测量与摄影测量时，需建立平面与高程的控制网，结合观测对象与其周围所设置的系列观测点，通过重复测量控制网与观测点，可以有效获取相关的监测数据，通过各种数学分析方法进行观测点的研究与处理，挖掘其监测数据中的规律，确定所监测变形的大小。这种用作监测使用的控制网可称为变形控制网，简称为变形网。变形网又可以分为绝对网与相对网。

绝对网是指进行监测时，部分监测点位于变形体外监测网。绝对网的监测过程中，一些变形体外的监测点的主要作用在于为监测点之间的相对位置提供一个参考系，可称为基准点或者参考点。若变形体的相对变形范围较小，可以将监测点布置成为一种绝对网的形状。

绝对网中，由于其参考点布设于离变形体较远的稳定地层或者是基岩之上，由此可以有效保证监测点在变形体的移动位移为绝对位移。然而当参考点由于一些因素而发生了移动，如地层的不稳定导致参考点发生移动，或者是一些人为因素，等等。为了有效防止这些情况的发生，在进行参考点的选定时，通常会选择多个参考点，这样就可以剔除一些发生变动的参考点，有效地保证检测数据的准确性，使得最终的计算结果所带来的偏差更小。

如果个别参考点发生了较大的位移，那么这种参考点应该很容易发现，可以从复测资料的平差结果或复测观测值的比较途径达到目的。但是当参考点的位移很小的时候，并且是在非人为因素的影响下，例如，地下水位的升降，温度的变化，对变形影响范围的估计不足，以及其他的变形因素的影响等，在以上情况下，就难以发现这些发生位移的参考点。

相对网是指网的全部点位于变形体上的监测网。当变形区域很大或是变形的范围难以确定的时候，监测网只有采用相对网的形式，例如，地壳变形监测网就是这种形式。

选择不同的参考系就会得到不同的相对位移。为了使所计算的相对网的位移矢量与绝对位移矢量相接近，就要使相对网的参考系按照相对稳定点来定义。也就是说，对于相对网来说也存在一个寻找相对稳定点，并合理定义网的参考系的相关问题。所以说，对监测网进行稳定性分析，并根据稳定性分析的结果来选择平差的方法，确立一个对变形分析很有利的参考系，是变形监测数据处理很重要的环节。

2. 监测网的参考系

在监测网平差中，待估的未知参数往往不是被观测量，也不是其他不变量（或称可估量）。如果没有一定的起算数据，也就不能直接由观测值求得未知参数的平差值。这种起算数据就叫平差问题的基准。基准给出了控制网的位置，尺度和方位的定义，实际上也就给出了控制网的参考系，所以我们往往把基准和参考系作为同一概念。

监测网中平差基准的定义和一般的平差基准的定义有所不同，一般性的平差基准定义式为了使得一些待估参数的求取得以满足要求。监测网中的平差定义则是要通过多次复测使得观测值的绝对位移处于一种绝对的状态。因此，对于绝对网而言，使用经典的平差基准进行计算，可以有效保证计算结果的准确性。监测网也可以采用秩亏自由网平差或是拟稳平差法。因此，我们有三种可以选的基准：经典平差基准，秩亏自由网平差基准，拟稳平差基准（本质上也是一种秩亏自由网平差基准）。认识平差基准对位移计算结果的影响，并合理地确定基准，是变形监测数据处理的一个基本的问题。

（1）参考系的方程

平差问题的基准或参考系的定义可以由参考系方程表达：

$$\boldsymbol{G}^{\mathrm{T}}\boldsymbol{X}=0 \tag{9-21}$$

式中：$\boldsymbol{G}$ —— 参考系方程系数矩阵；

$\boldsymbol{X}$ —— 网的坐标向量。

三类参考系方程系数矩阵的形式如下：

1）经典平差参考系方程系数矩阵

水准网：

$$\boldsymbol{G}=(1\quad 0\quad 0\quad \cdots\quad 0)^{\mathrm{T}} \tag{9-22}$$

（假设第一个点是基准点）

测边网或边角网：

$$\boldsymbol{G}=\begin{bmatrix} 1 & 0 & 0 & 0 & \cdots & 0 & 0 \\ 0 & 1 & 0 & 0 & \cdots & 1 & 0 \\ -y_1^0 & x_1^0 & -y_2^0 & x_2^0 & \cdots & -y_m^0 & x_m^0 \end{bmatrix}^{\mathrm{T}} \tag{9-23}$$

在此假设第一个点是已知点，从第一个点到第二个点的方向是已知方向。

2）秩亏自由网平差参考系方程的系数矩阵

水准网：

$$\boldsymbol{G}=(1\quad 1\quad 1\quad \cdots\quad 1)^{\mathrm{T}} \tag{9-24}$$

测边网或边角网：

$$\boldsymbol{G}=\begin{bmatrix} 1 & 0 & 0 & 0 & \cdots & 0 & 0 \\ 0 & 1 & 0 & 0 & \cdots & 1 & 0 \\ -y_1^0 & x_1^0 & -y_2^0 & x_2^0 & \cdots & -y_m^0 & x_m^0 \end{bmatrix}^{\mathrm{T}} \tag{9-25}$$

3）拟稳平差参考系方程的系数矩阵

水准网：

$$G = (1 \quad 1 \quad \cdots \quad 1 \quad 0 \quad 0 \quad \cdots \quad 0)^{\mathrm{T}} \tag{9-26}$$

这里假设前 k 个水准点是拟稳点。

测边网或边角网：

$$G = \begin{bmatrix} 1 & 0 & 0 & 0 & 0 & 0 & \cdots & 0 & 0 & \cdots & 0 & 0 \\ 0 & 1 & 0 & 0 & 1 & 0 & \cdots & 0 & 0 & \cdots & 0 & 0 \\ -y_1^0 & x_1^0 & -y_2^0 & x_2^0 & -y_k^0 & x_k^0 & \cdots & 0 & 0 & \cdots & 0 & 0 \end{bmatrix}^{\mathrm{T}} \tag{9-27}$$

这里假设前 k 个点是拟稳点。

(2) 秩亏自由网平差与拟稳平差参考系的特点

设平差的误差方程为：$V = AX - L$。相应的法方程系数矩阵为 $N = A^{\mathrm{T}}PA$。无论是秩亏自由网平差还是拟稳平差，坐标向量 X 的解可以表示为：

$$X = (N + GG^{\mathrm{T}})^{-1}A^{\mathrm{T}}PL \tag{9-28}$$

它同时满足法方程和参考系方程。

以水准网为例来讨论以上两种平差方法所定义的参考系的特点。秩亏自由网平差的结果满足：

$$G^{\mathrm{T}}X = (1 \quad 1 \quad \cdots \quad 1)\begin{pmatrix} x_1 \\ x_2 \\ \vdots \\ x_m \end{pmatrix} = \sum_{i=1}^{m} x_i = 0 \tag{9-29}$$

令 $\bar{x} = \frac{1}{m}\sum_{i=1}^{m} x_i = 0$，$\bar{x}$ 为水准网的高程重心。$\bar{x} = 0$ 说明水准网的自由网参考系是网的高程重心。

以测边网或边角网为例，秩亏自由网平差的坐标向量 X 满足：

$$G^{\mathrm{T}}X = \begin{bmatrix} 1 & 0 & 0 & 0 & \cdots & 0 & 0 \\ 0 & 1 & 0 & 0 & \cdots & 1 & 0 \\ -y_1^0 & x_1^0 & -y_2^0 & x_2^0 & \cdots & -y_m^0 & x_m^0 \end{bmatrix}^{\mathrm{T}} \begin{pmatrix} x_1 \\ y_1 \\ \cdot \\ \cdot \\ \cdot \\ x_m \\ y_m \end{pmatrix} \tag{9-30}$$

$$= \begin{bmatrix} \sum_{i=1}^{m} x_i \\ \sum_{i=1}^{m} y_i \\ \sum_{i=1}^{m} (x_i^0 y_i - y_i^0 x_i) \end{bmatrix} = \begin{bmatrix} 0 \\ 0 \\ 0 \end{bmatrix}$$

在此，我们把参考系方程进一步引申。

由：
$$\sum_{i=1}^{m} x_i = 0 \qquad \sum_{i=1}^{m} y_i = 0 \tag{9-31}$$

可以得出：
$$\bar{x} = \frac{1}{m}\sum_{i=1}^{m} x_i = 0 \qquad \bar{y} = \frac{1}{m}\sum_{i=1}^{m} y_i = 0 \tag{9-32}$$

式中，$\bar{x}$、$\bar{y}$ 是网的重心改正数，说明秩亏自由网平差是以网的重心坐标作为坐标起算数据。也就是先给定的网点坐标(近似值) 的平均值与平差后网点坐标的平均值相等。

边角网平差还需要方向起算数据，在经典平差中假定一条边的方位角作为起始方位，在边角网的秩亏自由网平差中，起始方位(或叫方向基准) 是由参考系方程组的第三个方程决定的。

令

$$da_i = \frac{x_i^0 y_i - y_i^0 x_i}{r_i^0} \tag{9-33}$$

式中，i—— 第 i 点到坐标原点的距离，$r_i = \sqrt{{r^0_i}^2 + {y^0_i}^2}$；　(9-34)

　　da_i—— 原点到点 i 的方位角改正数。

$$\sum_{i=1}^{m} (x_i^0 y_i - y_i^0 x_i) = \sum_{i=1}^{m} r_i^2\,(da_i)^2 = 0 \tag{9-35}$$

式中说明原点到各网点方位角改正数的加权（以距离的平方为权）平均值为零。也就是说，边角网秩亏自由网平差的方位基准是坐标原点到各个点的方位角的加权平均值。

秩亏自由网平差的参考系是由控制网中的所有点定义的。如果以网中的部分点来定义网的参考系，所得到的是拟稳平差参考系。参与参考系定义的点为拟稳点。类似于秩亏自由网平差的参考系，拟稳平差参考系的坐标基准是拟稳点的重心坐标，起始方位是原点到各拟稳点方位角的平均值。

（3）参考系的选择对位移计算的影响

监测网的位移向量是通过平差两期观测得到的坐标向量之差求得的。参考系的选择将影响各期的坐标向量的平差结果，因此影响到位移计算的结果。不同的参考系方程将给出网点不同的位移值。经典平差所求的网点位移值是相对于假定的固定点的变化量。由自由网平差计算所得的网点位移是相对于网的重心的变化值。由拟稳平差所求的网点变形则是相对于拟稳点的重心而言的。

当然了，我们事先是无法知道监测网网点的实际变形，因而选用某种平差方法计算网点的位移，实质上是选用某种变形模型去模拟实际变形。例如：经典平差是用监测网某些点稳定不变的变形模型来计算网点的位移；当采用自由网平差时，则是把网点重心看成稳定不变的数学模型来模拟实际变形；同样，对于稳定平差，采用了拟稳点重心不变的数学模型去模拟实际变形。当所选用的数学模型与实际变形不相符时，将使所计算的位移值伴有误差，我们就称它为参考系模型误差，简称模型误差。

在变形分析中，选择哪种平差方法最好，关键在于了解平差方法中所定义的参考系是否与实际变形情况相符合。当网中有固定点时，采用这种固定点作基准，应用经典平差，可以得到很好的结果。当网中某些点具有相对的稳定性，它们相互变动是随机的情况下，则用这些点作拟稳点，用拟稳平差对成果进行分析能得到满意的结果。当监测网所有网点具有微小的变动时，自由网平差是一种有效的分析方法。因此，要合理地确定监测网的参考系，首先要确定监测网中哪些点是稳定的，哪些点是相对稳定的，哪些是不稳定的点。

3. 变形监测网稳定性分析方法

（1）限差检验法

限差检验法主要是利用两期观测多组起始数据所得的两期坐标差或多期观测每两期所得的坐标差计算其均值或均方差，如果点位没有移动，它就应小于极限误差（即中误差的 t 倍）。数学表达为：

$$|\Delta X| \leqslant tu_0\sqrt{Q_{\Delta X}} \tag{9-36}$$

（2）限差检验法步骤

1）起始数据分组分别进行平差

平面控制网有 u 个点，进行两期观测，对两期观测分别作经典平差，可供选择的起始数据有 m 组，根据第 i 组起始数据平差得网中第 j 点的 1、2 期坐标为：

$$(x_{ij}^{(1)},\ Y_{ij}^{(1)}) \quad (x_{ij}^{(2)},\ Y_{ij}^{(2)})$$

2）计算坐标差矩阵

两期坐标分别为 $(x_{ij}^{(1)},\ Y_{ij}^{(1)})$，$(x_{ij}^{(2)},\ Y_{ij}^{(2)})$，则两期坐标差

$\Delta X_{ij} = X_{ij}^{(2)} - X_{ij}^{(1)}$，$\Delta Y_{ij} = Y_{ij}^{(2)} - Y_{ij}^{(1)}$

其中，$i = 1,\ 2,\ \cdots,\ m \quad j = 1,\ 2,\ \cdots,\ u$。

将 ΔX_{ij}，ΔY_{ij} 进行排列，形成两个坐标矩阵 $\boldsymbol{\Delta X}$，$\boldsymbol{\Delta Y}$：

$$\boldsymbol{\Delta X} = \begin{bmatrix} \Delta X_{11} & \Delta X_{12} & \cdots & \Delta X_{1u} \\ \Delta X_{21} & \Delta X_{22} & \cdots & \Delta X_{2u} \\ \vdots & \vdots & & \vdots \\ \Delta X_{m1} & \Delta X_{m2} & \cdots & \Delta X_{mu} \end{bmatrix} \quad \boldsymbol{\Delta Y} = \begin{bmatrix} \Delta Y_{11} & \Delta Y_{12} & \cdots & \Delta Y_{1u} \\ \Delta Y_{21} & \Delta Y_{22} & \cdots & \Delta Y_{2u} \\ \vdots & \vdots & & \vdots \\ \Delta Y_{m1} & \Delta Y_{m2} & \cdots & \Delta Y_{mu} \end{bmatrix} \tag{9-37}$$

矩阵 $\boldsymbol{\Delta X}$，$\boldsymbol{\Delta Y}$ 的各个元素将包含起始数据误差、观测数据误差以及两期点之间的位移误差，为了有效减小这些误差对于最终结果的影响。

3）计算平均坐标差 ΔX 及其协因素 $Q_{\Delta X}$

将 ΔX、ΔY 按下列取均值：

$$\Delta X = \frac{1}{m-h}\sum_{i=1}^{m}\Delta X_{ij} \quad \Delta Y = \frac{1}{m-h}\sum_{i=1}^{m}\Delta Y_{ij} \tag{9-38}$$

式中，h 表示 j 点的起始点次数。

则可以求得两期坐标的权矩阵 $\boldsymbol{Q}_{X_i}^{(1)}$、$\boldsymbol{Q}_{X_i}^{(2)}$，则有

$$\boldsymbol{Q}_{\Delta X_i} = \boldsymbol{Q}_{X_i}^{(1)} + \boldsymbol{Q}_{X_i}^{(2)} \tag{9-39}$$

当两期的网形相同，则有 $\boldsymbol{Q}_{\Delta X_i} = \boldsymbol{Q}_{X_i}$　　(9-40)

式中，i 表示的是第 i 组起始数据。

4）计算坐标差 ΔX 中的误差

设用 q 表示权逆矩阵 $\boldsymbol{Q}_x$ 中的元素，且将 X 坐标与 Y 坐标进行分离，得出 ΔX_j、ΔY_j 的权倒数，数学表达式如下：

$$Q_{\Delta X_j}=\frac{2}{(m-h)^2}\sum_{i=1}^{m}q_{X_{ij}},\quad Q_{\Delta Y_j}=\frac{2}{(m-h)^2}\sum_{i=1}^{m}q_{Y_{ij}}$$

式中，$q_{X_{ij}}$、$q_{Y_{ij}}$ 分别表示第 i 组起算数据平差以及第 j 点 X、Y 的权倒数。

那么 ΔX_j、ΔY_j 的中误差可以表示如下：

$$M_{\Delta X_j}=\mu_0\sqrt{Q_{\Delta X_j}},\quad M_{\Delta Y_j}=\mu_0\sqrt{Q_{\Delta Y_j}}$$

如此可以得出误差的检验式：

$$|\Delta X_j|\leqslant t\mu_0\sqrt{Q_{\Delta X_j}},\quad |\Delta Y_j|\leqslant t\mu_0\sqrt{Q_{\Delta Y_j}}\quad (t\text{ 取 2 或 3})$$

9.4.3 变形分析与建模的基本理论与方法

随着现代科学技术的发展和计算机应用水平的提高，各种理论和方法为变形分析和变形预报提供了广泛的研究思路。由于变形体变形机理的复杂性和多样性，对变形分析与建模理论和方法的研究，需要结合地质、力学、水文等多学科知识，并且引入数学、系统科学以及非线性科学的理论，采用数学模型来逼近、模拟和揭示变形体的变形规律和动态特征。

1. *回归分析方法*

回归分析方法是利用数理统计的原理，建立不同变量之间相关关系的数学表达式。利用这些数学表达式以及这些表达式的精度估计，可以对未知变量作出预测或检测其变化。回归分析包括一元回归和多元回归。若自变量与因变量之间存在线性函数关系，则为线性回归；若是非线性关系，则可根据曲线匹配或多项式函数拟合，通过变量变换化为线性回归问题。多元线性回归是一元线性回归的拓展，故以下只列出多元线性回归。

多元线性回归的中心问题是确定对变量影响的因子及它们之间的关系，运用最小二乘法求回归方程中的回归系数。最佳回归方程的原则是满足选进回归方程的因子都是显著的，而未选进回归方程的其他因子的影响不显著。

2. *灰色系统理论*

灰色理论由华中科技大学控制科学与工程系教授、博士生导师邓聚龙于 1982 年提出。而灰色模型法则是把基坑变形系统看成一个灰色系统，通过建立灰色模型对基坑变形进行预测与预报，在目前有较为广泛的应用，取得了较好的效果，但也暴露出很多不足。灰色模型的建立要求原始数据是等时距的。由于种种原因，在实际应用时所获取的原始数据往往不是等时距序列，按照原始的灰色理论概念是难以建立其模型，使灰色系统理论的应用受到限制，故现在常用的有非等时距灰色模型法，等维新息灰色模型法等。

灰色系统理论应用于变形分析，与时序分析一样，是通过观测值自身寻找变化规律的。时序分析需要大子样的观测值，而对于小子样的观测值，只要有 4 个以上数据就可以进行灰色系统建模——灰色模型。灰色系统是指部分信息已知、部分信息未知的系统(即信息不完全的系统)。变形监测中灰色建模的基本思路：①对离散的带有随机性的变形监测数据进行“生成”处理，达到弱化随机性、增强规律性的作用；②然后由微分方程建立数学模型；③建模后经过“逆生成”还原后得到结果数据。

3. *Kalman 滤波*

Kalman 滤波技术是 20 世纪 60 年代初由卡尔曼（Kalman）等人提出的一种递推式滤

波算法，是一种对动态系统进行实时数据处理的有效方法。对于动态系统，Kalman 滤波采用递推的方式，借助于系统本身的状态转移矩阵和观测资料，实时最优估计系统的状态，并且能对未来时刻系统的状态进行预报，因此，这种方法可用于动态系统的实时控制和快速预报。Kalman 滤波的数学模型包括状态方程（也称动态方程）和观测方程两部分。滤波初值的确定，系统滤波的初值包括：初始状态向量及其相应的方差阵、动态噪声的方差阵、观测噪声的方差阵。其实施步骤为：

①由变形系统的数学模型关系式（状态方程和观测方程），确定系统状态转移矩阵、动态噪声矩阵和观测矩阵；

②利用组观测数据中的第一组观测数据，确定滤波的初值，包括：状态向量的初值及其相应的协方差阵、观测噪声的协方差阵和动态噪声的协方差阵；

③读取组观测数据，实施 Kalman 滤波；

④存储滤波结果中最后一组的状态向量估计和相应的协方差阵；

⑤等待当前观测时段的数据；

⑥将上述组观测数据中的第一组观测数据去掉，把当前新的一组观测数据放在其最后位置，重新构成组观测数据，回到上述的第①步，重新进行 Kalman 滤波。如此递推下去，达到自动滤波的目的。

4. 人工神经网络模型

人工神经网络（artificial neural network，ANN），是 20 世纪 80 年代以来人工智能领域兴起的研究热点。它从信息处理角度对人脑神经元网络进行抽象，建立某种简单模型，按不同的连接方式组成不同的网络。在工程与学术界也常简称为神经网络或类神经网络。神经网络是一种运算模型，由大量的节点（或称神经元）之间相互连接构成。每个节点代表一种特定的输出函数，称为激励函数（activation function）。每两个节点间的连接都代表一个对于通过该连接信号的加权值，称为权重，这相当于人工神经网络的记忆。网络的输出则依网络的连接方式、权重值和激励函数的不同而不同。而网络自身通常都是对自然界某种算法或者函数的逼近，也可能是对一种逻辑策略的表达。

BP 网络的学习过程：正向传播、误差反向传播、重复过程。网络的一般学习步骤：①产生随机数作为节点间连接权的初值；②计算网络的实际输出 Y；③由目标输出 D 与实际输出 Y 之差，计算输出节点的总能量 E；④调整权值；⑤进行下一个训练样本，直至训练样本集合中的每一个训练样本都满足目标输出。

5. 有限元法

有限元法也叫有限单元法（finite element method，FEM），是随着电子计算机的发展而迅速发展起来的一种弹性力学问题的数值求解方法。20 世纪 50 年代初，它首先应用于连续体力学领域——飞机结构静、动态特性分析中，用以求得结构的变形、应力、固有频率以及振型。有限元法最初的思想是把一个大的结构划分为有限个称为单元的小区域，在每一个小区域里，假定结构的变形和应力都是简单的，小区域内的变形和应力都容易通过计算机求解出来，进而可以获得整个结构的变形和应力。有限元法本质上是一种微分方程的数值求解方法，主要的应用软件有 abaqus，ansys 等。

6. 有限差分法

有限差分法是指微分方程和积分微分方程数值解的方法，基本思想是把连续的定解区域用有限个离散点构成的网格来代替，这些离散点称为网格的节点；把连续定解区域上的连续变量的函数用在网格上定义的离散变量函数来近似；把原方程和定解条件中的微商用差商来近似，积分用积分和来近似，于是原微分方程和定解条件就近似地代之以代数方程组，即有限差分方程组，解此方程组就可以得到原问题在离散点上的近似解，然后再利用插值方法便可以从离散解得到定解问题在整个区域上的近似解，主要的应用软件有FLAC 等。

7. 时间序列分析法

大坝变形观测中，在测点上的许多效应量如用垂线坐标仪、引张线仪、真空激光准直系统、液体静力水准测量所获取的观测量都组成一个离散的随机时间序列，因此，可以采用时间序列分析理论与方法，建立 p 阶自回归 q 阶滑动平均模型 ARMA（p、q）。一般认为采用动态数据系统（Dynamic Date System）法或趋势函数模型加上 ARMA 模型的组合建模法较好，前者是把建模作为寻求随机动态系统表达式的过程来处理，而后者是将非平稳相关时序转化为平稳时序，模型参数聚集了系统输出的特征和状态，可对变形进行解释和预报。若顾及粗差的影响，可引入稳健时间序列分析法建模。

8. 频谱分析法

对于具有周期性变化的变形时间序列（大坝的水平位移一般都具有周期性），可采用傅里叶（Fourier）变换将时域信息转到频域进行分析，通过计算各谐波频率的振幅，找出最大振幅所对应的主频，可揭示变形的变化周期。若将测点的变形作为输出，与测点有关的环境量作为输入，通过对相干函数、频率响应函数和响应谱函数进行估计，可以分析输入输出之间的相关性，进行变形的物理解释，确定输入的贡献和影响变形的主要因子。

9. 小波分析法

小波理论作为多学科交叉的结晶在科研和工程中被广为研讨和应用。小波变换被誉为“数学显微镜”，它能从时频域的局部信号中有效地提取信息。利用离散小波变换对变形观测数据进行分解和重构，可有效地分离误差，能更好地反映局部变形特征和整体变形趋势。与傅里叶变换相似，小波变换能探测周期性的变形。将小波用于动态变形分析，可构造基于小波多分辨卡尔曼滤波模型。将小波的多分辨分析和人工神经网络的学习逼近能力相结合，建立小波神经网络组合预报模型，可用于线性和非线性系统的变形预报。

10. 系统论方法

变形体是一个复杂的系统，是一个多维、多层的灰箱或黑箱结构，具有非线性、耗散性、随机性、外界干扰不确定性、对初始状态敏感性和长期行为混沌性等特点。系统论方法包括两种建模方法，一种是输入-输出模型法，前述的回归分析法、时间序列分析法、卡尔曼滤波法和人工神经网络法都属于输入-输出模型法。另一种是动力学方程法，该法与有限元法中的确定函数法相似，是根据系统运动的物理规律建立确定的微分方程来描述系统的运动。但对动力学方程不是通过有限元法求解，而是在对系统受力和变形认识的基础上，用低阶、简化的在数学上可求解和可分析的模型来模拟变形过程，例如，用弹簧滑块模型模拟边坡粘滑过程，用单滑块模型模拟大坝变形过程，用尖点突变模型解释大坝失稳机理等；也可根据监测资料反演变形体的非线性动力学方程。对动力学方程解的研究是系统论方法的核心，为此引入了许多与动力系统和与变形分析、预报密切相关的基本概念：状态空间或相空间（称解空间）、相点、相轨线、吸引子、相体积、李亚普诺夫指数和柯尔莫哥洛夫熵等。相点代表状态向量在某一时刻的解；相轨线代表相点运动的迹线；吸引子代表系统的一种稳定运动状态，它可以是一个稳定的相点位、环或环面，也可以是相空间的一个有限区域，对于局部不稳定的非线性系统，将出现奇怪吸引子，表示系统为混沌状态；李亚普诺夫指数描述系统对于初始条件的敏感特征，根据其符号可以判断吸引子的类型以及相轨线是发散的还是收敛的；柯尔莫哥洛夫熵则是系统不确定性的量度，由它可导出系统变形平均可预报的时间尺度。对变形观测的时间序列进行相空间重构，并按一定的算法计算吸引子的关联维数、柯尔莫哥洛夫熵和李亚普诺夫指数等，可在整体上定性地认识变形的规律。

系统论方法还涉及变形体运动稳定性研究，这种稳定性在数学上可转化为微分方程稳定性的研究，主要采用李亚普诺夫提出的判别方法。

变形受确定性和随机性两部分的联合作用，其演化过程可用一个随机扩展过程如伊藤随机过程来描述，利用随机过程的平均首通时间来进行变形的随机预报较仅依赖确定性模型进行稳定性分析和变形预报更为合理。系统论方法涉及许多非线性科学学科的知识，如系统论、控制论、信息论、突变论、协同论、分形、混沌理论、耗散结构等。

在对变形监测理论和变形分析的基础上，下面将讨论田湾核电厂的变形监测。

9.5 田湾核电厂变形监测

9.5.1 反应堆厂房监测

1. 垂直位移监测

运行阶段在大修期间还要对反应堆厂房进行垂直位移监测，因在运行期间无法进入反应堆厂房，只有在一年一次的大修停机时才能观测，故根据大修程序进行的，均由大修组织者（维修处）安排日期和时段。反应堆厂房沉降监测布置方案如图9-7所示和现场情况如图9-8所示。反应堆厂房沉降监测点平均分布于整个厂房，这个有利于保证监测的全面性和作出正确的分析判断。

2. 反应堆厂房的穹顶垂直位移监测

核电站安全壳被称为保护核电机组的第三道屏障。安全壳打压试验的原理是通过对安全壳进行抗压强度测试，验证安全壳的建造质量，以确保核电站商运后安全壳不会发生破损，保障核电站的安全。

反应堆厂房的打压试验是由专门机构完成的，测量人员按照打压试验文件根据有关程序去操作即可，主要要求是对反应堆顶部用精密水准直接观测，检测点的点位也是由承包打压机构设计而确定的。田湾核电站是在土建施工结束后反应堆厂房做打压试验的，在反应堆外壳穹顶标高为74m左右处逆时针26°、120°、196°、300°（俄罗斯是逆时针标度数，欧洲是一周期400°的）设沉降观测点共4个，如图9-9和图9-10所示。

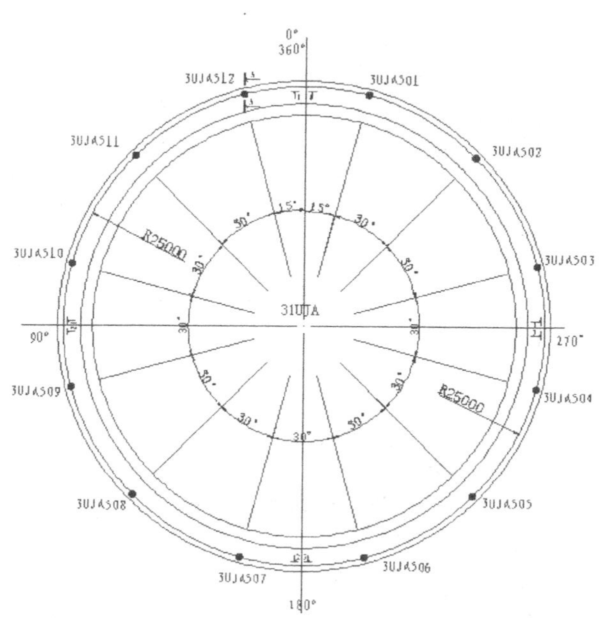

图 9-7 反应堆厂房沉降监测点布置图

图 9-8 反应堆厂房现场图

3. 反应堆厂房内环吊轨道监测

环吊是反应堆厂房重要的起重设备，厂房内大型设备吊装工作包括反应堆装堆均依赖环吊来完成，环吊精度要求高。环吊投入使用后无论是在安装阶段还是运行阶段大修期间都需要对环吊轨道的平整度和半径进行监测，当变形超出允许范围时，需进行调整。这项监测工作的基准点利用反应堆厂房内在安装环吊时所用的微网测量控制点，因此这些控制点在整个建安和运行阶段必须始终保持可用，图 9-11 是吊装反应堆厂房中的环吊大梁。

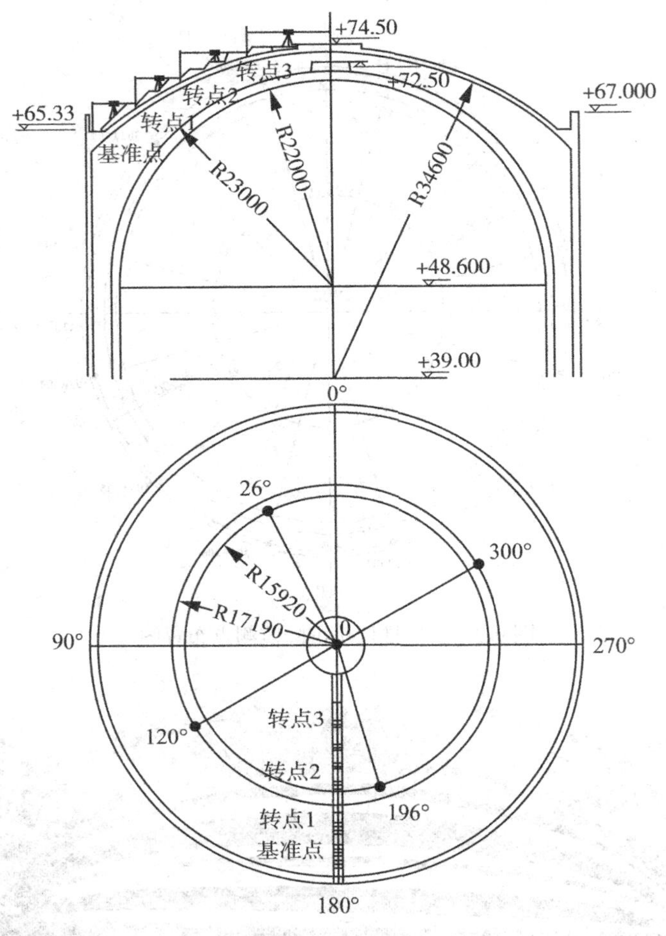

图 9-9　110JA 厂房外壳穹顶监测点布置示意图

9.5.2　高边坡变形监测

高边坡是要长期进行平移位移和垂直位移变形监测的。高边坡的水平位移观测是按次级网的精度要求观测的，垂直位移是按二级等级观测。高边坡的变形观测工作量因施工是分期、分标段进行的没有统计在内，根据变化决定观测时间的长短及周期，田湾核电站目前仍在进行之中。高边坡变形监测一般是设计图纸上或设计说明书中要求的，但观测的技术要求是业主提出后招标由承包商完成的。观测周期为第一年每 3 个月观测一次，第二年每 4 个月观测一次，第三年每 6 个月观测一次。期间业主要巡视查看高边坡的裂隙变化，根据现场的变化位移速度可适当增加观测量，尤其是在大的爆破、地震、暴雨、山洪等影响高边坡稳定因素发生时更要加强巡视，发现异常情况要立即进行监测。高边坡变形监测点布置如图 9-12 所示。

图 9-10 穹顶在施工中

图 9-11 吊装反应堆厂房中的环吊大梁

9.5.3 汽轮机厂房垂直位移监测

运行期间的设备大修是要对汽轮机平台进行一级垂直位移监测，分两次进行观测，第一次是在汽轮机停（关）机后即冷凝器泄压之前进行观测，第二次是大修后汽轮机开机之前进行观测，这项工作是要根据大修程序进行的，均由大修组织者（维修处）安排日期和时段。沉降观测路线如图 9-13 所示。

9.5.4 护岸和挡浪堤的变形监测

海堤工程的施工变形监测与一般建筑物的变形监测有不少区别。首先，海堤监测的区

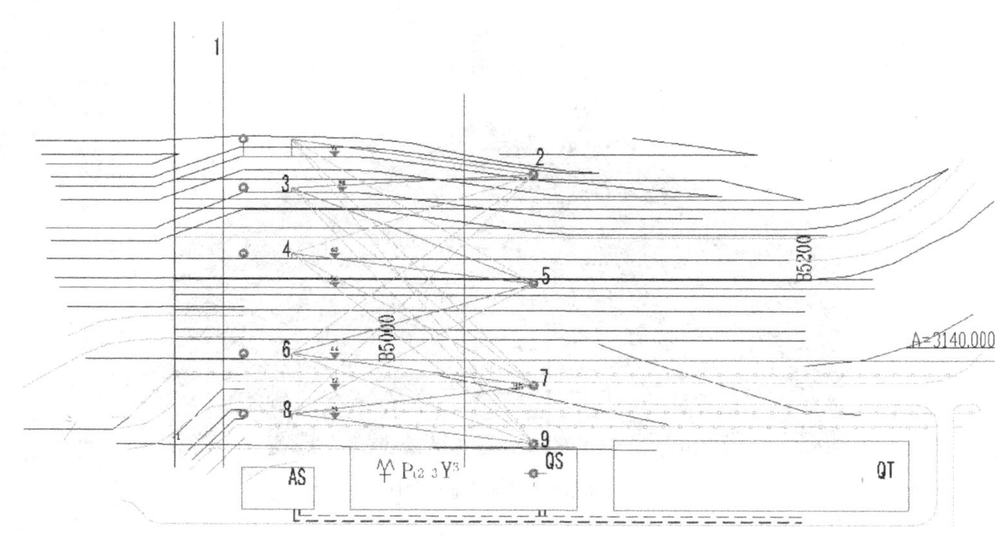

图 9-12　高边坡变形监测点布置图

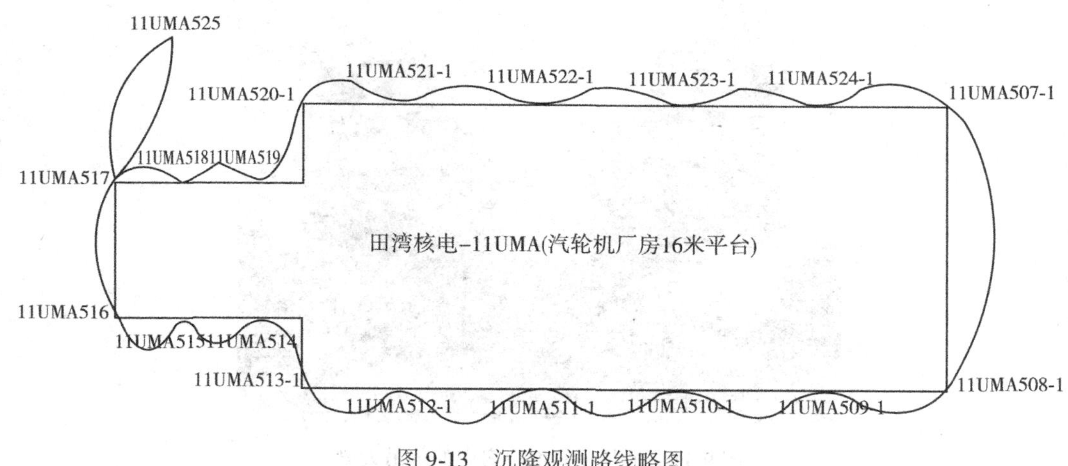

图 9-13　沉降观测路线略图

域特殊，它的一边是海，监测网的布设基本上只能在海堤的陆地一侧，给监测网的布设增加了困难；其次，在海堤施工中，监测是与施工同步进行的，由于施工的土方量的变化、大型车辆频繁在海堤上碾压等因素影响，使变形监测的数据分析极其复杂；另外，海堤地区一般视线开阔，通视条件好，但大气折光较大，使用常规监测手段的误差较大，GPS 测量却有无比的优越性，所以本次水平位移监测采用 GPS 测量方法，沉降监测采用数字水准仪几何水准测量方法。

水平位移监测的基准点兼有水平位移和高程沉降测量基准的功能，因此工作基点的埋设应确保其稳定并告知施工人员确保其安全，工作基点的损毁将对测量成果的可靠性造成直接的影响。

埋设方法如下：在设计位置根据土质情况将四根4~8m的钢管打入土层，之间构成边长约为60cm的正方形。除去浮土，在钢管顶部水平放置适量钢筋（中心部位留3根钢筋垂直向上备用）并进行焊接，依托模板现场浇灌混凝土基墩，同时在混凝土基墩上离开边缘10cm左右的地方镶嵌一长15cm，直径1.5cm的不锈钢标志，头部做成球状，以此作为高程辅助基准点。在混凝土基墩上再向上浇筑一个观测台。在观测平台的顶部水平镶嵌强制对中观测基座以便放置仪器。工作基点混凝土观测墩详细情形如图9-14所示。浇筑完成后，观测墩周身用白色油漆进行涂刷，并在中部贴红色警示条。

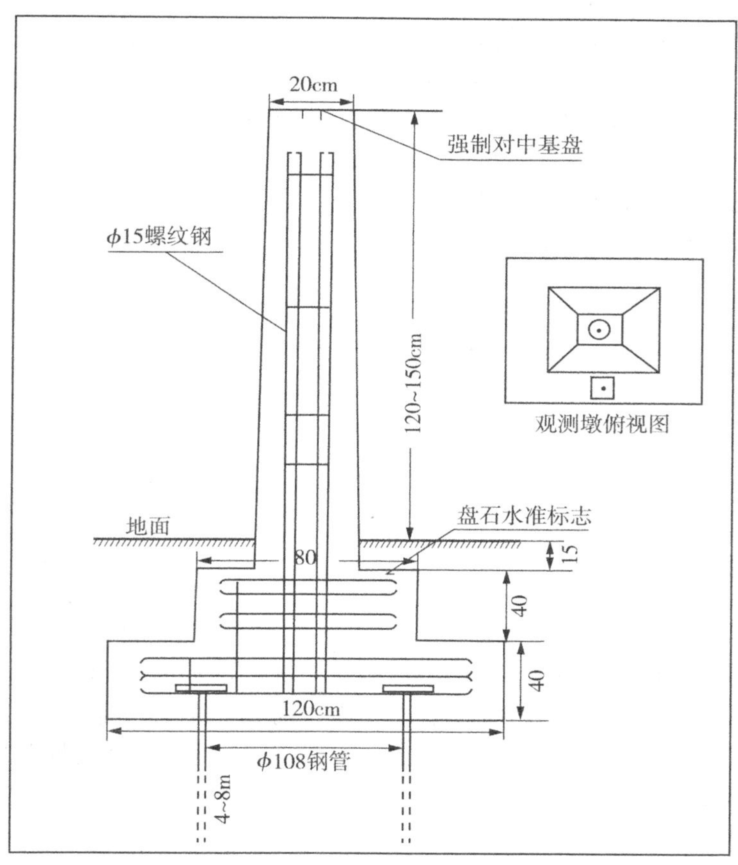

图9-14 海堤水平位移监测基准点观测墩示意图

9.6 核电厂地面沉降预测预警系统

核能作为一种重要的能源正受到越来越多的关注，而其安全性与稳定性更是人们关注的焦点。核电建筑物沉降监测精度要求较高，测量程序严谨，每千米偶然中误差要求控制在1mm，每千米全中误差为2mm。所以核电建筑物的沉降监测及其预警就显得尤为重要，目前已有的沉降预警系统虽然功能强大，但存在不实用，内存较大，操作不够快捷简便，难以掌握等问题。本书运用现代预测理论，以 Visual Basic 程序语言为编程手段，开发地面沉降预测预警系统。使用 Logistic（逻辑斯蒂）、泊松曲线、Gompertz（龚帕兹）等模型实现对地面沉降曲线的拟合，再利用拟合的曲线预测将来一定时期内所监测区域地面的沉降值，为厂区地面沉降管理提供决策依据。

9.6.1　核电厂地面沉降预测预警系统的特色

1. 多模型预测带来高精度预测值

厂区地面沉降是关系到建筑物（构筑物）安全性的一个重要指标，厂区地面沉降随着时间呈有界增长，研究发现沉降-时间理论曲线呈“S”形，与 Logistic 曲线和 Gompertz 曲线的变化规律极为相似。这为运用 Logistic 曲线和 Gompertz 曲线建立建筑物沉降预测模型提供了理论基础，采用的拟合模型分别是 Gompertz 模型、Logistic 模型和 Boltzmann 模型。本书提出的泊松曲线模型参数的拟合方法，对实测沉降数据没有相等时间间距的要求，因而在工程实际中应用较为方便。

各种曲线拟合法的运算公式参见表 9-4。

表 9-4　三种拟合模型及其形式

名称	形式
Gompertz 模型	$y(t) = ae^{-\exp(-b(t-k))}$
Logistic 模型	$y(t) = \dfrac{a-b}{1+(t/k)^r} + b$
Boltzmann 模型	$y(t) = \dfrac{a-b}{1+e^{(t-k)/r}} + b$

由于厂区地面沉降的不规律性，以及受地质、水文等自然因素的干扰，对于不同的地面情况，仅仅用一种沉降曲线拟合的方法，不能得到最为精确的沉降预测值，所以研究了三种拟合模型。利用这三种模型可以同时对同一组实测沉降值拟合成曲线，通过对比平均绝对百分误差（MAPE）值，获得精度更高、效果更好的拟合曲线。

2. 软件小巧实用

本软件的主要目的是进行沉降值预测，运算量大部分在于模型参数的计算和曲线的拟合，总体来说该软件运算量较小，并且软件的操作过程清晰、简单；另外通过三种模型的比较取舍，又能够很好地达到预测目的，所以不仅节省了时间，同时获得了高精度的预测值，能够在短时间内处理大量的数据。并且在进行实测值拟合时，将使用的模型参数显示给用户，以备不时之需。

3. 预测、预警、精度评定和绘图的一体化

该软件利用曲线拟合模型将实测沉降数据进行数据处理，拟合成一条沉降曲线图并绘制。同时，提供了对拟合精度的评定（采用平均绝对百分误差 MAPE）。通过拟合的沉降曲线，对将来一定时期内建筑物的沉降值进行预测预警。

9.6.2 系统开发技术手段

1. 软件结构和使用流程

本系统主要由主界面、模型运算界面以及数据调入和输出构成。模型运算界面可进行参数计算、预测值计算，精度评定、绘制曲线图、数据查询等操作。沉降预测预警软件基本构成和系统结构流程分别如图 9-15、图 9-16 所示。

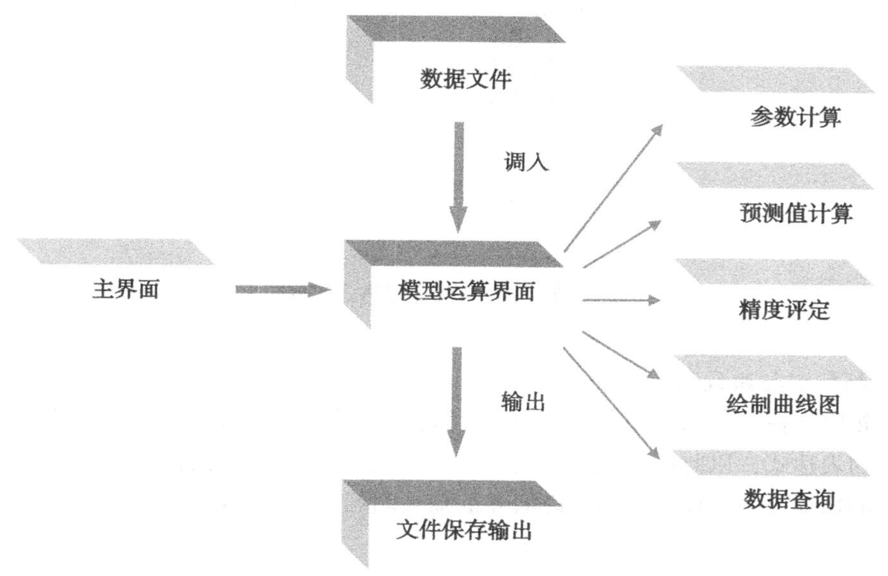

图 9-15 沉降预测预警软件基本构成图

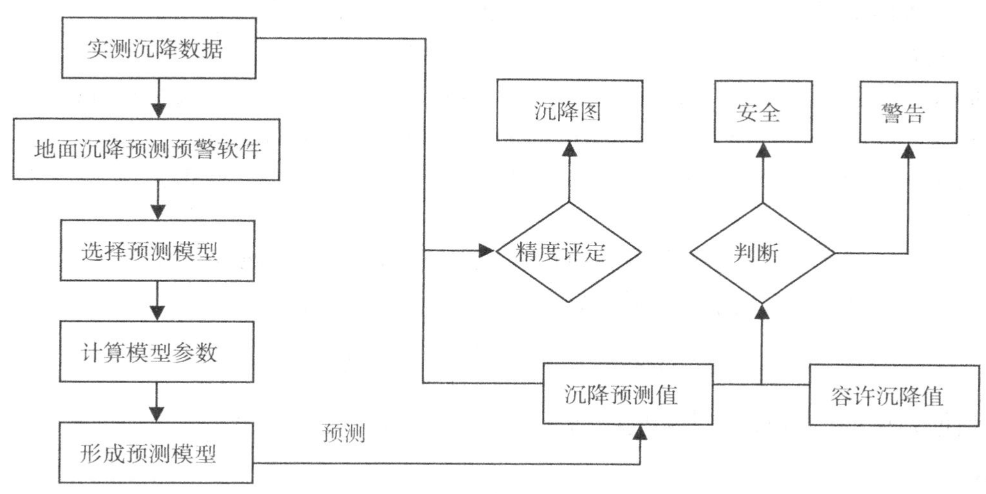

图 9-16 系统结构流程图

2. 数据输入

地面沉降预测预警软件支持 . txt 文档数据（文本文档），数据以 * ， * 格式（第一个 * 代表观测期数，第二个 * 表示该期沉降实测数据）进行输入。比如要输入第二期沉降值，并且该期沉降实测数据为 2. 134，则相应的格式为 2，2. 134。具体如图 9-17 所示。

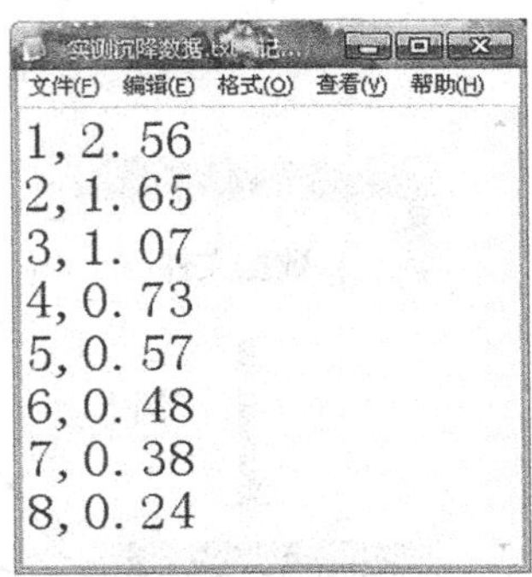

图 9-17 实测沉降数据格式实例图

3. 数据处理与曲线拟合

利用相应选择的预测模型，对实测沉降数据进行拟合，计算出相应的参数，从而得到预测模型的表达式，以此达到预测一定时期内建筑物沉降值的目的。然后对预测的沉降值进行相应的精度评定，输入沉降容许值和欲知某期沉降值的期数进行预警。

4. 结果输出

利用相应的模型曲线预测出沉降值后，即可点击“文件”菜单下的“保存计算结果”把结果保存为“. txt”文件。若需要预测两期或者两期以上的数据，可以利用当前界面中的“保存该期预测值”按钮来实现，预测结果自动保存到同样的文件中。

5. 精度评定

拟合精度取决于历史数据与估计水平的精确性，其中估计水平涉及模型函数形式的设定、正确变量选择及参数估计。广泛应用的精度指标有：平均绝对百分误差（MAPE）、绝对误差平方和（SSE）、相对误差平方和（SSPE）、标准差（SE）和相对标准差（SPE）等。

为了验证所使用的模型在精度方面是可行的，本系统在使用模型对沉降值预测后，对模型进行精度分析，采用平均绝对百分误差来计算衡量模型精度：

$$\mathrm{MAPE} = \frac{1}{N}\sum_{t=1}^{N}\frac{|e(t)|}{y(t)} \times 100$$

根据表 9-5 中对模型拟合精度的划分标准，作为本系统评定模型拟合精度的一个重要依据。

进行预测时，选用不同的预测模型会得到不同的预测精度，通过对预测精度的比较，选取精度较高的预测模型的预测结果，作为本次预测的最终结果。

表 9-5　**拟合精度划分表**

MAPE	<10	10~20	20~50	>50
拟合等级	高精度拟合	好的拟合	可行的拟合	不可行的拟合

9.6.3 典型界面

以 Logistic 预测模型的相应操作，演示相应的界面操作：

1. 主界面

登录软件以后出现欢迎主界面如图 9-18 所示。

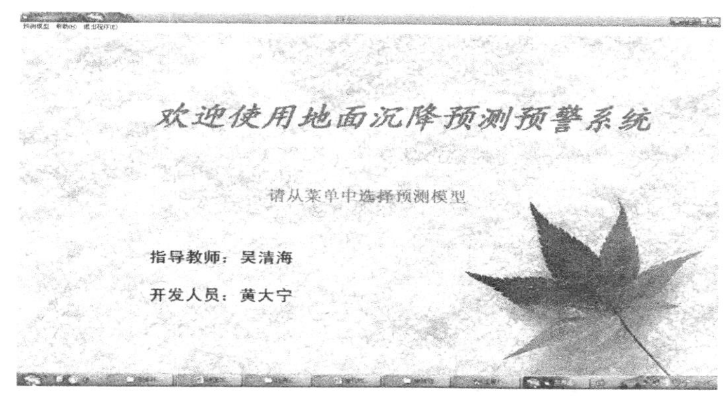

图 9-18　主界面图

该页面有三个主菜单，分别是预测模型、帮助及退出程序。点击预测模型下的 Logistic 模型，弹出该模型的运算界面。

2. 模型运算界面

加载数据并进行相关运算后的结果如图 9-19 所示。

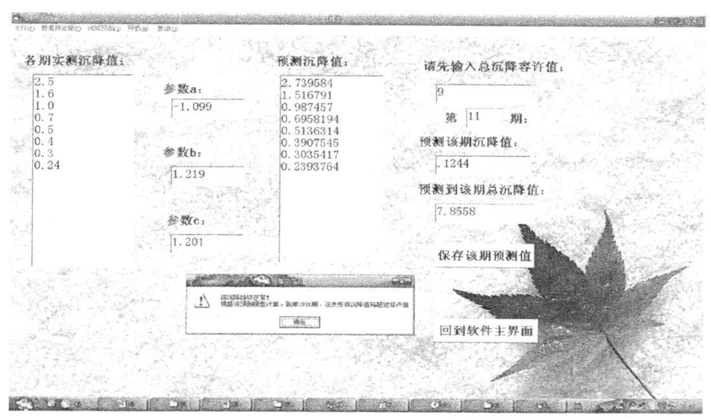

图 9-19　运算结果图

3. 精度评定界面

点击“沉降预测”菜单下的“精度评定”，即可得出曲线的拟合精度，如图 9-20 所示。

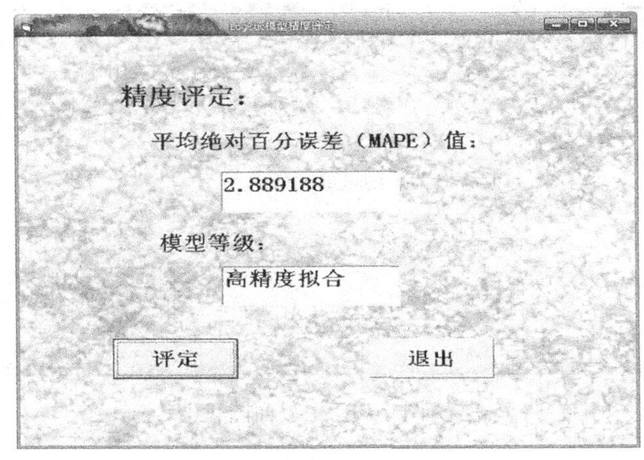

图 9-20　精度评定界面图

4. 沉降曲线绘制界面

点击菜单“沉降预测”中的“绘制沉降曲线图”出现如下窗口，点击绘图即可完成操作，如图 9-21 所示。

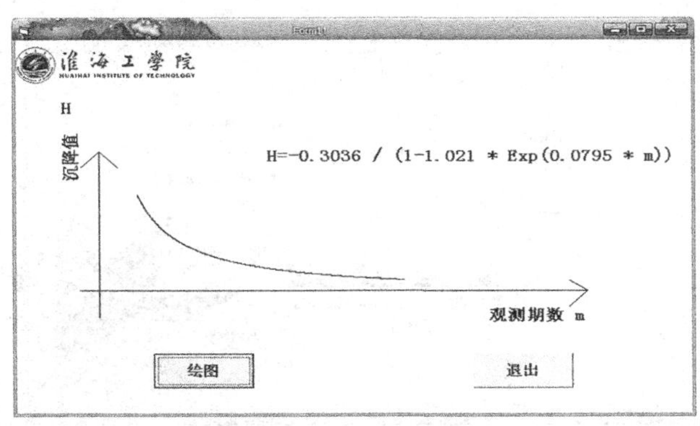

图 9-21　沉降曲线绘制界面

5. 查询界面

点击子界面菜单栏中的“查询”，进行相应操作后，则出现图 9-22 所示的窗口。

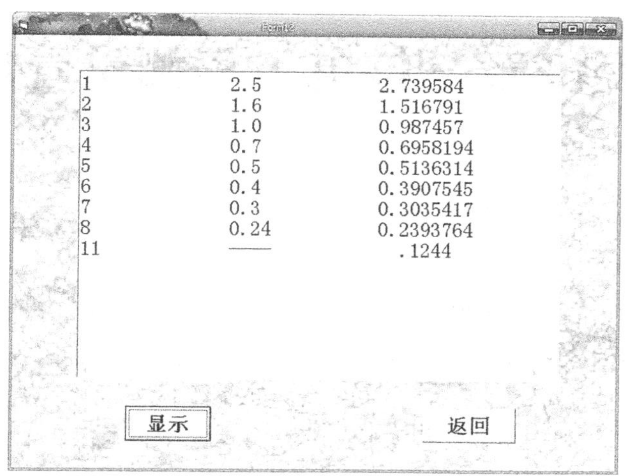

图 9-22 查询界面

核电厂地面沉降预测预警系统具有良好的人机界面，软件操作方便，并可利用不同模型对预测结果进行比对，取用较好的预测模型。该系统的建立，可大量节省对观测数据处理的时间，提高工作效率，为地面沉降运营管理提供依据，达到土地资源的合理利用与地质生态环境保护的协调统一，减少危害的发生，以提高厂区综合管理水平，增强厂区整体防护能力。

◎ 思考题

1. 变形监测的目的主要有哪些？
2. 变形监测的精度和周期如何确定？
3. 水平位移监测的基本原理是什么，有哪些主要方法？
4. 核电站沉降观测点布设有哪些要求？
5. 监测资料的平时整理应该包含哪些内容？

第10章　核电工程测量管理

10.1　概述

“测量管理”是指测量方面指挥和控制组织的协调活动。测量管理通常包括制定方针和目标，以及测量策划、测量控制、计量保证和改进等活动。测量管理的主要对象是测量数据、测量过程和测量设备。随着社会主义市场经济体制的日趋完善，在各行各业中，测量越来越被人们认识、利用，并受到人们的广泛重视，测量工作在工程建设中起着最基础性的作用：

1. 测量工作是科学创新、技术进步的基础

技术进步包括技术发明、技术开发、技术推广和提高装备水平，改造生产工艺等一系列的技术攻关。这些技术问题都要依靠准确的数据来实现，只有通过测量工作对一系列的工艺进行测量检测，得出全面准确的相关数据，由这些数据组成数据链，从而采取有效的改进措施，实现科学创新和技术进步，而改进措施效果如何，又需要测量检测来评判。

2. 测量工作是产品质量的重要保证

“凭数据指导工程建设，监控施工工艺，检测成品，质量才能真正得到保证。”没有测量工作就没有准确可靠的数据，没有数据又谈何工程产品质量？产品标准的制定要靠测量检测数据，而产品合格与否，又要通过测量来检测。而这些质量检验都需要测量工作通过测量器具、检测设备来实现。产品质量的好坏最终都要表现在客户对其满意程度上，是否能达到其需求具备的实用性、经济性、耐用性等。

3. 测量是安全生产的必要保证

安全生产是关系到员工人身安全的大事，是一切生产和效益的根本，必须配备必要的测量器具保证其工作环境的安全性。

核电工程测量同样对核电项目的建设和运营有着非常重要的作用，本章主要阐述核电测量管理、测量监理和现场管理三部分。

10.2　测量管理

10.2.1　核电建设测绘资格的动态管理

1. 测绘资质管理

目前，从全国来看，核电工程中取得工程测量测绘资质的核电单位寥寥无几。随着我

国核电站的快速建设，核电参建单位取得测绘资质势在必行。测绘资质管理工作主要是招投标阶段，在这个阶段，要求投标单位具有相应的测绘资质。投标单位为了取得中标资格，会努力取得测绘资质。核电工程已有分包方取得测绘资质，在总包方不断要求下，其他分包方正在努力申请测绘资质。

2. 测量人员资质及人员培训动态管理

测量人员资质及培训的动态管理是做好测量工作的前提条件，具有预控作用。分包方项目测量负责人必须是三年以上核电经验的测量工程师，随着注册测绘师制度的实施，测量负责人和技术骨干人员也必须取得注册测绘师资格，以满足核电总承包模式下的测量管理。

在 EPC 模式的管理下，分包方测量人员不仅要考取本单位专业培训合格证，而且还要考取国家法定的测量人员操作证。经总包方审查后，方可进入现场进行测量作业。为提高测量人员整体作业水平和质量安全意识，分包方测量培训必须采取定期和不定期相结合的方式进行，具体培训内容可依据实际需要而定，培训和考核记录保存并总结培训效果。总包方须经常抽查测量培训效果，并进行动态管理。

3. 测绘仪器的动态管理

测量人员野外施工作业，主要使用的是测量仪器，仪器的管理相当重要，对于各分包方测量，仪器管理要求如下：

①分包方要有完善的测量仪器管理制度，报审《测量仪器检定、使用及维护管理程序》，总包方对制度和程序的执行情况进行跟踪检查，确保程序的有效实施。

②新进场的测量仪器必须经过法定测绘计量检定机构的检定，在使用前，进行相应的指标检测，并编写自检合格报告，与仪器检定证书一起报送总包方，经审核合格，并标识有效期标签后，方可投入现场使用。所有的测量仪器必须在检定有效期内使用。

③由于测量仪器及附件的使用频率高，分包方必须每 3 个月至少自检一次，并提交自检合格报告，确保仪器各指标功能在控制范围内；工作过程中也要根据仪器使用状态随时检测。总包方进行不定期的抽查，加强测量仪器的动态管理。

10.2.2 测量中的安全管理

因为安全管理关系到人的健康和生命，而其他的管理和控制则主要涉及物质的利益，所以，安全管理是项目管理最重要的任务，核电工程测量安全从以下几个方面进行管理：

1. 加强总包方自身的安全管理

核电总包方项目坚持“管生产必须管安全”、“谁主管谁负责”和“全员安全责任（一岗双责制）”制度。根据全员安全责任制，项目部将安全生产目标逐级分解细化到每个基层部门和岗位人员。测量管理人员认真落实责任范围内的安全生产工作，服从项目统一安全管理，按时上报各类安全生产信息报告，杜绝违反劳动纪律和冒险作业行为，全面负责测量安全生产。

2. 加强分包方测量安全管理

签订年度安全生产责任书，实行年度考核、结果考核与过程评价相统一，定性与定量评价相结合的制度。对测量安全工作的奖罚实行精神鼓励与物质奖励相结合，批评教育与经济处罚相结合的原则，以奖惩为手段，以教育为目的。测量方案和程序中必须有相对应的安全技术措施，确保施工的安全，并实时监督。分包方测量队（组）长是测量安全第一责任人，每队（组）要至少有一名测量兼职安全员，负责监督测量施工的安全。

进行不定期监督、检查和旁听分包方测量队（组）每天的班前安全会、安全技术交底会及交底记录情况。

3. 日常巡查安全管理

加强施工现场的日常安全巡查工作，尤其是测量作业：①人的不安全行为，如高空作业不系安全带等；②物的不安全状态，如测量仪器架设不安全等；③组织管理不力，如冒险的交叉施工作业等。巡查中，对不安全作业应立即制止，并记录档案，情节较轻的当场进行批评教育；情节严重的，进行通报批评、经济惩罚，甚至调离 施工现场。

10.2.3　测量中的质量控制

项目测量质量目标的确定和实现，需要系统有效地应用质量管理和质量控制的基本原理和方法，通过各参与方的质量责任和职能活动的实施来达到。

1. 测量方案的管理

测量方案中方法的优劣、技术的先进性，对工程质量、进度甚至投资都有很大的影响。分包方对关键工序、关键部位必须报审测量方案，总包方根据测量的规范、技术规格书及图纸等，组织监理、相关专业及有关专家，对方案进行评审，确保方案中施工方法和技术措施等是最合适、最安全的，并监督方案实施。

2. 定期质量检查制度与现场巡查管理相结合

实行定期检查制度能有效地督促分包商严格落实相关测量技术规定和各种程序的要求。定期检查可以每半年一次，全面检查测量内、外作业工作，检查重点可根据各时期质量隐患情况而定，对检查的结果和整改情况及时进行通报。定期检查要与现场经常性巡查相结合，现场巡查对测量质量控制很有效果，不仅能查出质量隐患，而且对分包商测量人员也有警示作用。

3. 质量控制选点管理

质量控制点是施工质量控制的重点，凡属于关键技术、重要部位、隐蔽工程部位等均可列为质量控制点，实施质量控制。预先选定测量质量控制点，能有效防止测量过程中发生偏差、错误或不必要的返工。质量计划的选点有3种：H点（停工待检点）、W点（过程检查点）、R点（施工记录报告点）。在质量管理过程中，可以结合分包方的实际质量控制情况，调高或降低见证点等级及见证比率。

4. 加强分包方的测量作业交底管理

为保证测量质量的产出和形成过程能够达到预期的结果，每项测量工作实施前都必须进行技术交底，其目的在于使具体的作业者和管理者明确计划的意图和要求，掌握方案内容、质量标准及其实现的程序与方法。技术作业交底活动必须认真、严肃，确保每个参与人都了解和明白，交底内容和签字记录长期保存，总包方进行经常性监督检查。

5. 对测量监理方的管理

测量监理贯穿于整个工程建设中的全过程，对工程质量目标的实现起到关键作用，核电工程测量监理负责施工测量质量监理，从测量人员仪器入场监督、施工过程测量质量管理、测量资料审核到竣工测量检查等工作。总包方须经常性监督监理工作，根据漏检的不同质量问题，给予监理方警告、批评，必要时采取经济处罚措施或调离失职监理。

6. 两级检查，一级监理，一级监督制度

核电工程测量管理工作要实现“两级检查，一级监理，一级监督制度”。两级检查分别是分包方项目测量人员的自检和质检机构的质检人员对测量作业内容的检查，实行100%检查；一级监理是两级检查合格后，监理进行审查，审查可根据实际情况进行抽查、复测及资料审核，但资料必须100%审查；一级监督是总包方抽检“两级检查，一级监理”的合格成果。

10.2.4　测量中的进度控制

进度控制的目标是通过控制来实现工程进度目标，核电工程中，测量工作的进度控制主要有以下两个方面：

1. 跟踪和执行进度计划

进度计划是作业者开始或完成某项工作的时间限制，是施工时间依据。在施工过程中，测量人员必须认真、严肃执行测量进度计划，对于部分滞后现象，总包方及时组织相关方参加会议，了解、分析滞后原因，要求分包方做好下一步准备工作和赶工措施，必要时调整进度计划，最终有效控制进度。

2. 测量汇报制度与现场巡查跟踪相结合

核电工程测量具有作业时间短、作业地点变化快、作业灵活等特点，为了能实时跟踪分包方测量进度及便于检查测量工作，分包方每次野外测量作业前，须及时通知（电话通知）总包方。汇报制度与现场巡查跟踪相结合，可及时了解施工现场测量工作进度，确保测量工作的有效实现。

10.3　核电工程测量监理

10.3.1　测量监理概述

1. 测量监理的意义与作用

工程质量是工程建设的核心，在工程建设的质量、进度、投资三大目标控制中，质量控制是最基本的，也是最根本的。在施工监理过程中，必须有测量专业监理工程师从事施工测量的复测控制工作，从而有效地控制工程建设项目满足设计、规范、合同规定的各项要求，在工程监理中起到服务、监督管理等作用。

2. 测量监理人员的条件与要求

①监理工程师或监理员应当具有较高的学历和多学科的专业知识，要有较丰富的工程建设经验，要有良好的品德，要有健康的体魄和充沛的精力。

②监理工程师或监理员应具有技术、经济、管理、法律方面的综合性的知识结构；应当具有爱祖国、爱人民、爱事业的情操，廉洁、正直、公道的品质和科学的工作态度以及良好的合作精神。

③监理工程师或监理员应当具备良好的协调能力。

10.3.2　测量监理的内容和方法

1. 测量监理的内容

（1）工程开工前的测量监理

检查施工单位质量保证体系、管理体制；编制测量监理规划和实施细则；协助业主向施工单位提交基准测量资料；检查施工单位上报的测量方案；施工控制点的检查、复核；对设计图纸坐标、尺寸进行审核，发现图纸错误，报请设计单位更正；重大、关键工程的测量误差预计检查。

（2）工程施工过程中的测量监理

检查测量方法的正确性；加强测站检查的监理；测量手簿检查；测量点桩位保护措施的检查；内业计算成果检查。

（3）竣工测量的监理

认真仔细审查设计变更文件，所有设计变更都要反映在竣工图上；对施工单位或承包商提交的成果进行验收并归档。

2. 测量监理规划和测量监理实施细则

《测量监理规划》依据《某某工程土石方施工监理规划》和监理合同，由测量监理工程师编制并发布，确定测量监理工作的监理范围、监理目标、监理工作内容，原则性提出了测量监理的基本工作措施和基本工作方法。

依据《测量监理规划》，测量监理工程师编制并发布《测量监理实施细则》，用来指导整个土石方工程。

3. 测量监理的方法

①工作方法。作为测量监理人员应对工程建设项目中的每一个部位施工放样的全过程进行检查、校核，发现问题及时整改，特别对于重要部位、隐蔽工程，不能有丝毫麻痹大意，更应加强测量检测工作，以免给业主和承包商带来不可估量和不必要的经济损失。

②检查方法。测量监理对于工程质量控制，主要采取旁站和现场检测的方法进行。现场检测是指在旁站检查的基础上采用监理自备的仪器或者承包商的仪器工具对几何尺寸、平面位置及高程等进行复核校对。

10.3.3　田湾核电站工程测量监测实施

1. 工程概况

该工程背靠云台山，面临黄海，总占地面积 2.5km^2，规划两个 100 万千瓦级的压水反应堆。每核岛含反应堆厂房等 10 大厂房，常规岛布置与核岛相连的汽轮发电机组，含汽轮机厂房等9大厂房，辅助设施工程含土石方、海域、前池、淡水工程等。

从测量工作角度讲，工程不仅具有一般大型工程的共同特点，如安全级别和质量级别高、设计和施工单位多、设计文件和施工安装文件数量大、建设周期长、投资大等，还具有下列特殊性：①因主体设计、成套主设备分由几个国外承包商设计、供货，这就要求测量监理人员不仅要熟悉中国现行的测量标准和规范，还要掌握和执行相应国家有关的技术标准，这对质量控制增加了难度。

②切块分包的建设模式对施工协调提出了更高的要求。设计和施工的单位较多，在任务分配、职责分工、标准和规范及技术问题的处理等方面存在着较多的接口，测量监理必须在细节方面处理大量的协调工作和相应的技术工作。

2. 施工测量的事前控制

事前控制是预控机制的一种体现，对施工中可能遇到的问题，在影响施工质量、施工进度、工程投资的各个因素上进行事先控制，防止质量隐患或者拖长工期、增加投资，是监理工作的难点。事前控制的原则是采取专题会议、监理书面文件、事前发布监理复测检查指令等措施，对施工进行预控，并提请施工单位对项目的施工引起重视，加强质量控制和质量检查。测量监理工作中的事前控制，主要应注意人员资格检查、仪器设备检查、工作程序和施工方案的审核、施工质量计划选取点等方面。通过事前的审核和检查，减少测量工作的复测、重测，避免测量方法、测量结果达不到施工的精度。特殊单项工程的测量方案制定和测量仪器的选择应特别注意。

3. 施工测量的事中控制

施工过程中的控制工作，是监理工作的重点，有大量、繁琐的工作要做，质量、进度、投资控制，合同、信息、安全管理，施工协调，等等。

(1) 基本工作

事中控制的监理工作虽然很多，但测量监理人员只要能重点做好以下两项基本工作，控制住各项工程质量指标，保证监理不漏项，就能使各施工工序、各工程子项和分项的测量工作均受控，各项施工达到质量要求。审核和批复《定位记录》和《检查记录》这两类文件由施工测量人员在其测量工作完成后，及时向监理公司提交。监理人员采取复测检查、抽样复测检查等手段监控现场的施工测量工作，根据检查结论审核和批复。另外，依据事先选定的质量关键点，施工方质量检查人员在其检查验收合格后，向监理公司提出《质量关键点报验单》。监理人员依据此单进行现场检查和验收，依据验收结论决定是否签字放行。

(2) 旁站检查、巡视检查和现场见证

施工中，监理员应随时旁站、巡视检查施工测量人员的基本操作，监督检查施工方案的执行，文明施工和安全施工，监督测量人员正确操作仪器，不定期检查各控制点位的保护情况，定位点及定位轴线标识清晰、明确，监督施工单位质量检查部门的自检工作，督促对测量仪器进行常规性定期检测等。同时对整体工程进展情况充分了解，使土建和安装的施工进度满足合同规定的进度要求。适时现场见证施工人员的测量工作。通过旁站检查、巡视检查，寻找并抓住监控的侧重点，适时调整重点监理方向，避免监理力度不够和监理工作漏项。

4. 事后检查

分项分部工程结束后的实体检查也是很好的监理控制措施，一方面可直观地检验分项分部工程的整体施工质量，视被检分项的重要程度，检验数据将作为分项工程的竣工资料归档；另一方面通过检查分析，检验测量方法和施工工艺的优缺点，总结经验，优化方案，保证后期工程的施工质量。事后检查工作，监理人员须在业主有关人员的指导下，由施工方测量人员协助完成。

5. 施工协调

该工程的特殊性决定了测量监理工程师要做大量的协调工作，主要反映在：技术协调与技术支持，交叉作业与施工进度。针对上述情况，测量监理工程师从几个方面入手，进行施工协调：

(1) 施工控制点的交接

监理例会后根据会议纪要由业主以正式函件把所需控制点数据分别交予各施工方。施工中间，各施工方所做控制点、临时控制点，均为共享资源，报送监理和业主，以备现场所有施工单位选择使用。

(2) 图纸澄清和变更

同一物件，因侧重点不同，或各设计单位之间、设计单位与设备供应单位之间缺乏必要的协调，经常存在安装图、土建图、设备图对同一分项分部工程的数据表述不一致，对同一设备的检查精度要求不一致，等等。测量监理工程师协调各施工方在不增加施工难度和施工工作量的前提下，按就高不就低的原则，统一设计数据、统一精度要求，或依据规范、规程另外制定精度要求，经设计方确认后，由业主、设计方给出具体的设计数据、精度要求。

(3) 协调并组织联合测量工作

对重要物项、确实无法错开工期或场地的物项，土建、安装、监理、业主联合测量、检查，原则上谁提议谁主测并编制测量报告。监理出面协调，四家对测量结果联合确认并负责，统一使用测量资料。

(4) 分项分部工程的移交、返移交

对因交叉作业引起的工程的移交、返移交，测量监理工程师负责监督检查测量资料的完整性和对该分项分部工程的测量检查。移交项目由接收方负责保护和保养，但质量责任不转移，即谁施工谁负责。返移交与移交手续相同。

10.4 核电工程现场测量管理

现场测量管理是保证工程质量，加快施工进度，使工程测量规范化，制度化，防止测量事故发生，更好地为工程建设服务的重要工作。同时，工程测量工作是工程建设的重要环节，是技术管理工作的重要组成部分。它既是工程建设施工阶段的重要技术基础工作，又为施工和运营安全提供必要的资料和技术依据，搞好工程测量，提高测量成果水平，是防止测量事故发生，确保工程质量，加快施工进度，提高经济效益的重要手段。

10.4.1 组织机构设置与岗位

从广义上说，组织是指由诸多要素按照一定方式相互联系起来的系统。从狭义上说，组织就是指人们为实现一定的目标，互相协作结合而成的集体或团体，如党团组织、工会组织、企业、军事组织，等等。狭义的组织专门对于人群而言，运用于社会管理之中。在现代社会生活中，组织是人们按照一定的目的、任务和形式编制起来的社会集团，组织不仅是社会的细胞、社会的基本单元，而且可以说是社会的基础。组织机构是指依法设立的机关、事业、企业、社团及其他依法成立的单位，而测量组织机构则是为了完成某一测量工程项目而设立的单位，核电工程测量的组织机构设置与岗位描述如图 10-1 所示。

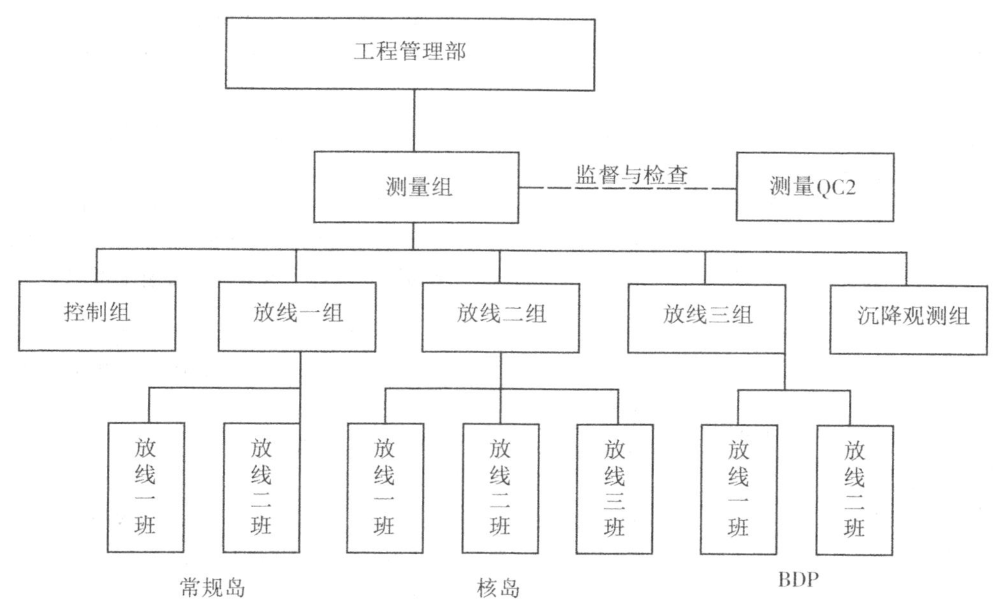

图 10-1 组织机构设置与岗位描述

10.4.2 人员配置和工作职责

根据××核电站××期工程需要，测量组配置测量主管 1 名，测量工程师 5 名（其中 QC2 2 名），测量技术员 4 名，测量工 10 名，施工队放线员 20 名（以上人员数量可根据工程的需求进行调整）。所有测量作业人员均需持有上岗证，进场前必须经过与本专业相关的教育与培训，考核合格后才能从事现场的施工测量工作，测量人员配置和工作职责见表 10-1。

表 10-1　　**人员配置和工作职责**

作业人员配置	人数	人员资格	职　责
测量主管	1	具有大型工程测量管理经验，熟悉土建施工及设备安装过程，有较强的组织能力	1. 全面负责测量技术和管理工作； 2. 现场测量申请单的批准、审核和文件签署； 3. 制定测量方案，编写测量作业程序文件； 4. 参与重要部位、关键环节的施工测量工作； 5. 指导、协调、检查日常测量工作，给各施工队提供测量技术支持； 6. 解决技术难题
测量工程师	5	熟悉控制测量、工程测量和各种测量仪器，能够熟练完成施工测量工作	1. 协助测量主管完成日常测量工作，组织施工测量技术学习，协助制定测量方案并组织实施，主持施工测量技术交底； 2. 制定测量方法，指导测量、放样工作，及时发现和解决技术问题； 3. 负责施工测量过程中的技术工作和现场测量数据的检查，负责技术资料、测量报告的收集、整理和移交； 4. 对施工测量过程中未按施工图纸、技术交底进行测量放线的有权责令其整改，施工测量精度未达到规范要求的有权责令其返工，存在质量隐患的有权责令停工并及时通知有关部门
测量技术员	4	熟悉测量的基本理论和方法，能够熟练操作各种测量仪器	1. 负责具体测量工作的实施，协助测量工程师完成测量外业与内业工作； 2. 负责测量组技术资料、文件的整理、复印、接收、发送、存档和数据资料的电脑录入； 3. 负责测量仪器和工具材料的分类保管、维护、接收及发放； 4. 编制各类仪器台账，并负责台账的管理登记； 5. 负责现场测量控制点的维护及标识
测量工	10	熟悉测量方法，能够熟练操作日常测量仪器和工具	辅助测量

续表

作业人员配置	人数	人员资格	职　　责
放线员	20	熟悉放线工作	1. 施工队主管工程师（或技术员）负责相关工程范围内的放线工作的技术指导及技术问题的澄清，并对放线工作进行质量监督； 2. 放线员进行作业前，必须认真阅读工程施工图及相关的工程文件、方案及方案图等。弄清责任范围区域内各部分的关系，深刻理解工程施工图纸，发现问题必须待澄清之后，再进行现场放线工作； 3. 放线员负责工程的一切放线工作，为班组现场作业提供可靠的平面位置和标高，监督施工班组的现场施工作业，对现场施工中遇到的问题，及时向主管工程师（技术员）反映； 4. 放线员必须严格准确地按施工图纸及工程文件规定的尺寸、标识进行放线，准确地把施工图纸、施工方案及方案图中的各项要求反映到实际施工中去，有效地指导施工； 5. 各种控制点、线、部件的标识要清楚、准确，迹线清晰、耐久； 6. 工长对放线工作按工作需要进行安排，同时对其质量负责； 7. 施工班组，根据放线工提供的线、点进行工程施工

10.4.3　部门工作职责和管理规定

1. 部门工作职责

（1）工程部测量组

管理和维护好工程公司提供的次级网和变形监测网以及我们测量的次级网加密点和厂房微网。负责现场测量程序和测量技术方案的编制，并报工程公司审核。

负责土建和安装工程的施工测量工作和技术管理工作。负责设备安装与土建承包商接口的测量、检查、复核等有关工作。负责土建工程现场测量、施工放样的监督管理工作。负责编制各类测量报告，通过测量 QC2 检查合格后呈报工程公司。负责测量设备的日常管理、维护，负责仪器的常规检查。

（2）质量控制部

测量 QC2 负责现场测量工作的监督、复测、见证工作和测量报告的报送。

（3）施工队放线班

施工队放线班业务上接受工程部测量组的技术指导，积极配合测量组的工作，按时完成所负责区域的各项测量放线工作。负责对所进行的工作进行检查，并填写相应的测量定位记录、测量定位检查记录等测量文件。全面积极配合工程部测量组、接受业主对其进行的检查。负责提醒相关施工人员，在业主检查合格报告返回之前，不得进行下道工序施工，以避免妨碍业主检查和造成职责不清。负责所属队测量仪器的计量检定与维修，保证仪器在使用期限内的有效性；负责仪器的常规检查，保证使用状况完好；负责所使用的仪器的保管和保养，保证仪器不受到损坏。及时向主管工程师报告工作中的问题和异常。

2. 管理程序

（1）测量工作与工程公司接口管理

项目部与工程公司的接口，根据接口文件内容，由项目部的有关部门（人员）与工程公司相对应的部门进行接口。例如：施工测量方面，由工程管理部及质量控制部与工程公司施工支持处接口。

测量资料以测量报告的形式同工程公司接口：

测量组⟹测量 QC2 ⟹工程公司测量及总图科（SUR）

（2）测量工作与外部单位接口管理

所有涉及与外部单位接口的测量工作，由测量组负责。

（3）测量工作与内部单位接口管理

各施工队或部门如需测量组进行测量时，先向测量组提交物项测量的书面申请，在申请书上清楚写明：测量物项名称、物项所在区域或房间、测量所要求的精度、申请人及部门电话、申请要求完成时间等。测量组收到测量申请后按要求进行测量，经自检、测量主管审查和测量 QC2 核实后，由 QC2 报工程公司，工程公司检验合格后，才能向测量申请部门或施工队发布测量结果，方可进行下一道工序。所有测量数据以测量记录的格式进行备案。

3. 测量工作管理规定

在正式开工前，项目部向工程公司提交测量人员资质和测量仪器资料（包括仪器的检定证书），并对相关测量作业人员进行授权培训，经工程公司审查合格后才能正式成立测量组，开展测量工作。工程公司提供现场次级网控制点，测量组对控制点进行现场确认，并进行必要的复核检查，以保证使用的控制点正确可靠，发现问题及时向工程公司报告，如确认无误在 15 日内书面回文工程公司进行确认。对次级网进行加密前，先报次级网加密方案到工程公司，审批通过后方可进行测设，提交测量成果并报工程公司验收合格后方可使用。厂房微网点布设参照设计图纸布置，埋设、制作按照“微网平面控制点构造图”进行。微网观测采用高精度的边角网与相邻的次级网点进行联测。水平角用 TC2003 全站仪按全圆方向观测法观测 4 测回，每半测回每方向 3 次照准读数，测角读数精确到 0.1″。测边采用 TC2003 观测两测回，每测回照准一次读取 4 次读数取平均值，测距前输入仪器高、温度、气压、相对湿度等，测距读数精确到 0.1mm。测量的各项指标按照《工程测量规范》GB 50026 二等三角测量的标准执行。测量原始记录内容要齐全，并在迁站前完成测站记录和检核。微网采用严密平差。对于重要设备、部件以及高于一般规范要求的测量定位和涉及测量的 W、H 点，必须提前一周通知工程公司。并上报相关测量措施、方案，经工程公司审核后方可进行施测。测量质量计划中涉及的 W、H 点的测量工序（或步骤过程），施工 W 点提前 24 小时、H 点提前 48 小时通知工程公司，每月中旬向工程公司上报现场测量的进度计划。

现场各种测量控制点、线、部件的标识要清楚、准确，迹线要清晰、耐久。测量组负责所有测量报告、重要测量工作内容和数据的收集整理并由测量 QC2 向工程公司呈报，工程公司对其审核通过后才能继续进行或提供使用。0 测量组负责所有的测量报告、测量工作程序、各类不符合项、各类文件数据及物项测量委托单的保存，并做相应的备份。现场的测量放线，应先由施工队填写《现场测量申请单》，并准备图纸和数据，提前一天交测量组审核并由测量主管签发意见。测量组完成《现场测量申请单》上的测量放线工作后，由测量主管、测量 QC2 核实测量数据并报工程公司验收，验收合格才能通知施工队进行下道工序。所有测量数据及资料，测量组都必须备案。

参照设计图纸的要求协助布设沉降观测点的点位，按照国家二等水准测量的精度要求进行沉降观测。

在工程项目结束后，原始测量记录要整齐、清晰，不得涂改。所有测量工作程序、仪器资料、测量技术方案、测量记录及测量报告等，统一由测量技术员负责管理，并按文档管理中心的要求送相关部门审核。必须呈报工程公司审核的测量资料有：①每一工号测量工作的第一次测量放线资料；②每项工作完成后进行的竣工测量；③重要节点、隐蔽工程和不可再生工程的测量数据资料及报告；④施工过程中工程公司要求报送的测量资料；⑤测量组认为须经工程公司确认的测量工作；⑥沉降观测记录及沉降曲线图（V-T-S）。

4. 测量安全要求

测量作业人员进入施工区域首先要检查和排除不利于测量作业的不安全因素。测量作业人员进入施工区域必须戴安全帽，穿劳保鞋，高空作业必须系好安全带，在道路上测量必须穿反光背心，并设置安全防护标识。所有作业人员严格遵守安全操作规程，不违规作业。所有测量仪器操作人员必须经过相应的技术培训，经授权后方可操作。仪器的取用、搬运过程中必须遵守轻拿轻放小心谨慎的原则，避免对仪器造成损坏。测量作业过程中必须做到“人在仪器在，人去仪器收”的原则，防止仪器意外损坏。仪器的保管、存放须设有专用存放间及存放柜，保持室内整洁、空气流通。

5. 测量环境条件

测量环境是影响测量精度的一个重要因素，因此在进行核电工程测量时，遇 4 级以上大风、大雨、能见度较低及其他不适合外业测量的环境条件时，应禁止测量作业。仪器附近无施工车辆行走及施工震动。施工场地平整，通视条件好，有较好的遮阳设施。

6. 测量资料管理

测量数据是核岛工程设备安装的依据。因此，对于测量工作中在现场采集的数据要确保其精度和可靠性，因施工测量中所采集的数据量大，数据之间的转换多，处理量较大且繁琐。这些测量数据以及处理转换数据作为原始数据所形成的技术资料必须进行分类管理、存档。

测量资料包括：

①测量技术资料；

②测量管理资料；

③测量技术资料主要包括：

a. 现场测量原始记录；

b. 工程测量委托书；

c. 现场测量报告；

d. 测量仪器鉴定证书等数据资料。

④测量管理资料主要包括：

a. 测量人员清单；

b. 测量人员培训及资格评定资料；

c. 测量器具清单；

d. 测量工作使用的各类程序等。

⑤计算机管理：

a. 测量工作中采集的数据、数据间转换、分类与处理，以及测量结果有效地为后续测量工作使用，许多地方需要用计算机及相关软件进行计算、分类、保存，可以做到方便查证和查询；

b. 核岛工程安装的测量原始资料，均要妥善保存直至工程安装完成。

⑥资料借用：

原始资料被其他人员借用或被工程交工资料所用，由相关人员办理借用手续或移交记录。

7. 工程测量管理流程

工程测量管理工作流程如下：

①核岛安装测量管理工作涉及测量工作的全过程，必须对测量准备、实测、记录、数据处理、测量报告的发布等整个过程进行严格的控制，才能获得准确的测量数据。必须对测量管理工作流程加以规定。

②建立班组互检制度：对于需向业主出具报告的测量工作，除安装基准网测量以外，在相关班组完成测量工作后，由其他班组独立进行检查，形成的原始记录存档备案。

③测量专业队详细工作流程如图 10-2 所示。

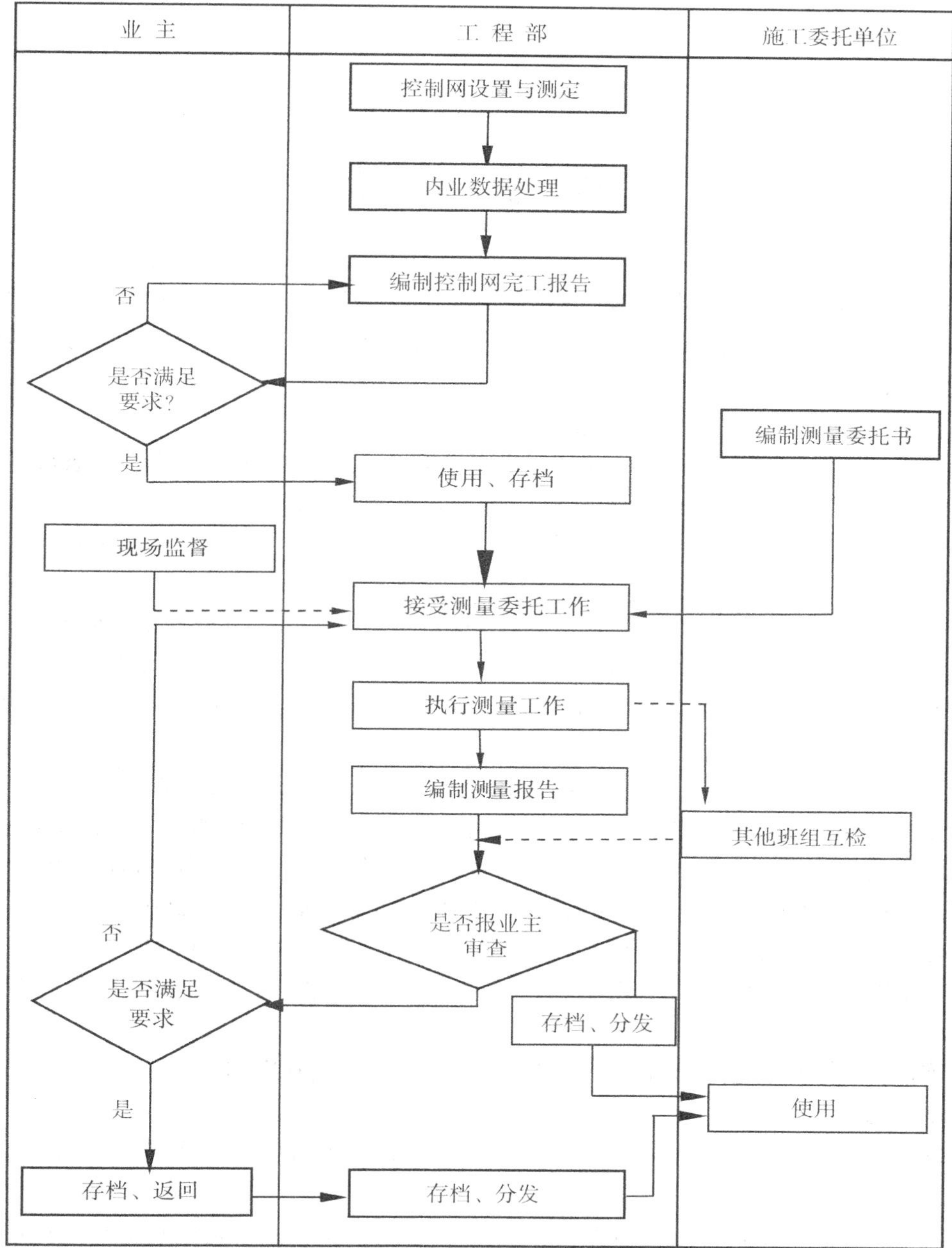

图 10-2　工程测量管理流程图

◎ 思考题

1. 简述核电厂测量管理程序。
2. 在核电厂施工测量中对测量作业和仪器有哪些要求？
3. 简述核岛工程测量资料管理程序。

参 考 文 献

[1] 宁津生，陈俊勇，李德仁，等. 测绘学概论[M]. 武汉：武汉大学出版社，2004.
[2] 潘正风，杨正尧，程效军，等. 数字测图原理与方法[M]. 武汉：武汉大学出版社，2004.
[3] 孔祥元. 测绘工程监理学[M]. 武汉：武汉大学出版社，2005.
[4] 翟翊，赵夫来，郝向阳，杨玉海. 现代测量学[M]. 北京：测绘出版社，2008.
[5] 李天文，张友顺. 现代地籍测量[M]. 北京：科学出版社，2005.
[6] 焦明连. GNSS 在数字城市建设中的应用研究[M]. 徐州：中国矿业大学出版社，2014.
[7] 焦明连. 测绘技术与教育创新探索[M]. 徐州：中国矿业大学出版社，2015.
[8] 叶斌. 变形模型的分析研究以及变形的预测[D]. 上海：同济大学，2006.
[9] 杨建文. 变形预测组合模型建模方法研究与精度分析[D]. 昆明：昆明理工大学，2014.
[10] 冒爱泉. 海堤工程施工监测技术与应用[D]. 南京：河海大学，2007.
[11] 住房和城乡建设部. 核电厂工程测量技术规范[S]. 北京：中国计划出版社，2011.
[12] 国家技术监督局. 工程测量基本术语标准[S]. 北京：中国计划出版社，1996.
[13] 国家技术监督局. 工程测量规范[S]. 北京：中国计划出版社，200.
[14] 陈俊勇. 中国现代大地基准[J]. 测绘学报，2008，37(3)：269-271.
[15] 魏子卿. 关于 2000 中国大地坐标系的建议[J]. 大地测量与地球动力学，2006，26(2)：1-4.
[16] 陈俊勇. 与动态地球和信息时代相应的中国现代大地基准[J]. 大地测量与地球动力学，2008，28(4)：1-6
[17] 党亚明，陈俊勇. 国际大地测量参考框架技术进展[J]. 测绘科学，2008，33(1)：33-36.
[18] 魏子卿. 2000 中国大地坐标系及其与 WGS84 的比较[J]. 大地测量与地球动力学，2008，28(5)：1-5.
[19] 徐德明. 着力构建数字中国，推动测绘信息化建设[J]. 中国测绘，2009 (2)：10-13.
[20] 李德仁，苗前军，邵振峰. 信息化测绘体系的定位与框架[J]. 武汉大学学报：信息科学版，2007，32(3)：189-192.
[21] 宁津生，杨凯. 从数字化测绘到信息化测绘的测绘学科新进展[J]. 测绘科学，2007，32(2)：5-11.
[22] 黄自力，陈成斌. 现代测绘技术的发展前景[J]. 地理空间信息，2004(5)：47-48.

[23] 吕华，等. 现代测绘技术与矿山可持续发展[J]. 有色金属，2005(1)：84-87.
[24] 李广晔. 核电站建设中的测量监理[J]. 现代测绘，2004，2(1)：34-37.
[25] 袁景山，杨建华. 变形观测数据时间序列建模中几个重要问题的研究[J]. 地矿测绘，2005，21(3)：30-31.
[26] 张永民，杜忠潮. 我国城市建设的现状与思考[J]. 中国信息界，2011，168(2)：28-32.
[27] 刘琪. "智慧城市"群体素描[J]. 中国信息化，2009(23)：20-21.